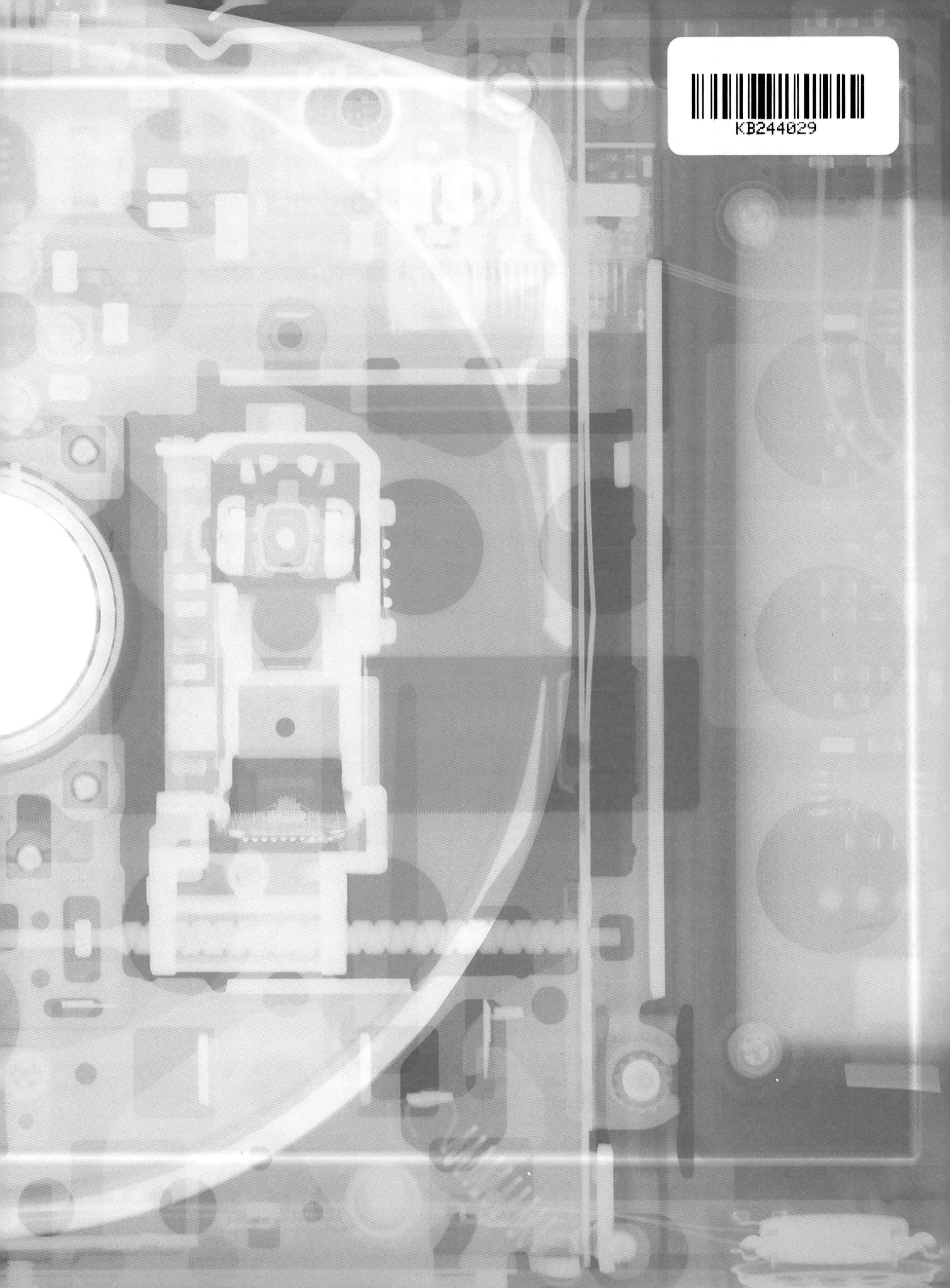
KB244029

판타스틱

기계 백과

을파소

판타스틱 기계 백과

1판1쇄 인쇄 2008년 12월 24일
1판1쇄 발행 2009년 1월 2일

지은이 크리스 우드포드, 존 우드콕
옮긴이 이주혜
교정교열 구자춘

펴낸이 김영곤
개발실장 이유남
책임개발 강설애
기획개발 류혜정 권은경 김남희
마케팅 주명석
영업마케팅 최창규 이희영 서재필 동갑주
디자인 씨디자인

펴낸곳 (주)북이십일 을파소
등록번호 제10-1965호
등록일자 2000. 5. 6

주소 경기도 파주시 교하읍 문발리 파주출판정보산업단지 518-3(413-756)
전화 031-955-2153(마케팅) 031-955-2198(개발)
팩스 031-955-2177
이메일 book21@book21.co.kr
홈페이지 http://www.book21.com

값 35,000원
ISBN 978-89-509-1518-6 03500
Printed and bound in China by Hung Hing

DK

Original title : The Gadget Book

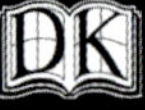

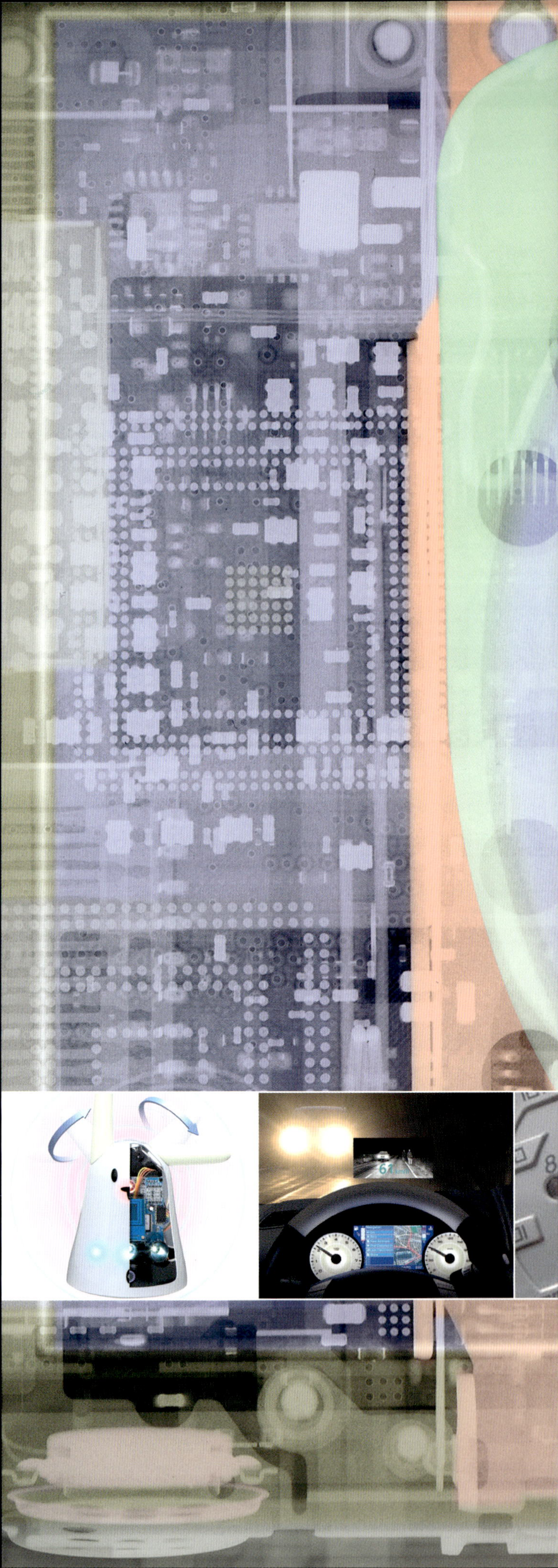

판타스틱 기계 백과

크리스 우드포드, 존 우드콕 **지음** | 이주혜 **옮김**

차례

생활

연결

놀이

이동

탐험

건축

보호

부록

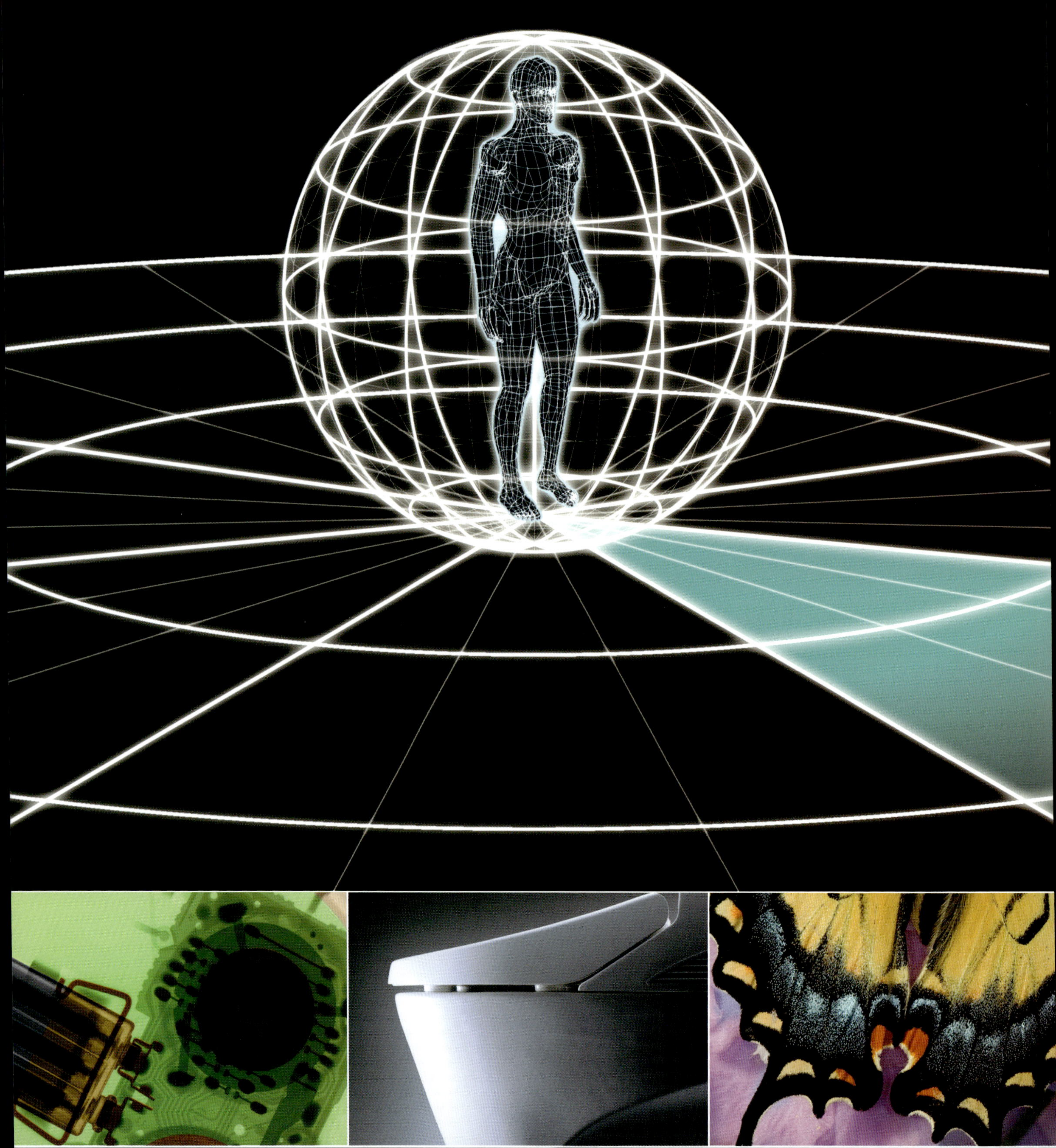

>> 생활

연기 감지기 >> 첨단 변기 >> 떠 있는 침대 >> 고화질 TV >> 가스보일러 >> 풍력 발전기 >> 재활용 >> 바이오플라스틱 >> 수경 재배 >> 슈퍼마켓 >> 마른 샴푸 >> 인공 망막 >> 시계

이런 점이 생기는 이유는 무엇일까? 18쪽
어디에 설치하는 물건일까? 12쪽

▶▶ 우리 생활 속에는 여러 가지 전자 기기와 장치가 가득하다. 기술의 놀라운 발전으로 이 전자 기기들은 더욱 다루기 쉬워졌고 재미에 유용성까지 더해졌다. 머리카락 구석구석을 깨끗하게 해 주는 마른 샴푸가 있다는 것을 아는가? 흙이 없어도 식물을 키울 수 있다는 이야기를 들어 본 일이 있는가? 놀라운 기술 뒤에는 놀라운 과학이 어김없이 숨어 있다. 우리 곁에 늘 함께 하고 있는 과학과 기술은 이제 환경 문제도 해결하려고 하고 있다. 바람을 이용해 전기를 만들어 내고 토양을 오염시키지 않는 플라스틱을 생산해 내는 등 과학과 기술은 지구를 보호하는 일에 앞장서고 있다.

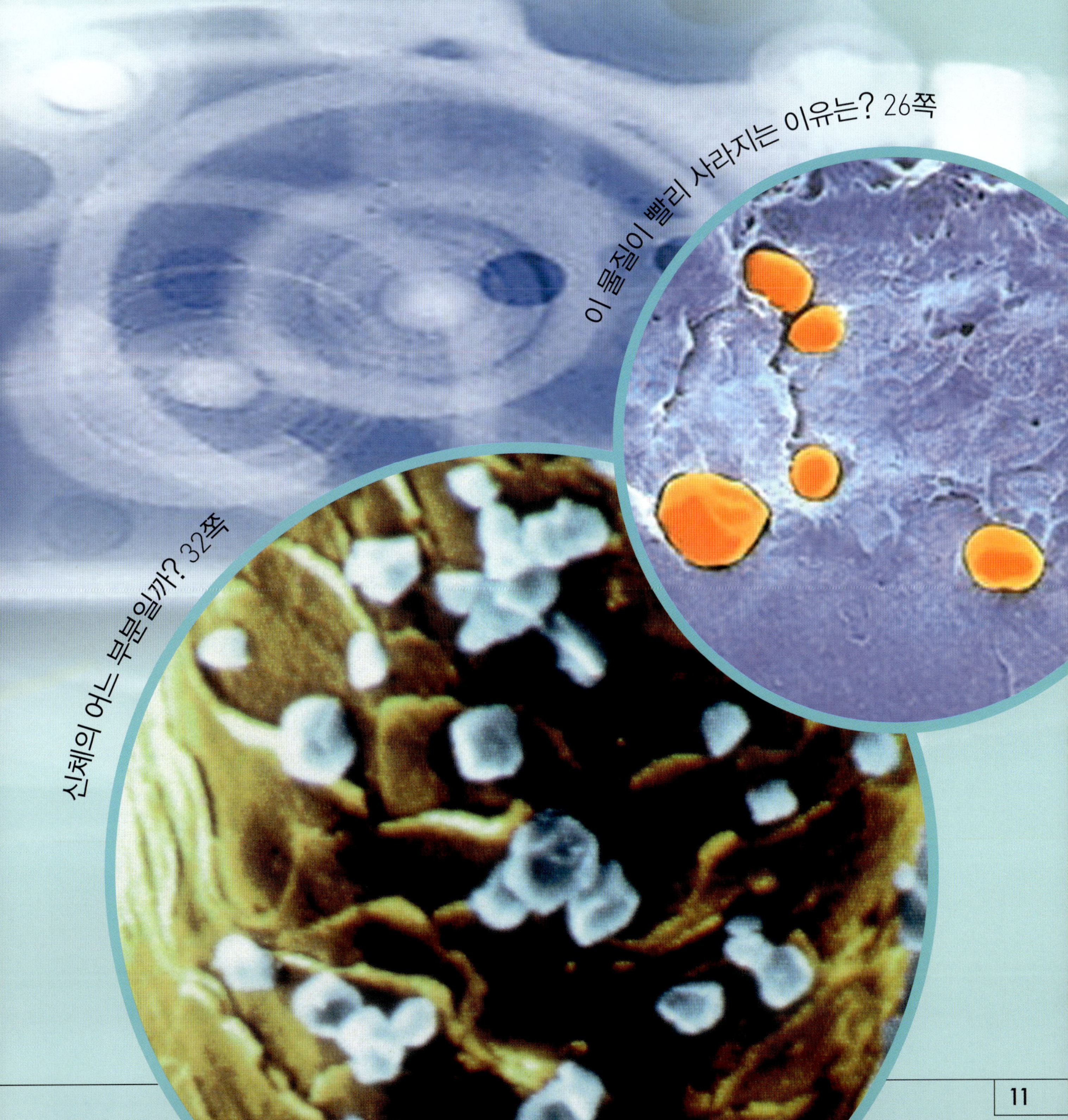

이 물질이 빨리 사라지는 이유는? 26쪽
신체의 어느 부분일까? 32쪽

연기 감지기

▶▶ 연기 분자는 눈으로 볼 수 없을 정도로 매우 작다. 연기 분자는 만 개를 합해도 핀 머리보다 작다. 우리의 코는 매우 작은 연기 분자 하나도 감지할 수 있을 만큼 예민하다. 하지만 잠자고 있을 때는 연기 분자를 감지할 수 없다. 연기 감지기는 우리가 잠들어 있을 때 위험한 연기 분자로부터 지켜 주는 장치이다.

▶ 연기 감지기는 연기 속에서 탄소가 포함된 분자를 감지하는 전자 기기이다. 탄소는 나무, 종이, 플라스틱과 같은 물질에서 발견할 수 있는 화학 원소이다. 이러한 물질이 탈 때 탄소가 빠져나온다.

연기 감지기는 천장에 설치한다. 뜨거워진 연기가 위로 올라가기 때문이다.

배터리가 전기 회로와 경고음 장치에 전원을 공급한다.

회로판 위의 금속 트랙이 전자 부품을 서로 연결해 준다.

방사성 원소 아메리슘이 이 작은 공간에 밀봉되어 있다.

▲ **사진**: 이온화 연기 감지기의 엑스선 사진

연기 감지기의 원리

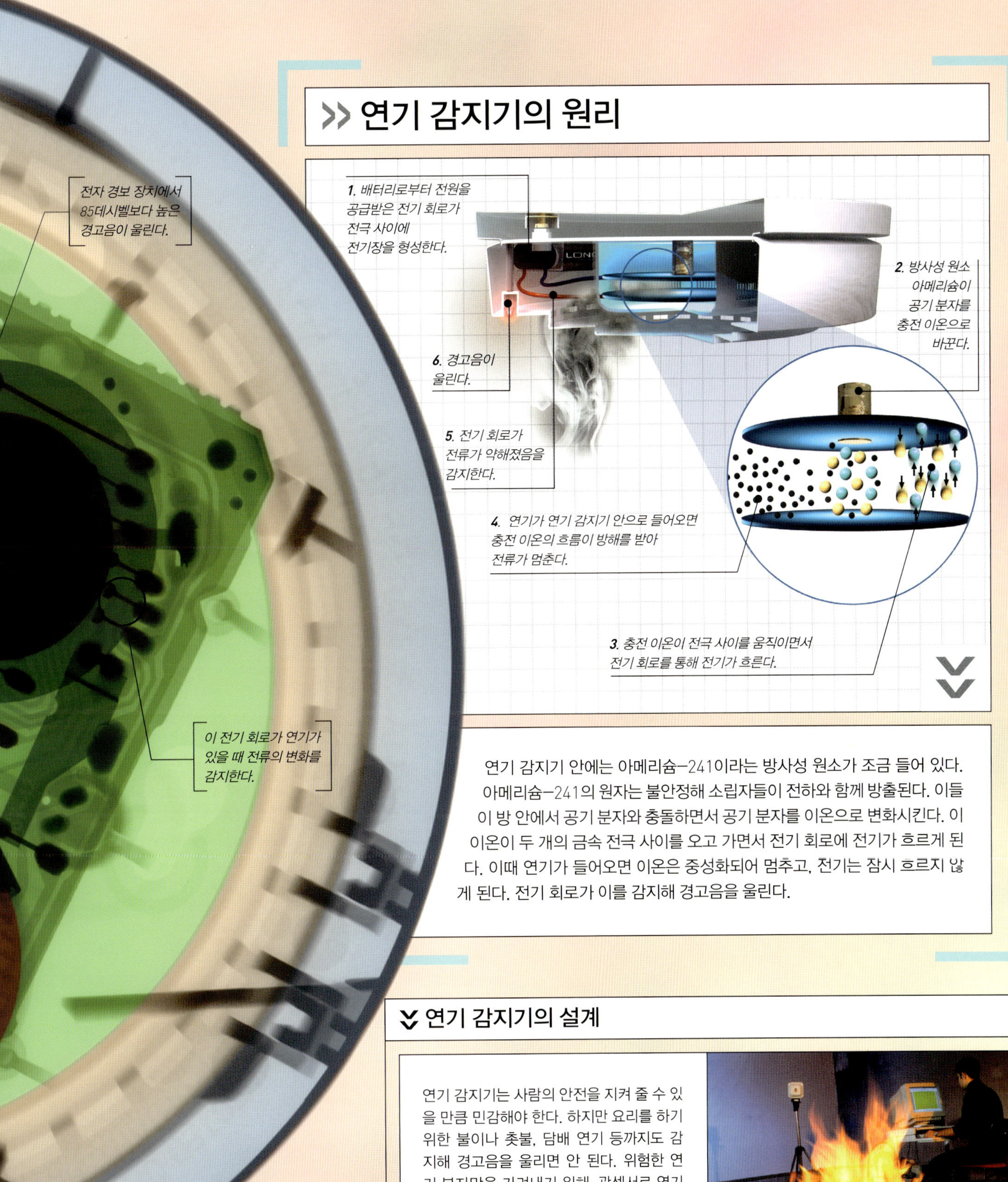

전자 경보 장치에서 85데시벨보다 높은 경고음이 울린다.
이 전기 회로가 연기가 있을 때 전류의 변화를 감지한다.
1. 배터리로부터 전원을 공급받은 전기 회로가 전극 사이에 전기장을 형성한다.
2. 방사성 원소 아메리슘이 공기 분자를 충전 이온으로 바꾼다.
3. 충전 이온이 전극 사이를 움직이면서 전기 회로를 통해 전기가 흐른다.
4. 연기가 연기 감지기 안으로 들어오면 충전 이온의 흐름이 방해를 받아 전류가 멈춘다.
5. 전기 회로가 전류가 약해졌음을 감지한다.
6. 경고음이 울린다.

연기 감지기 안에는 아메리슘-241이라는 방사성 원소가 조금 들어 있다. 아메리슘-241의 원자는 불안정해 소립자들이 전하와 함께 방출된다. 이들이 방 안에서 공기 분자와 충돌하면서 공기 분자를 이온으로 변화시킨다. 이 이온이 두 개의 금속 전극 사이를 오고 가면서 전기 회로에 전기가 흐르게 된다. 이때 연기가 들어오면 이온은 중성화되어 멈추고, 전기는 잠시 흐르지 않게 된다. 전기 회로가 이를 감지해 경고음을 울린다.

연기 감지기의 설계

연기 감지기는 사람의 안전을 지켜 줄 수 있을 만큼 민감해야 한다. 하지만 요리를 하기 위한 불이나 촛불, 담배 연기 등까지도 감지해 경고음을 울리면 안 된다. 위험한 연기 분자만을 가려내기 위해, 광센서로 연기 분자의 크기를 측정하고 전자 온도계로 온도 변화를 측정하는 연기 감지기가 개발되고 있다.

연기 감지기의 실험 모습

▶ **참고**: 내구성 의복 224쪽, 소화기 228쪽

첨단 변기

▶▶ 세상에서 가장 비싼 변기는 조각 작품처럼 세련됐고, 최첨단 장치들이 장착되어 있으며, 사용 설명서가 48쪽이나 된다. 토토(Toto)사의 네오레스트(Neorest®)는 물탱크가 없는 일체형 변기로 사람이 가까이 다가가면 저절로 뚜껑이 열리고 멀어지면 닫힌다.

▼ 초호화 변기 네오레스트는 위생적이고 환경 친화적이다. 한 번 물을 내리는 데 보통 변기의 4분의 1밖에 쓰지 않는다. 또한 '퍼지로직(fuzzy logic)' 마이크로칩이 변기를 사용하지 않을 때는 앉는 자리의 온도를 낮춰 전기를 절약한다.

공기 청정제로 냄새를 제거한다.

전기가 끊겼을 때 사용할 수 있는 수동 물 내림 조절기

▶ **사진:** 토토 네오레스트® 600

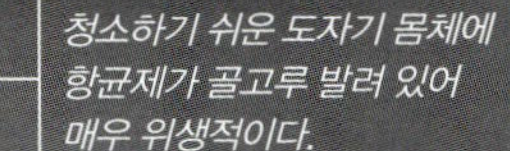

청소하기 쉬운 도자기 몸체에 항균제가 골고루 발려 있어 매우 위생적이다.

›› 첨단 변기의 주요 특징

센서
변기 안에는 센서가 내장되어 있다. 센서는 다가오고 멀어지는 사람의 동작을 감지해 뚜껑을 열고 닫는다. 사람이 가고 나면 뚜껑이 닫히고, 물이 자동으로 내려와 변기 안쪽을 닦는다.

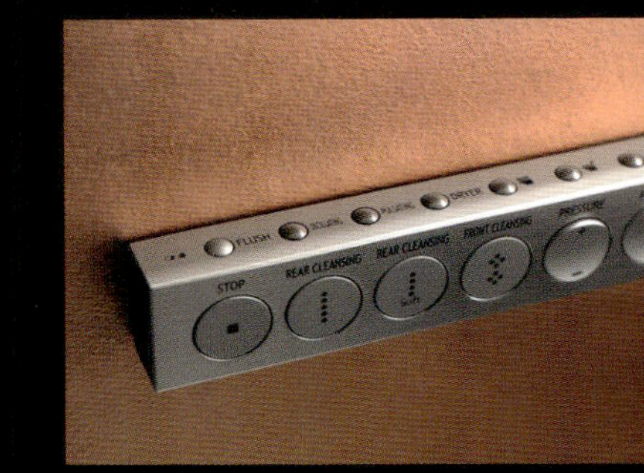

노즐
휴지가 필요 없다. 노즐이 미끄러져 나와 비데가 되기 때문이다. 노즐이 앞뒤로 움직이면서 1초에 70회 정도로 물을 뿜어 부드럽게 닦아 주고 진동 마사지까지 해 준다. 마사지가 끝나면 따뜻한 바람이 나와 건조시켜 준다. 작동이 끝나면 노즐은 자동으로 세척된 다음 제자리로 들어간다.

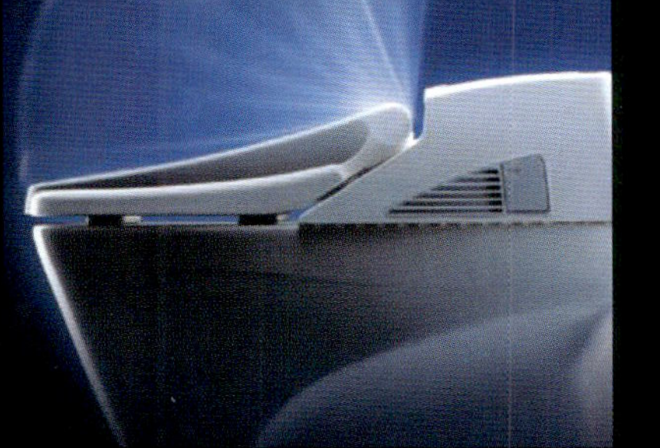

리모컨
무선 리모컨으로 변기 뚜껑 올리고 내리기, 변기 물 내리기, 비데 작동하기 등 13가지 다양한 기능을 작동시킬 수 있다. 앉는 자리의 온도 조절에서부터 물줄기 세기까지 네오레스트의 모든 기능은 사용자가 원하는 대로 조절할 수 있다.

▶ **참고:** 가스보일러 20쪽, 무선 장난감 46쪽, 블루투스 50쪽, 디지털 컨버전스 56쪽

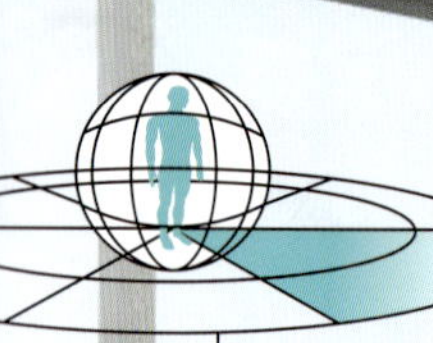

떠 있는 침대

▶▶ 많은 사람들에게 숙면은 그저 먼 꿈에 불과할지도 모른다. 여기 침대의 문제점들을 해결해 주는 혁신적인 침대가 있다. 이 침대의 매트리스는 스프링과 나무틀에서 벗어나 보이지 않는 자석의 힘으로 공중에 떠 있다.

자석이 들어 있는 매트리스가 자석을 묻어 놓은 아파트 바닥 위에 둥둥 떠 있다.

침대가 제멋대로 움직이지 않게 와이어로프로 바닥에 단단히 매어 놓았다.

사진: 떠 있는 침대의 그림

자기 부상 기술

중국 상하이의 자기 부상 열차

▲ 미래의 기차는 바퀴로 굴러가는 대신 자석의 힘으로 공중에 뜬 채 달릴 것이다. 자기 부상 열차는 자석의 힘만으로 기차의 균형을 잡으며 레일 위를 미끄러져 간다. 자기 부상 열차는 바퀴가 레일을 달릴 때 생기는 마찰이 없기 때문에 속도가 늦춰질 일이 없다. 최고 속도 시속 430킬로미터를 자랑하는 중국의 자기 부상 열차는 세계에서 가장 빠른 상용 열차로 자리매김했다.

▶▶ **참고**: 첨단 변기 14쪽, 울트라® 114쪽

>> 침대가 뜨는 원리

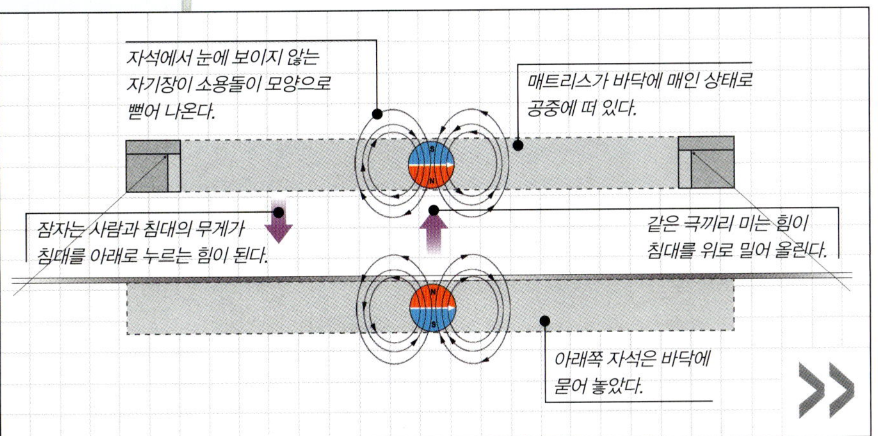

자석에서 눈에 보이지 않는
자기장이 소용돌이 모양으로
뻗어 나온다.
매트리스가 바닥에 매인 상태로
공중에 떠 있다.
잠자는 사람과 침대의 무게가
침대를 아래로 누르는 힘이 된다.
같은 극끼리 미는 힘이
침대를 위로 밀어 올린다.
아래쪽 자석은 바닥에
묻어 놓았다.

자석의 주위에 자기장이 생긴다. 두 개의 자석을 가까이 놓으면 자기장이 겹치게 된다. 이때 다른 극끼리는 끌어당기고 같은 극끼리는 밀어낸다. 이러한 자석의 원리를 이용해 두 자석을 위아래로 놓고, 같은 극끼리 미는 힘과 물체의 무게 사이의 균형을 이루게 하면 물체를 뜨게 만들 수 있다. 떠 있는 침대에서는 위아래 두 자석이 서로 미는 힘과 침대 위에 누운 사람, 그리고 매트리스 무게가 서로 균형을 이루고 있다.

고광택 바닥에 침대 모습이 비쳐 보인다.

▲ 떠 있는 침대는 와이어로프로 바닥에 매어 놓아야 한다. 자석 위에 다른 자석을 올리면 뒤집히거나 옆으로 날아가지 않은 상태로 균형을 유지할 수 없기 때문이다. 와이어로프로 매트리스를 매어 놓지 않는다면 매트리스가 뒤집히거나 창밖으로 날아가 버릴지도 모른다.

▼ **그림:** 고화질 TV와 표준화 TV의 화질 차이

▲ 고화질 TV의 화면은 200만 개 이상의 픽셀로 이루어져 있어 눈으로 보는 것보다 훨씬 더 선명하게 보인다.

▶ 디지털 텔레비전 화면은 '픽셀'이라고 부르는 아주 작은 점들로 이루어져 있다. 텔레비전 카메라는 장면을 포착한 다음 이를 정해진 수의 픽셀로 나눈다. 하나의 화면을 이루는 픽셀의 수가 많을수록 선명하고, 넓은 화면으로 보아도 흐릿해지지 않는다. 고화질 TV는 표준화 TV보다 픽셀의 수가 네 배나 더 많기 때문에 훨씬 더 선명하고 깨끗한 영상을 볼 수 있다.

고화질 TV

▶▶ 고화질 TV(HDTV)는 매우 선명한 화면을 보여 주는 방송 방식이다. 이전의 표준화 TV(SDTV)보다 훨씬 선명한 화면을 보여 주기 때문에 큰 화면에서도 잘 볼 수 있다.

번갈아 스캔하는 방식
1. 처음 300줄이 먼저 방송된다.
3. 600줄이 합해지는 순간 화면이 깜박이고 흐릿해질 수가 있다.
표준화 TV 화면의 부분 확대
2. 50분의 1초 후에 나머지 줄이 방송된다.
연속으로 스캔하는 방식
1. 모든 줄이 한꺼번에 방송되기 때문에 수직상의 세부 모습도 선명하게 보인다.
2. 다음 화면 역시 모든 줄이 한꺼번에 방송되기 때문에 화면 속에 움직이는 모습도 깨끗하게 보인다.
고화질 TV 화면의 부분 확대

▲ 표준화 TV의 화면은 약 50만 개 정도의 픽셀로 이루어져 있다. 표준화 TV는 고화질 TV만큼 선명하지 않기 때문에 큰 화면에서 보면 거칠어 보인다.

>> 텔레비전의 스캔 방식

구형 텔레비전은 한 번에 화면을 보여 주지 못한다. 대신 '스캔'이라는 방법으로 한 번에 한 줄씩 보여 준다. 한 줄씩 차례대로 스캔하여 전체 화면을 완성한다. 먼저 300줄을 스캔한 다음, 남은 300줄을 스캔한다. 이렇게 번갈아 스캔하는 방식을 비월 주사 방식(번갈아 스캔하는 방식)이라고 한다. 번갈아 스캔하기 때문에 화면이 깜박거리는 단점이 있다. 고화질 TV의 화면은 1000줄 이상으로 되어 있다. 고화질 TV는 모든 줄을 받아 전체 화면을 저장한 다음 한꺼번에 보여 준다. 이러한 방식을 순차 주사 방식(연속으로 스캔하는 방식)이라고 부른다.

▶▶ **참고**: 전자책 48쪽, 게임기 68쪽, 시뮬레이터 70쪽

사진: 가스보일러의 엑스선 사진

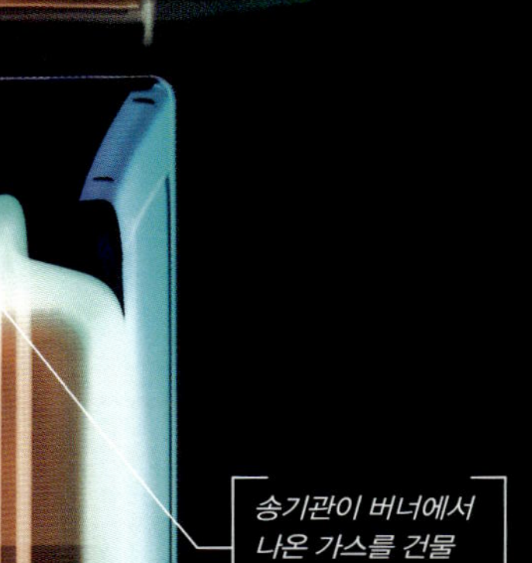

송기관이 버너에서 나온 가스를 건물 밖으로 배출한다.
탱크가 난방수를 팽창시켜 파이프가 터지지 않을 정도의 온도를 유지한다.
공기흡입구가 버너에 공기를 공급해 준다.
날개가 공기를 충분히 흐르게 해 사람에게 치명적인 일산화탄소가 생기지 않게 한다.
열 교환기가 뜨거운 가스 위에 매달린 파이프로 물을 앞뒤로 흘려 보내면서 물을 데운다.
전기 스파크로 불이 붙은 가스버너가 열 교환기에 뜨거운 가스를 보내 물을 데운다.

▶ 이 사진은 가스보일러의 작동 모습을 엑스선으로 찍은 다음 이해를 돕기 위해 색을 입힌 것이다. 굴뚝처럼 벽을 타고 바깥으로 연결된 커다란 관을 통해 공기가 안으로 들어온다. 물관과 가스관은 아래에 연결되어 있다.

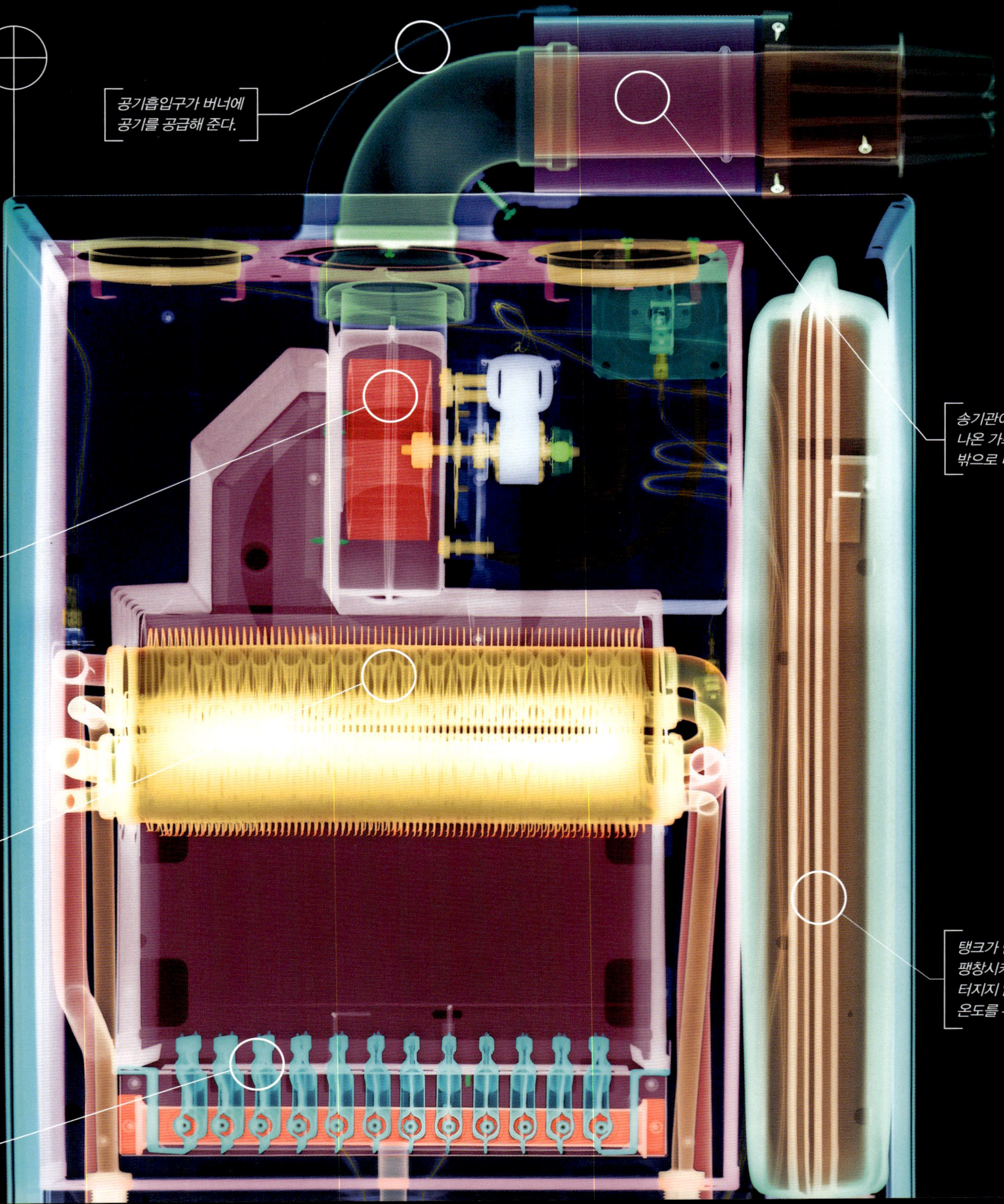

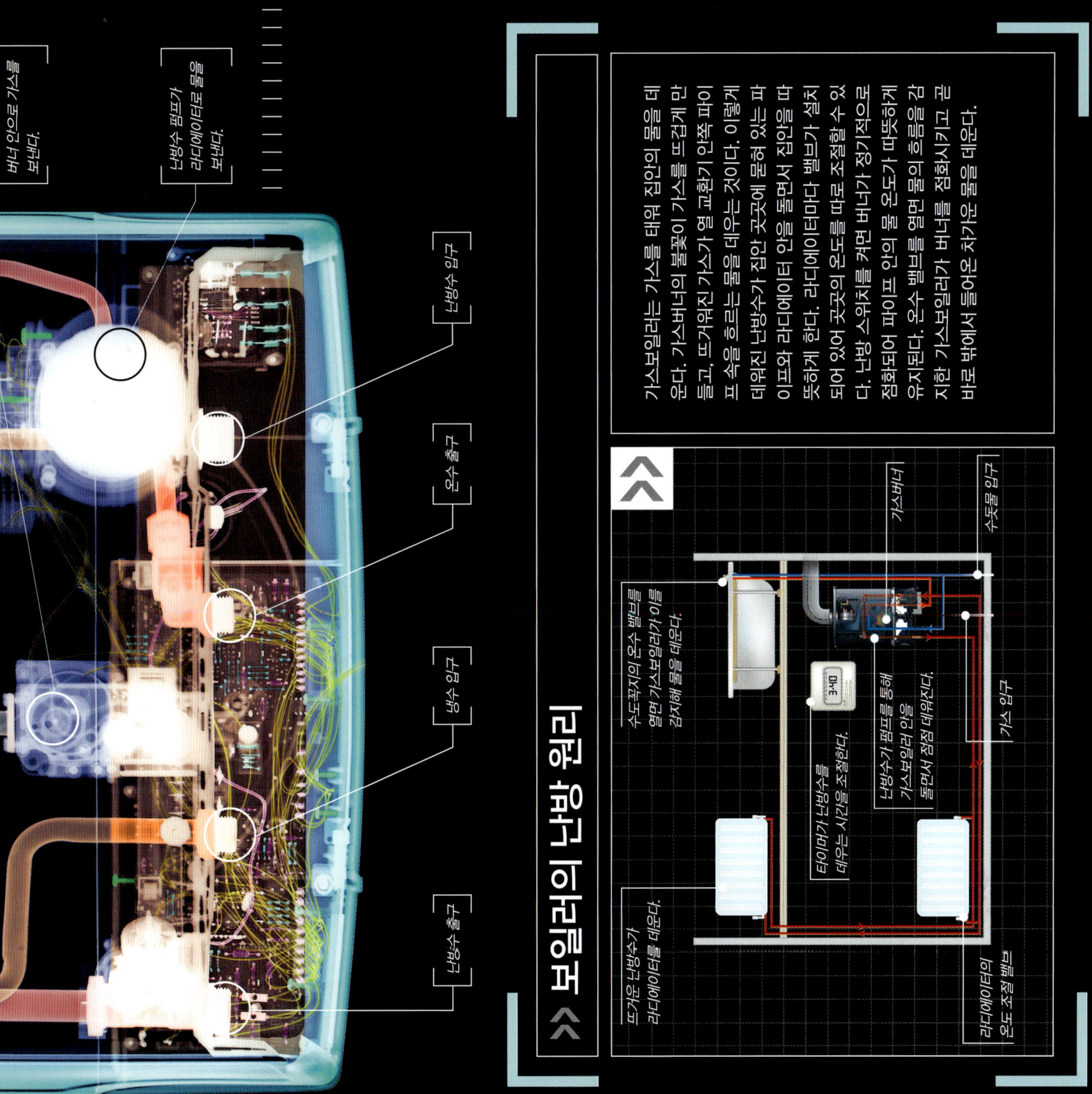

버너 안으로 가스를 보낸다.
난방수 펌프가 라디에이터로 물을 보낸다.
난방수 입구
온수 출구
냉수 입구
난방수 출구
뜨거운 난방수가 라디에이터를 데운다.
수도꼭지의 온수 밸브를 열면 가스보일러가 이를 감지해 물을 데운다.
타이머가 난방수를 데우는 시간을 조절한다.
난방수가 펌프를 통해 가스보일러 안을 돌면서 점점 데워진다.
가스버너
라디에이터의 온도 조절 밸브
가스 입구
수돗물 입구

보일러의 난방 원리

가스보일러는 가스를 태워 집안의 물을 데운다. 가스버너의 불꽃이 가스를 뜨겁게 만들고, 뜨거워진 가스가 열 교환기 안쪽 파이프 속을 흐르는 물을 데우는 것이다. 이렇게 데워진 난방수가 집안 곳곳에 묻혀 있는 파이프와 라디에이터 안을 돌면서 집안을 따뜻하게 한다. 라디에이터마다 밸브가 설치되어 있어 곳곳의 온도를 따로 조절할 수 있다. 난방 스위치를 켜면 버너가 정기적으로 점화되어 파이프 안의 물 온도가 따뜻하게 유지된다. 온수 밸브를 열면 물의 흐름을 감지한 가스보일러가 버너를 점화시키고 곧바로 밖에서 들어온 차가운 물을 데운다.

▶▶ 한겨울 집에서 따뜻하게 보내고 뜨거운 물을 마음대로 쓸 수 있는 것은, 난방을 확실히 책임져 주는 가스보일러 같은 정교한 기술 덕분이다. 안전을 위해 가스가 밖으로 새 나가는 일이 없어야 하고, 가스보일러 안에 있는 일산화탄소가 배출되어서도 안 된다. 또한, 물 공급이 차단되면 자동으로 작동을 멈춰야 한다. 이처럼 가스보일러가 안전하게 작동하기 위해서는 내장된 부품들이 각자의 역할을 제대로 해야 한다.

가스보일러

▶▶ **참고**: 연기 감지기 12쪽, 첨단 변기 14쪽

기어 박스가 회전 날개의 회전 속도를 높여 약한 바람 속에서도 전기가 생산될 수 있도록 해 준다.
지름 71미터의 회전 날개 길이는 승용차 15대를 이어 놓은 길이와 맞먹는다.
발전기가 690볼트 전압으로 전기를 생산한다.
풍속계와 회전 날개가 바람의 속도와 방향을 측정해, 터빈(동력 장치)이 항상 바람을 향하도록 조절한다.

▼ **사진**: 풍력 발전기 위에서 보수 작업을 하고 있다.

▶▶ 거대한 풍력 발전기는 바람을 이용해 친환경적인 에너지를 만드는 미래형 풍차이다. 풍력 발전기 한 대면 약 1000가구에 전기를 공급할 수 있다. 또 풍력 발전기 한 대가 일 년 동안 생산하는 전기로 컴퓨터 한 대를 1600년 동안 작동시킬 수 있다.

풍력 발전기

>> 풍력 발전기의 원리

1. 바람의 운동 에너지가 회전 날개를 천천히 돌린다.

2. 기어 박스가 회전 날개의 속도를 약 50배로 높인다.

3. 기어 박스에서 전원을 공급받는 터빈이 빠른 속도로 회전하면서 전기를 만들어 낸다.

4. 터빈 옆에 있는 변압기가 전기의 전압을 올린다. 전압이 높을수록 전력 소모가 적기 때문이다.

5. 고압 전기가 송전선을 따라간다.

6. 전기가 도시 근처까지 전달되면 가정용에 맞게 낮은 전압으로 바뀐다.

풍력 발전기는 바람의 운동 에너지를 잡아 전기 에너지로 바꾸는 장치이다. 연료를 태워 움직이는 바람을 만들어 내는 비행기 프로펠러 엔진과 정반대 일을 하는 셈이다. 풍력 발전기 자체는 움직이지 않지만 바람이 지나가면서 회전 날개를 돌려 준다. 이때 발전기가 작동해 전기를 만들어 낸다. 이는 자전거 발전기가 전기를 만드는 것과 같은 원리이다. 바람이 불어오는 방향을 감지해 회전 날개의 각도를 조절할 수 있다. 거대한 길이의 회전 날개가 지렛대의 역할을 해, 약한 바람에도 회전할 수 있다.

▶ 가능한 한 많은 바람을 잡기 위해 풍력 발전기의 회전축은 지상에서 80미터나 높은 곳에 있다. 풍력 발전기 한 대가 만들어 내는 전기의 양은 2메가와트 정도이다. 화력 발전소나 원자력 발전소만큼 전기를 만들려면 약 1000개 정도의 풍력 발전기가 필요하다.

▶▶ **참고**: 바디플라이트 86쪽, 기상 관측용 풍선 164쪽

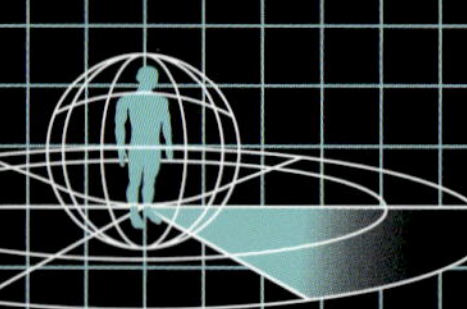

우리는 7주에 한 번씩 자기 몸무게만큼의 쓰레기를 버리고 있다. 이 쓰레기의 대부분은 지구의 천연자원으로 만든 것이다. 천연자원의 양은 갈수록 줄어든다. 따라서 쓰레기를 재활용하면 천연자원의 수요를 줄일 수 있다. 약간의 상상력을 보태면 낡은 쓰레기를 멋진 신상품으로 만들 수 있다.

사탕 껍질

이 핸드백은 사탕 껍질을 엮어 만들었다. 대부분의 재활용품이 그렇듯 모양새가 꽤 독특하다. 핸드백을 만든 멕시코 디자이너 올가 아바디(Olga Abadi)는 고대 마야 문명의 직조 기술에서 영감을 얻었다고 한다.

전화선

화려한 색을 자랑하는 이 그릇은 쓸모없는 전화선으로 만들었다. 남아프리카 공화국의 풀을 엮는 전통 기법으로 다양한 색깔의 전화선을 나무통 둘레에 엮어 복잡하고도 아름다우면서 실용적인 물건을 탄생시킨 것이다.

파이프 스탠드

플라스틱이 땅속에서 분해되는 데 500년 이상 걸린다. 따라서 낡은 플라스틱을 버리는 것보다 재활용하는 것이 훨씬 더 합리적인 방법이다. 하수구용 플라스틱 파이프를 재활용해 만든 이 스탠드는 가볍지만 강한 새의 뼈에서 영감을 얻어 만들었다고 한다.

입체 벽지

다 쓴 종이로 입체 벽지를 만들 수 있다. 이처럼 종이는 100 퍼센트 재활용할 수 있으며 어떤 것으로도 만들 수 있는 장점이 있다. 종이는 우리가 버리는 쓰레기의 3분의 1을 차지하지만 잘하면 최대 다섯 번까지도 재활용할 수 있다.

자전거의 재활용

이 의자는 자전거 바퀴, 손잡이, 프레임에서 나온 강철과 알루미늄을 재활용해 만든 것이다. 의자의 팔걸이는 자전거의 바퀴로 만들었고 앉는 자리는 타이어 튜브로 만들었다.

▶▶ **참고**: 바이오플라스틱 26쪽, 그랜드 디자인 184쪽, 거주지 234쪽

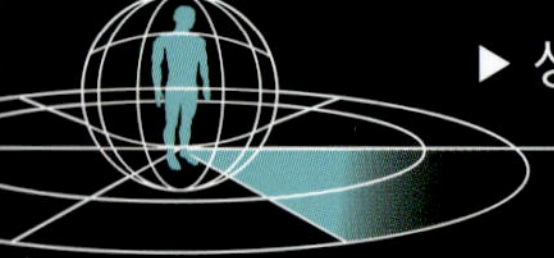

▼ **사진:** 생분해 바이오플라스틱을 주사 전자 현미경으로 들여다본 모습

>> 바이오플라스틱의 분해 과정

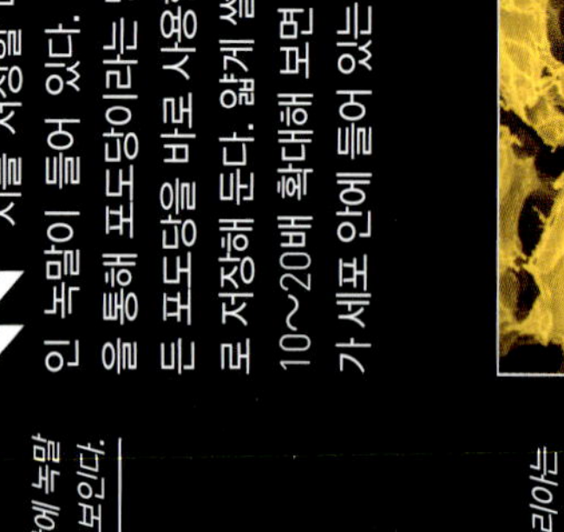

박테리아는 세포 사이의 틈을 뚫고 들어갈 수 있다.

붕괴된 세포벽

1. 바이오플라스틱에는 식물이 에너지를 저장할 때 사용하는 화학 물질인 녹말이 들어 있다. 식물은 잎에서 광합성을 통해 포도당이라는 당을 만든다. 식물은 모든 포도당을 바로 사용할 수 없기 때문에 녹말로 저장해 둔다. 얇게 썰어 놓은 감자의 단면을 10~20배 확대해 보면 달걀 모양의 녹말 입자가 세포 안에 들어 있는 것을 볼 수 있다.

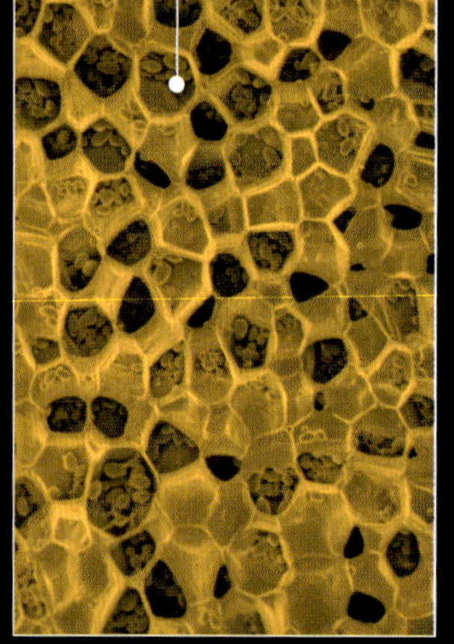

세포 안에 녹말 입자가 보인다.

2. 감자나 국수같이 녹말로 된 음식을 물에 넣고 끓이면 녹말 입자가 물 분자를 끌어당겨 부풀어 오른다. 요리된 감자를 보면 녹말 입자가 부풀어 올라 식물 세포 사이를 떨어뜨려 놓은 것을 볼 수 있다. 이 원리를 이용한 것이 바이오플라스틱이다. 바이오플라스틱을 땅속에 묻으면 녹말 입자가 흙에 있는 물 분자를 끌어당겨 부풀어 오르게 되고 이 힘으로 플라스틱이 조각조각 분해된다.

▼ 가게에서 사진 속의 수박처럼 바이오플라스틱 랩으로 식품을 싸 놓은 것을 볼 수 있다. 대부분의 식품에는 물이 들어 있고, 공기 중에도 물이 있기 때문에 바이오플라스틱 랩은 가게에 진열하는 순간부터 분해되기 시작한다. 바이오플라스틱 랩이 완전히 분해되기까지는 여러 달이 걸린다.

▶▶ 플라스틱은 자연과 친하지 않다. 쓰레기 매립지에서 플라스틱이 분해되는 데만 수십 년이 걸리고, 500년 동안 분해되지 않는 플라스틱도 있기 때문이다. 옥수수 녹말 같은 천연 성분으로 만든 바이오플라스틱은 분해되는 데 세 달밖에 걸리지 않는다.

▼ 주사 전자 현미경(SEM)으로 바이오플라스틱을 1000배 이상 확대해 보면 옥수수 녹말 입자(주황색)가 곳곳에 박혀 있는 것을 볼 수 있다. 바이오플라스틱을 땅에 묻으면 녹말 입자가 땅의 물 분자를 빨아들여 부풀어 오른다. 이 힘으로 플라스틱이 분해된다. 박테리아가 마지막으로 이것을 분해하여 무해한 유기물로 만든다.

바이오플라스틱

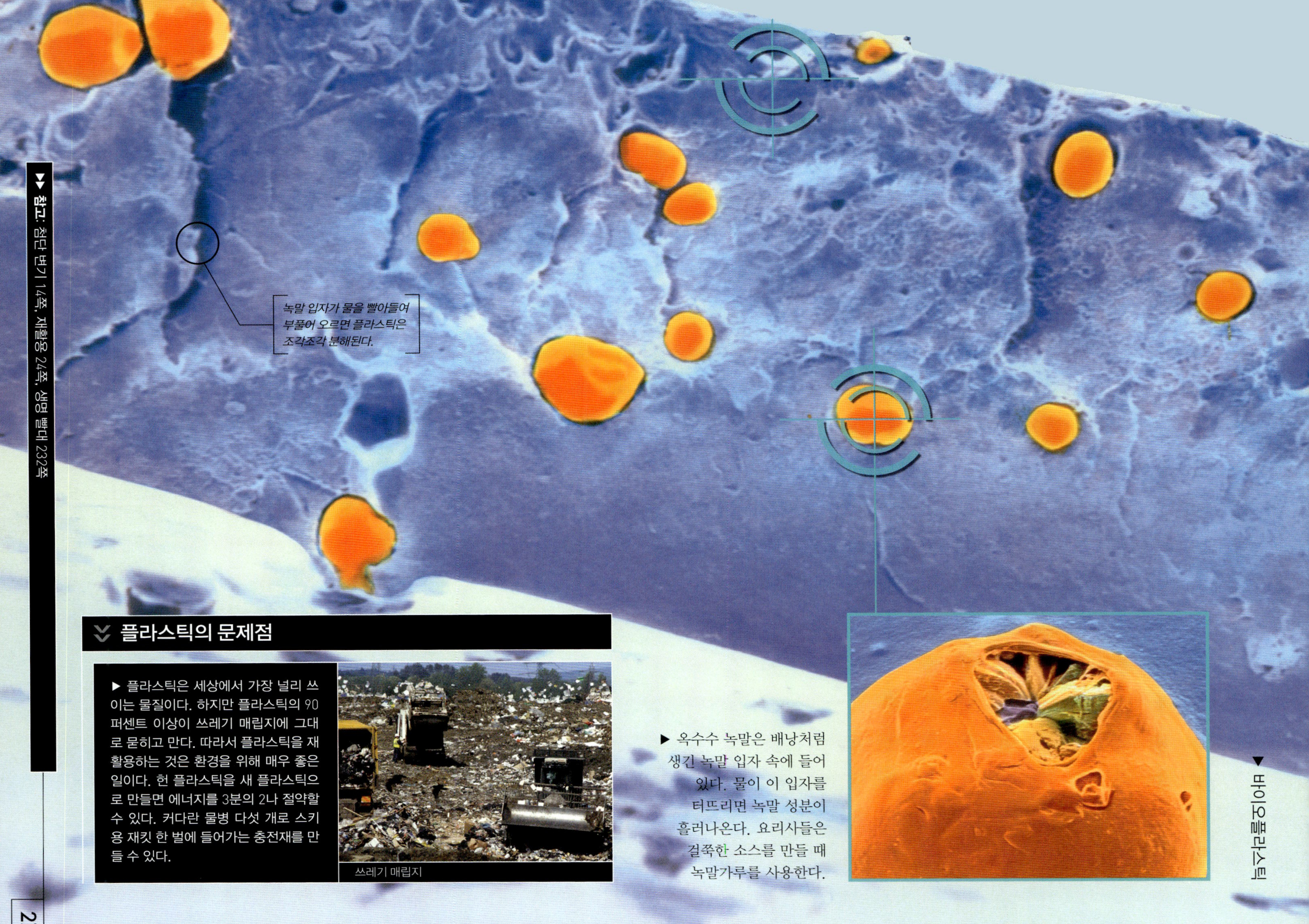
녹말 입자가 물을 빨아들여
부풀어 오르면 플라스틱은
조각조각 분해된다.

▶ 옥수수 녹말은 배낭처럼 생긴 녹말 입자 속에 들어 있다. 물이 이 입자를 터뜨리면 녹말 성분이 흘러나온다. 요리사들은 걸쭉한 소스를 만들 때 녹말가루를 사용한다.

플라스틱의 문제점

▶ 플라스틱은 세상에서 가장 널리 쓰이는 물질이다. 하지만 플라스틱의 90퍼센트 이상이 쓰레기 매립지에 그대로 묻히고 만다. 따라서 플라스틱을 재활용하는 것은 환경을 위해 매우 좋은 일이다. 헌 플라스틱을 새 플라스틱으로 만들면 에너지를 3분의 2나 절약할 수 있다. 커다란 물병 다섯 개로 스키용 재킷 한 벌에 들어가는 충전재를 만들 수 있다.

쓰레기 매립지

▶▶ **참고**: 첨단 변기 14쪽, 재활용 24쪽, 생명 빨대 232쪽

>> 수경 재배의 원리

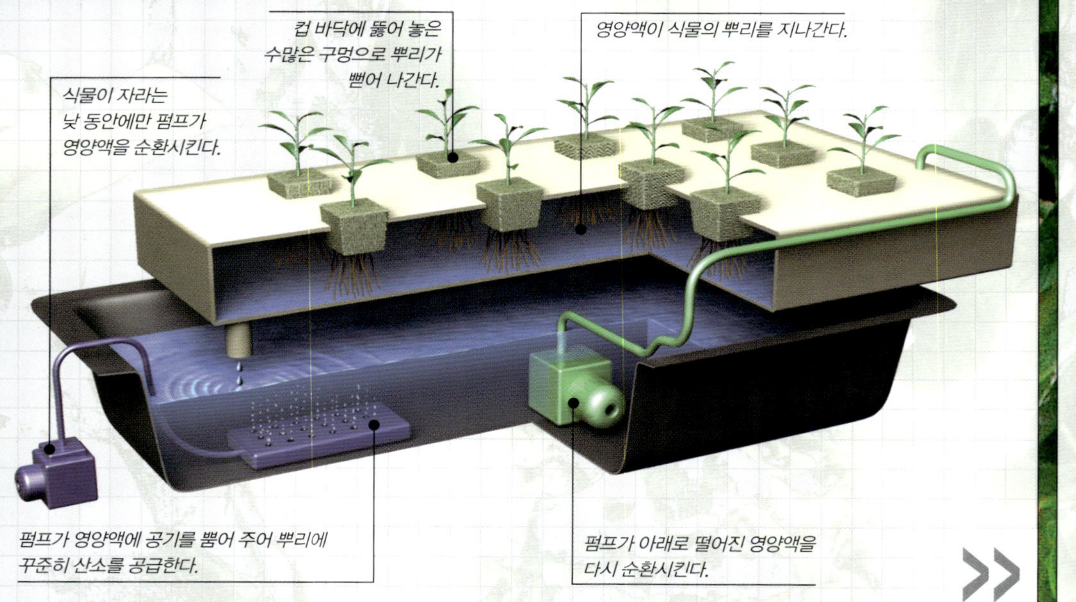

컵 바닥에 뚫어 놓은
수많은 구멍으로 뿌리가
뻗어 나간다.
영양액이 식물의 뿌리를 지나간다.
식물이 자라는
낮 동안에만 펌프가
영양액을 순환시킨다.
펌프가 영양액에 공기를 뿜어 주어 뿌리에
꾸준히 산소를 공급한다.
펌프가 아래로 떨어진 영양액을
다시 순환시킨다.

오늘날의 수경 재배는 기술과 자연이 결합한 형태로, 일반 토양에서보다 빠르게 키울 수 있고 열 배나 더 많은 양을 수확할 수 있다. 땅에서 자라는 식물은 영양분을 찾기 위해 뿌리가 점점 자라야 하므로 에너지가 많이 필요하다. 반면 수경 재배로 식물을 키우면 뿌리가 영양액 속에 항상 잠겨 있기 때문에 뿌리가 크게 자랄 필요가 없고, 그 에너지가 모두 열매나 잎을 키우는 데 쓰일 수 있다. 또 영양액을 다양하게 만들어 식물의 모양이나 맛을 조절할 수도 있다. 물에서 키우므로 잡초나 해로운 박테리아를 걱정하지 않아도 된다.

▶▶ **참고**: 슈퍼마켓 30쪽, 에덴 프로젝트 186쪽, 생명 빨대 232쪽

수경 재배

▶▶ 우주에서 영원히 살고 싶다면 흙 없이 식물을 기를 수 있어야 한다. 그 중 한 가지 방법이 수경 재배이다. 수경 재배는 흙 대신 영양분이 풍부한 물에서 식물을 기르는 방법이다.

식물이 자라는 공간을 최대한 넓혀 주기 위해 위쪽으로 방향을 잡아 준다.
수확량을 늘리기 위해 식물 사이의 거리를 가깝게 해 준다.
밝은 흰색의 상판이 빛을 식물의 잎으로 반사해 성장을 촉진시킨다.

▼ **사진**: 수경 재배기 내부 모습

▲ 수경 재배기 안의 식물들은 흙 대신 물 쟁반에 뿌리를 담그고 자란다. 물속에 영양액이 듬뿍 들어 있기 때문에 흙이 필요 없는 것이다. 최근 우주 과학자들은 고대부터 시작된 수경 재배에 큰 관심을 갖고 있다.

기경법

기경법으로 기르는 허브

▲ 기경법은 공기 중에서 식물을 기르는 방법이다. 이 기경법으로 일반 토양에서보다 다섯 배는 빨리 식물을 키울 수 있다. 100퍼센트의 습도를 유지하고 충분한 산소를 공급하는 용기 안에 식물의 뿌리를 넣은 다음 컴퓨터로 영양분의 양을 조절한다. 윗부분에 달린 백열등이 가상 햇빛을 제공한다.

수퍼마켓

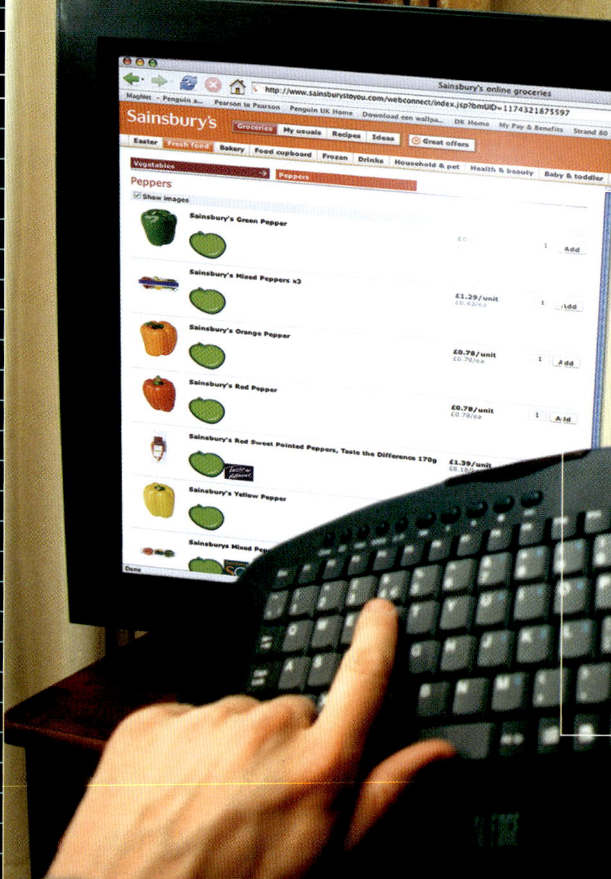

인터넷 쇼핑

가정에서 24시간 내내 편안하게 물건을 주문할 수 있다. 슈퍼마켓 웹 사이트에서 매장에 있는 모든 상품 목록을 확인할 수 있다. 목록에서 원하는 상품을 골라 배달 시간까지 지정해 주문할 수 있다. 현재 인터넷 사용자의 약 3분의 1이 인터넷 쇼핑을 하고 있다. 그러나 전체 쇼핑의 95퍼센트는 여전히 실제 매장 안에서 이루어지고 있다.

셀프서비스

고객들 스스로 미리 녹음된 음성 안내와 컴퓨터 화면의 도움으로 직접 상품을 계산하고 있다. 이와 같이 계산원이 필요 없는 계산대를 활용하면 슈퍼마켓은 비용을 절약할 수 있다. 이 계산대에는 TV 카메라가 설치되어 있어 도난을 방지할 수 있다.

한 사람이 일생 동안 슈퍼마켓에서 보내는 시간은 평균 8년 반이나 된다. 쇼핑을 편하게 해 주는 장치들이 개발된다면 많은 사람들이 환영할 것이다. 1880년대에 기계식 현금 등록기가 첫선을 보인 이후 쇼핑을 편리하게 해 주는 장치들은 날로 발전하고 있다. 요즘에는 쇼핑 수레에서부터 냉각 저장고까지 곳곳에서 마이크로칩을 찾아볼 수 있다.

바코드 스캐너

계산대에 가면 레이저 스캐너로 상품을 확인한다. 붉은색 레이저를 인쇄된 바코드에 비추면 가격을 포함한 상품의 정보를 알 수 있다. 슈퍼마켓의 관리자는 이러한 정보를 활용하여 잘 팔리는 상품과 채워 놓아야 할 상품을 미리 알아낼 수 있다.

CCTV 보안

고객 중 약 10퍼센트가 슈퍼마켓 안에서 물건을 훔친다고 한다. 도난을 방지하기 위해 사진에서처럼 슈퍼마켓 천장에는 CCTV(폐쇄 회로 텔레비전) 카메라가 설치되어 있다. CCTV 카메라가 천천히 회전하면서 넓은 매장을 감시한다. 녹화된 영상은 비디오 테이프나 디스크에 저장되어 범인을 잡는 증거로 사용된다.

스마트 카트

이 쇼핑 수레에는 컴퓨터가 내장되어 천장에 달린 송신기로부터 무선 신호를 받아 슈퍼마켓 안에서의 이동 경로를 저장한다. 매주 어떤 물건들을 주로 사는지 컴퓨터가 기억하고 있다가 고객이 통로 사이를 헤매고 있을 때 무엇이 필요한지를 알려 주기도 하고 특별 사은품의 위치를 일러 주기도 한다.

▶▶ **참고**: 디지털 컨버전스 56쪽, 돈 208쪽, 데이터닷 216쪽

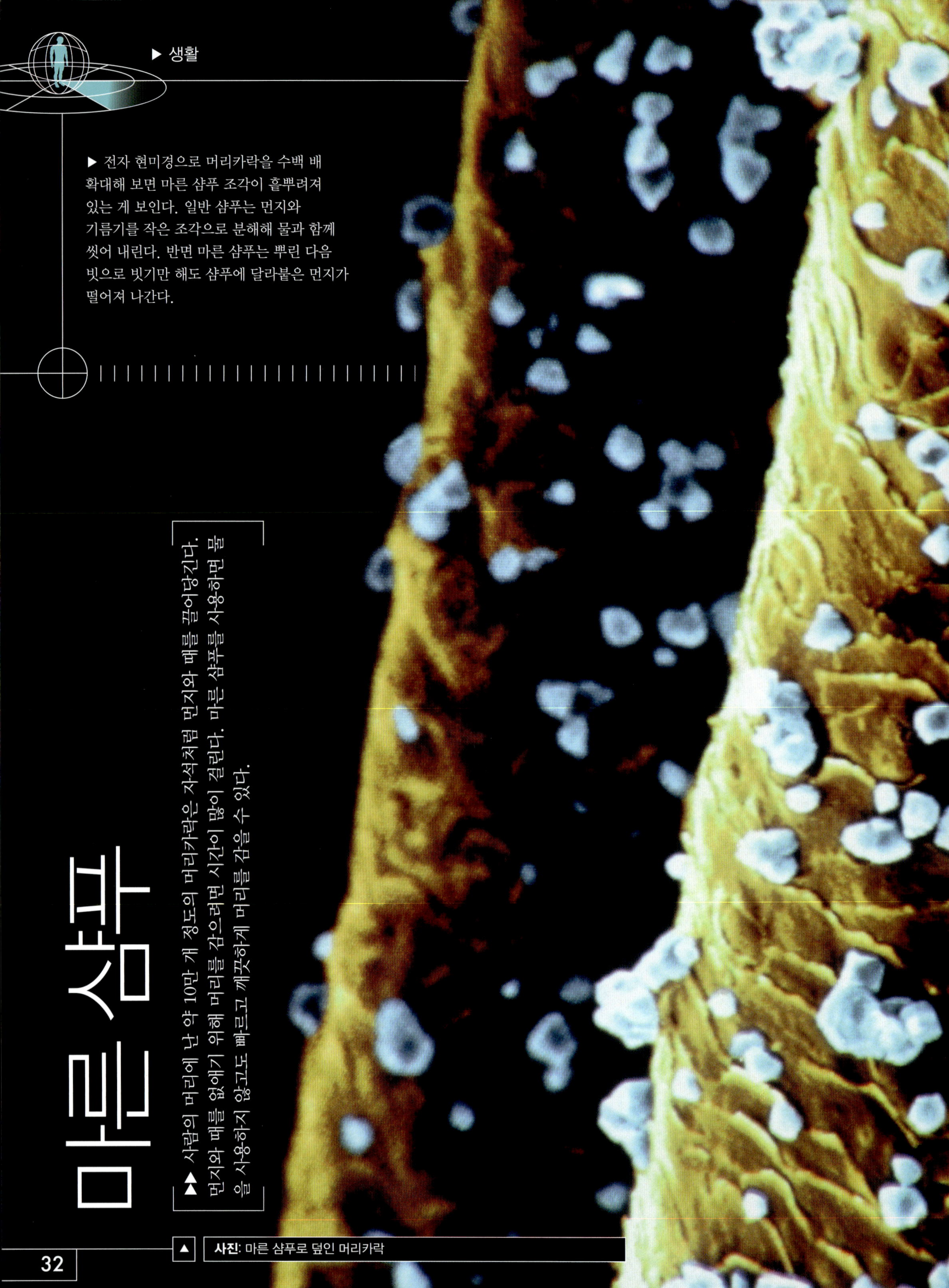

▶ 전자 현미경으로 머리카락을 수백 배 확대해 보면 마른 샴푸 조각이 흩뿌려져 있는 게 보인다. 일반 샴푸는 먼지와 기름기를 작은 조각으로 분해해 물과 함께 씻어 내린다. 반면 마른 샴푸는 뿌린 다음 빗으로 빗기만 해도 샴푸에 달라붙은 먼지가 떨어져 나간다.

마른 샴푸

▶▶ 사람의 머리에 난 약 10만 개 정도의 머리카락은 자석처럼 먼지와 때를 끌어당긴다. 먼지와 때를 없애기 위해 머리를 감으려면 시간이 많이 걸린다. 마른 샴푸를 사용하면 물을 사용하지 않고도 빠르고 깨끗하게 머리를 감을 수 있다.

▲ **사진**: 마른 샴푸로 덮인 머리카락

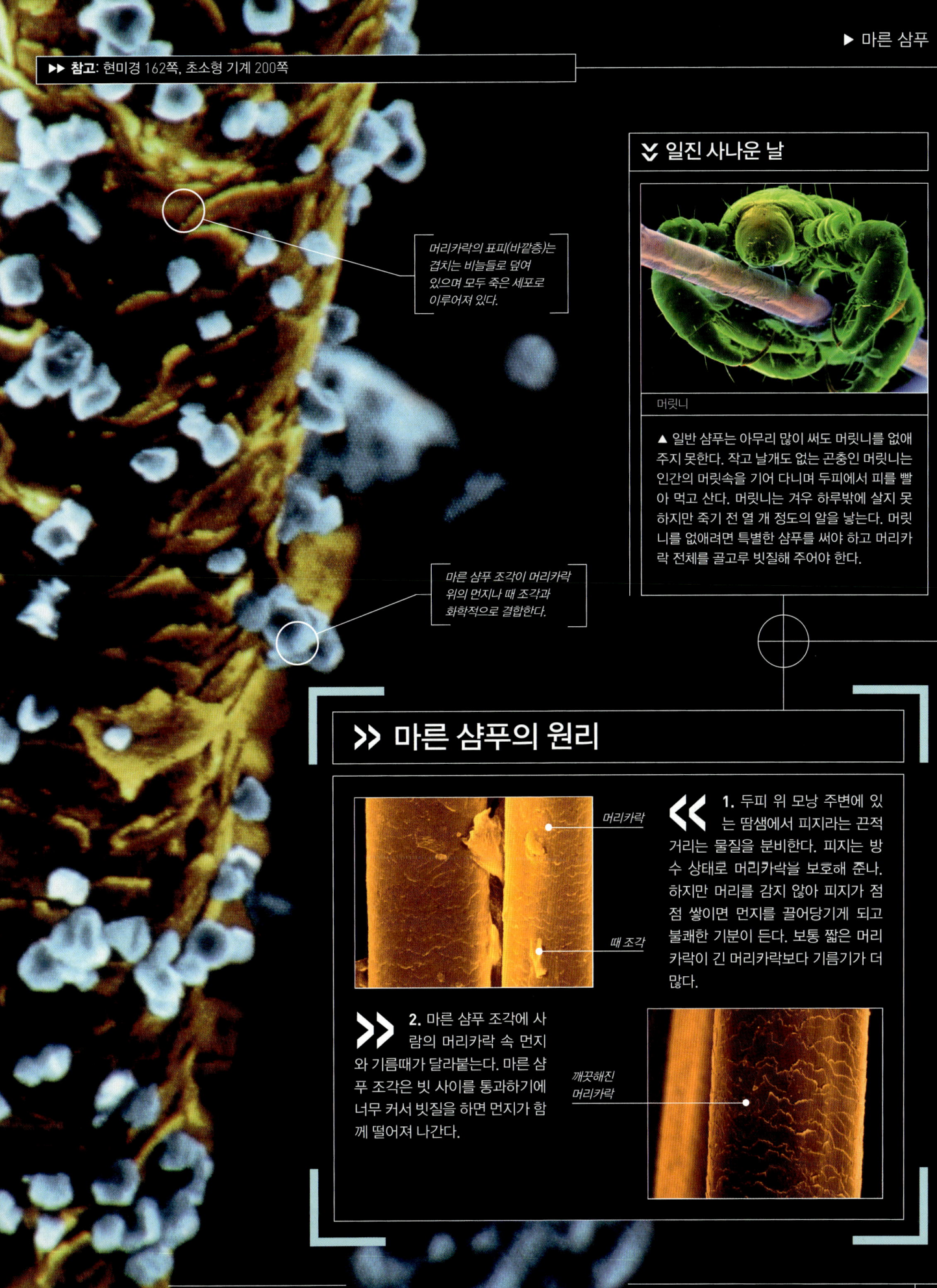

▶▶ **참고**: 현미경 162쪽, 초소형 기계 200쪽

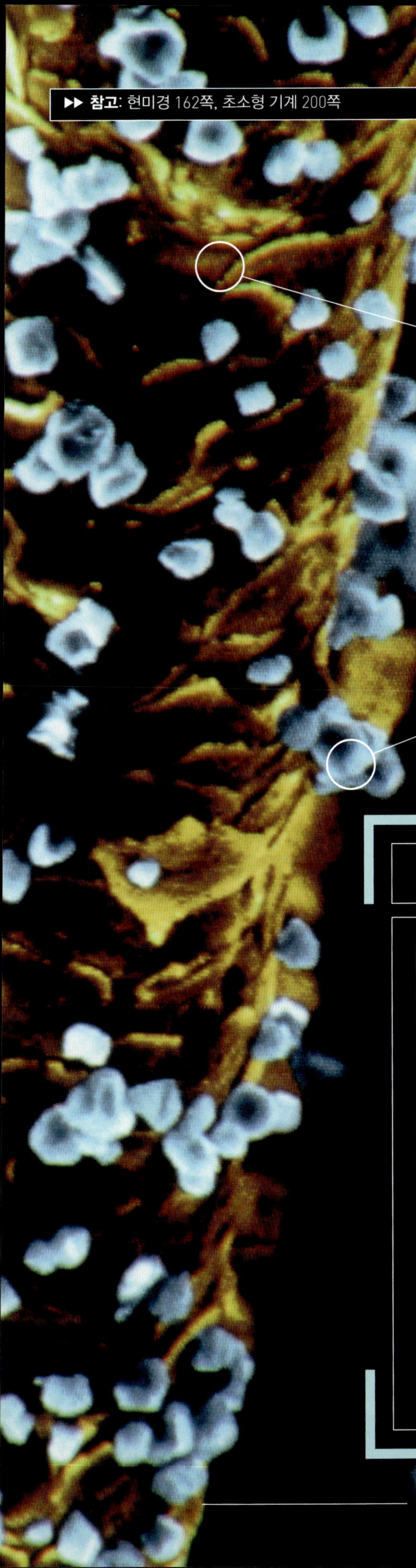

머리카락의 표피(바깥층)는 겹치는 비늘들로 덮여 있으며 모두 죽은 세포로 이루어져 있다.

마른 샴푸 조각이 머리카락 위의 먼지나 때 조각과 화학적으로 결합한다.

일진 사나운 날

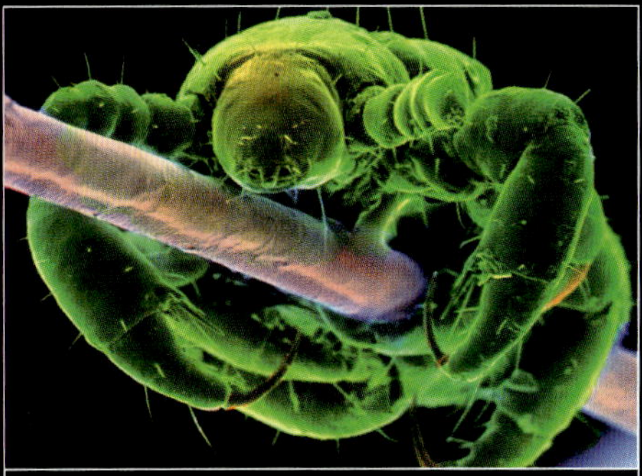

머릿니

▲ 일반 샴푸는 아무리 많이 써도 머릿니를 없애 주지 못한다. 작고 날개도 없는 곤충인 머릿니는 인간의 머릿속을 기어 다니며 두피에서 피를 빨아 먹고 산다. 머릿니는 겨우 하루밖에 살지 못하지만 죽기 전 열 개 정도의 알을 낳는다. 머릿니를 없애려면 특별한 샴푸를 써야 하고 머리카락 전체를 골고루 빗질해 주어야 한다.

마른 샴푸의 원리

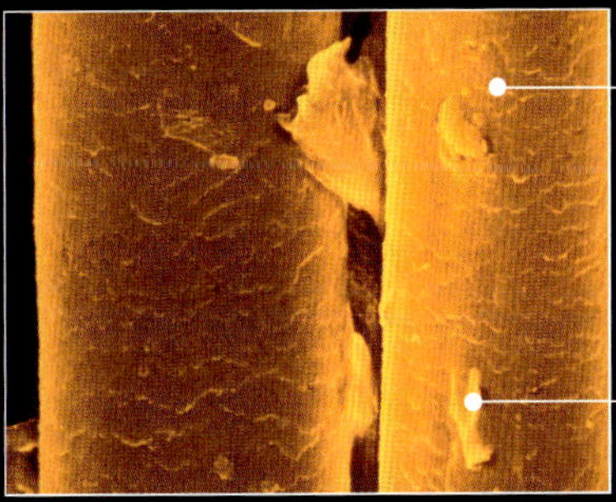

머리카락

때 조각

1. 두피 위 모낭 주변에 있는 땀샘에서 피지라는 끈적거리는 물질을 분비한다. 피지는 방수 상태로 머리카락을 보호해 준나. 하지만 머리를 감지 않아 피지가 점점 쌓이면 먼지를 끌어당기게 되고 불쾌한 기분이 든다. 보통 짧은 머리카락이 긴 머리카락보다 기름기가 더 많다.

2. 마른 샴푸 조각에 사람의 머리카락 속 먼지와 기름때가 달라붙는다. 마른 샴푸 조각은 빗 사이를 통과하기에 너무 커서 빗질을 하면 먼지가 함께 떨어져 나간다.

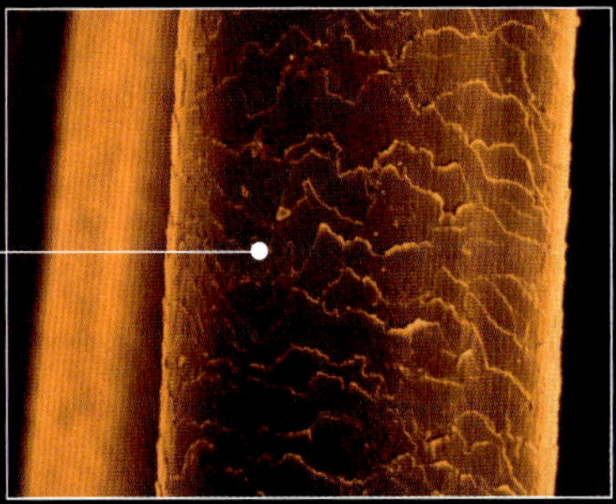

깨끗해진 머리카락

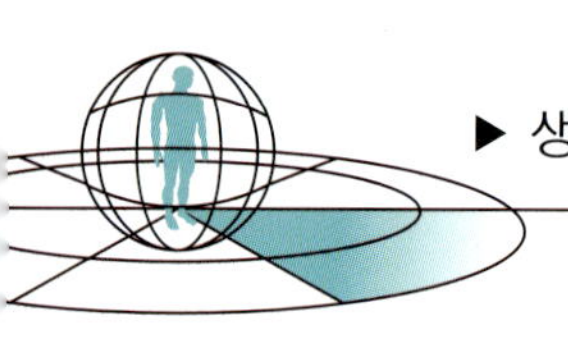

▶ 인공 망막은 서던캘리포니아 대학에서 개발했다. 인공 망막을 이식하는 수술에 걸리는 시간은 겨우 90분밖에 되지 않는다. 수술 후에는 투박하지만 물체의 단순한 형태와 움직임 정도는 볼 수 있게 된다. 인공 망막에 익숙해지면 뇌가 잃어버린 시각 정보를 회복할 수 있고, 시력도 향상할 수 있다.

인공 망막

▶▶ 암흑 속에서 사는 맹인들도 기술의 도움으로 앞을 볼 수 있게 되었다. 디지털 카메라와 비슷한 인공 망막이 손상된 맹인의 시각 체계를 대신해 뇌에 직접 시각 정보를 전달해 주기 때문이다.

눈 이식물이 디지털 카메라가 찍어 처리한 영상을 마이크로칩으로부터 전달받는다.
안경에 장착된 디지털 카메라가 맹인의 손상된 망막을 대신해 영상을 찍는다.

▲ **사진**: 인공 망막 모델

▶▶ **참고**: 블루투스® 50쪽, 시뮬레이터 70쪽, 안경류 230쪽

» 인공 망막의 원리

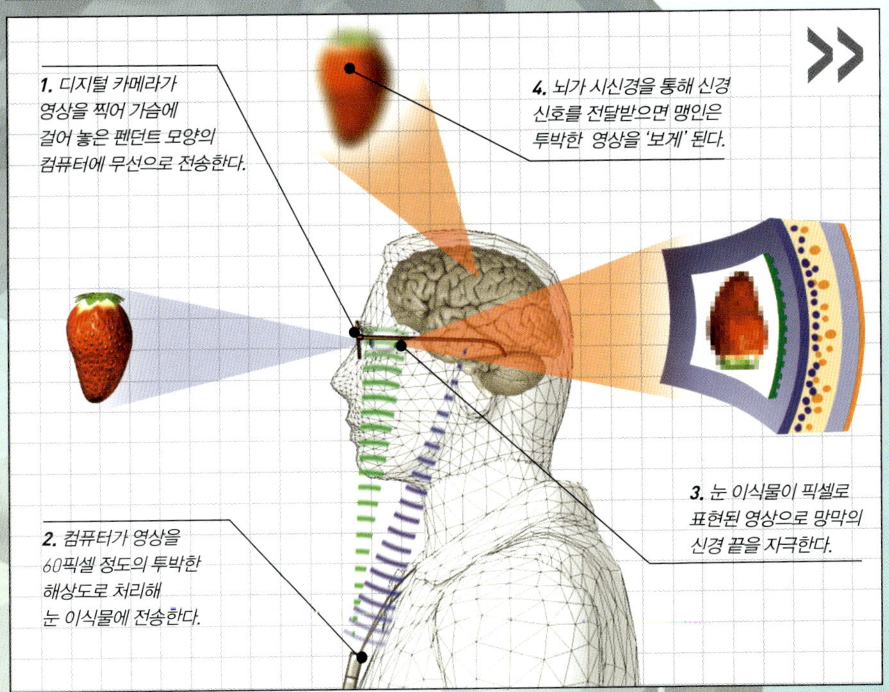

1. 디지털 카메라가 영상을 찍어 가슴에 걸어 놓은 펜던트 모양의 컴퓨터에 무선으로 전송한다.
4. 뇌가 시신경을 통해 신경 신호를 전달받으면 맹인은 투박한 영상을 '보게' 된다.
3. 눈 이식물이 픽셀로 표현된 영상으로 망막의 신경 끝을 자극한다.
2. 컴퓨터가 영상을 60픽셀 정도의 투박한 해상도로 처리해 눈 이식물에 전송한다.

사람이 시력을 잃는 이유는 각막(눈의 외부 보호막)과 시각령(시각적인 것을 처리하는 뇌의 일부분) 사이의 통로가 손상됐기 때문이다. 하지만 대부분 눈으로부터 뇌에 신호를 전달하는 시신경은 손상되지 않은 상태이다. 과학자들은 시신경에 직접 영상을 전달해 시력을 회복시키는 연구를 하고 있다. 전자 안경에 연결된 마이크로칩이 디지털 영상을 포착해 눈 이식물에 전송한다. 눈 이식물은 이 영상으로 시신경을 직접 자극해 뇌에 영상을 전달한다.

마이크로칩이 흐릿한 영상을 눈 이식물에 전송한다.

≫ 로봇의 눈

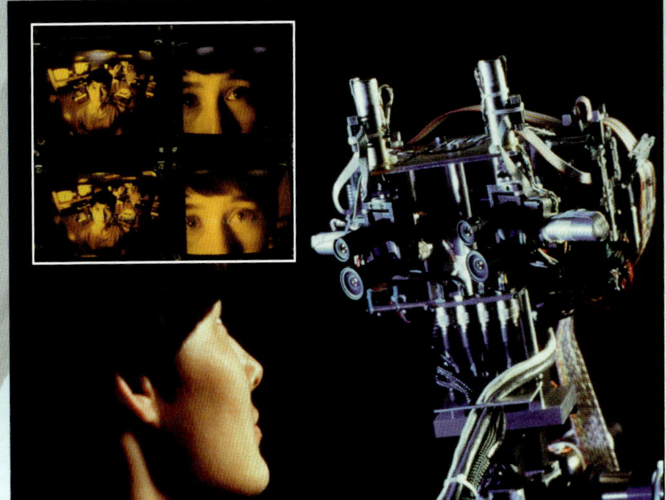

주인을 '보고 있는' 로봇 키스멧(Kismet)

▶ 키스멧의 눈은 네 대의 디지털 카메라이다. 두 대는 광각으로 사물을 보고, 두 대는 망원으로 사물을 본다. 컴퓨터가 네 대의 디지털 카메라로 사람의 얼굴을 감지하면 로봇 머리는 저절로 그쪽을 향해 돌아간다. 사람을 향해 얼굴을 돌리는 모습은 사람과 꽤 닮아 있다. 키스멧은 알아서 눈꺼풀을 닫을 수도 있고 슬픔, 좌절감, 놀람 등의 감정을 표현하기 위해 눈썹을 치켜 올리거나 주름을 만들기도 한다.

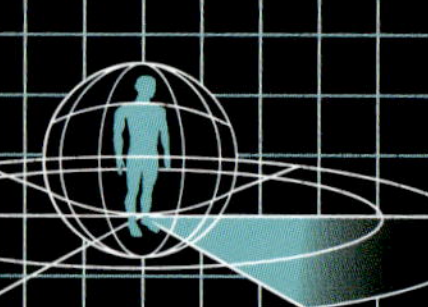

시계

지난 수백 년 동안 벽시계와 손목시계의 바늘은 복잡한 기계 장치에 의해 돌아갔다. 시계의 바늘은 정기적으로 태엽을 감아 주지 않으면 멈췄다. 현대의 시계는 다양한 형태와 크기를 자랑한다. 라디오 방송을 통해 정확하게 시간을 지키는 시계도 있고 진동 크리스털을 활용하는 시계도 있다. 또 인터넷 시대에 걸맞게 새로운 형태의 시간을 보여 주는 손목시계도 있다.

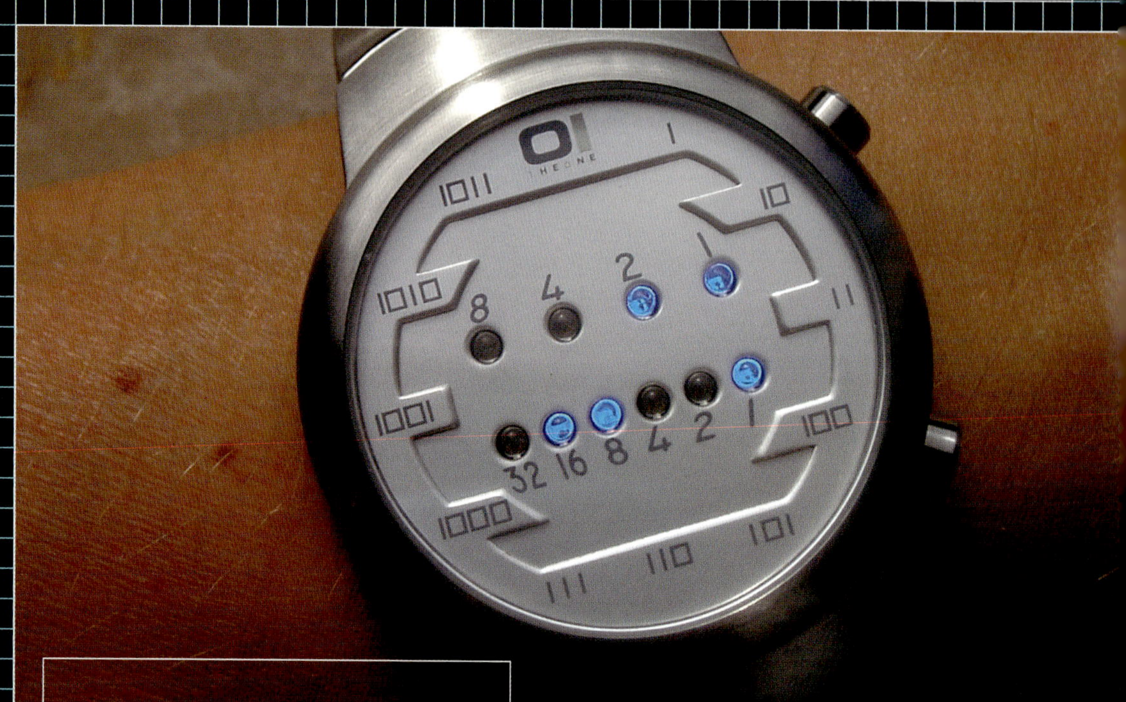

이진법 손목시계
컴퓨터는 두 개의 숫자 0(꺼짐)과 1(켜짐)로 데이터를 저장하는 이진법을 사용한다. 이 시계 역시 이진법으로 시간을 표시한다. 첫 번째 등은 1을 뜻하고 그 다음 수는 이전 수의 두 배이다. 지금 이진법 손목시계가 가리키는 시각은 3시 25분이다.

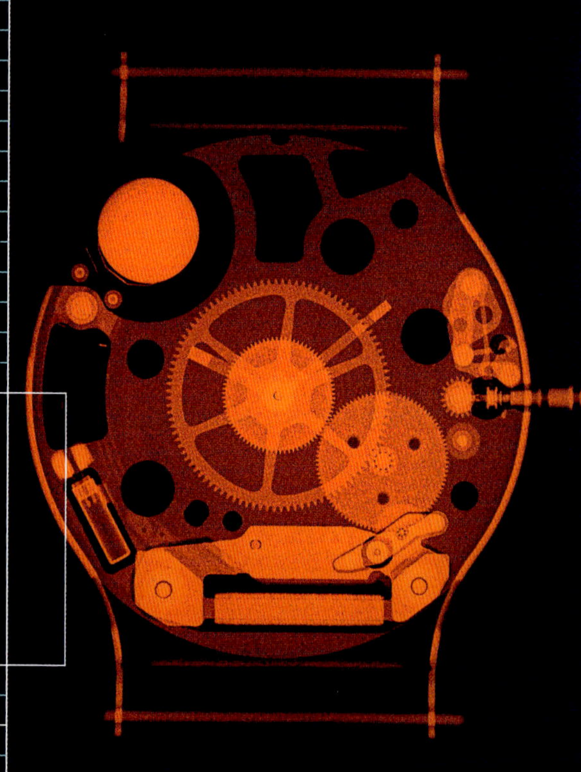

크리스털 시계의 엑스선 사진
전기는 크리스털을 매우 정확한 간격으로 진동하게 만들 수 있다. 이 진동 크리스털로 매우 정확한 시계를 만든다.

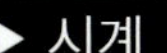

원자 시계

세상에서 가장 정확한 시계는 원자 시계이다. 원자 시계의 오차는 10억 분의 1초 이하이다. 그러나 원자 시계는 너무 커서 손목에 차고 다닐 수 없다. 사진의 시계는 원자 시계에 맞춰진 라디오 방송에서 신호를 받아 정확한 시간을 유지한다.

LED 시계

두 개의 LED(발광 다이오드) 시계가 몇 시를 가리키고 있는지 알아보자. 시계가 가리키는 시각은 12시 34분이다. 어떻게 하는지 알면 매우 쉽다. 각 구역별로 LED가 몇 개 켜져 있는지 차례로 세기만 하면 된다.

인터넷 시간

인터넷에서 세계 여러 나라 사람들이 약속을 정하려면 매우 혼란스럽다. 각자 살고 있는 지역 시간에 시계를 맞추기 때문이다. 이 문제를 해결하기 위해 모든 지역에서 같은 시간을 사용하는 '인터넷 시간'이라는 것이 생겼다. 하루를 1000개의 비트로 나누는데, 비트의 길이는 약 1.5분 정도 된다.

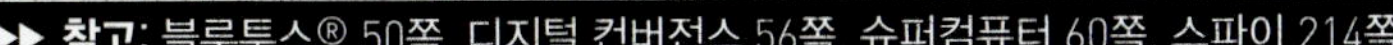

▶▶ **참고**: 블루투스® 50쪽, 디지털 컨버전스 56쪽, 슈퍼컴퓨터 60쪽, 스파이 214쪽

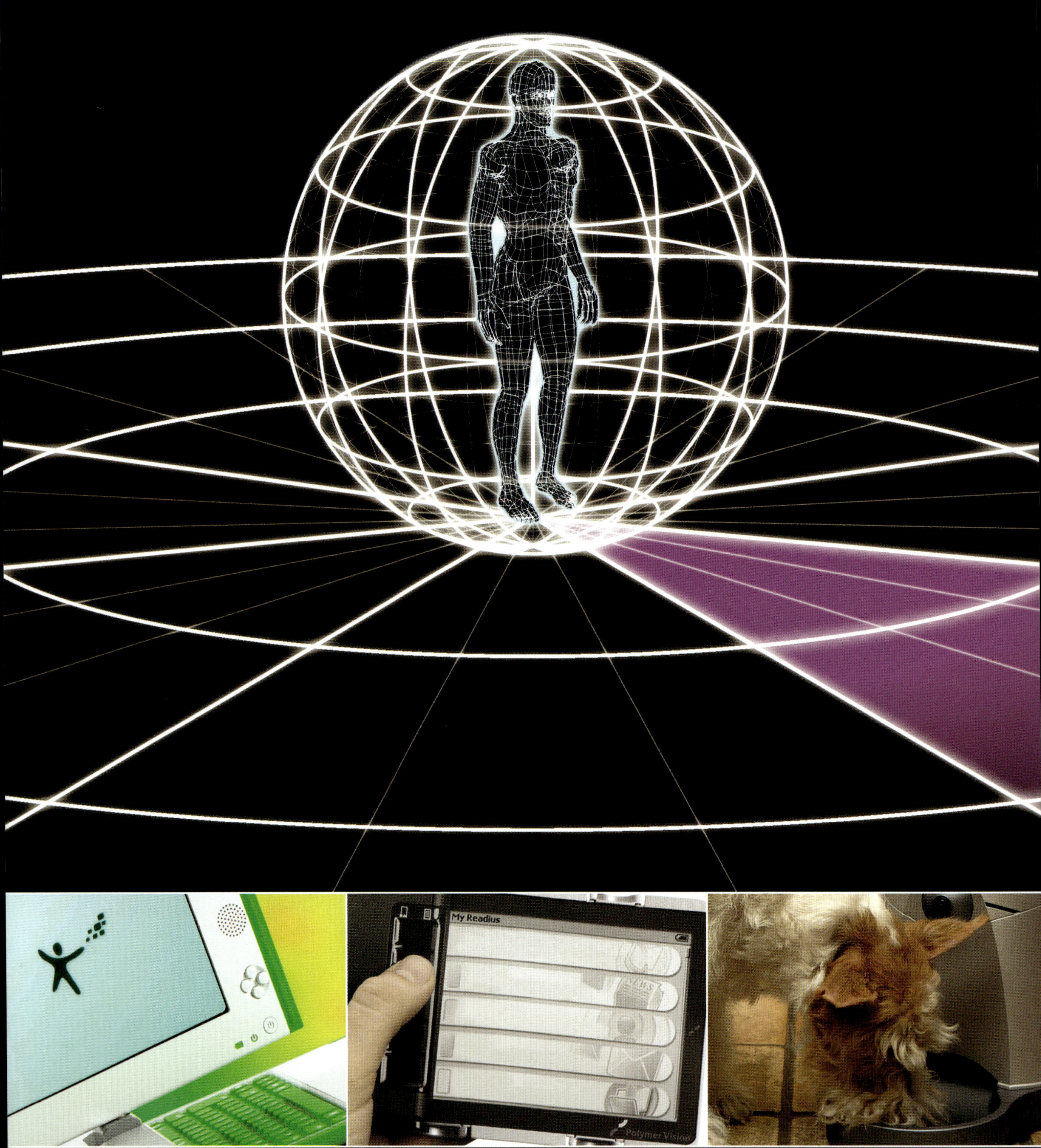
My Readius
Polymer Vision

>> 연결

만인을 위한 노트북 » 마우스 » 무선 장난감 » 전자책 »
블루투스 » 애완동물 사육기 » 헤드업 디스플레이 »
디지털 컨버전스 » 전자투표 » 슈퍼컴퓨터 » 세티앳홈

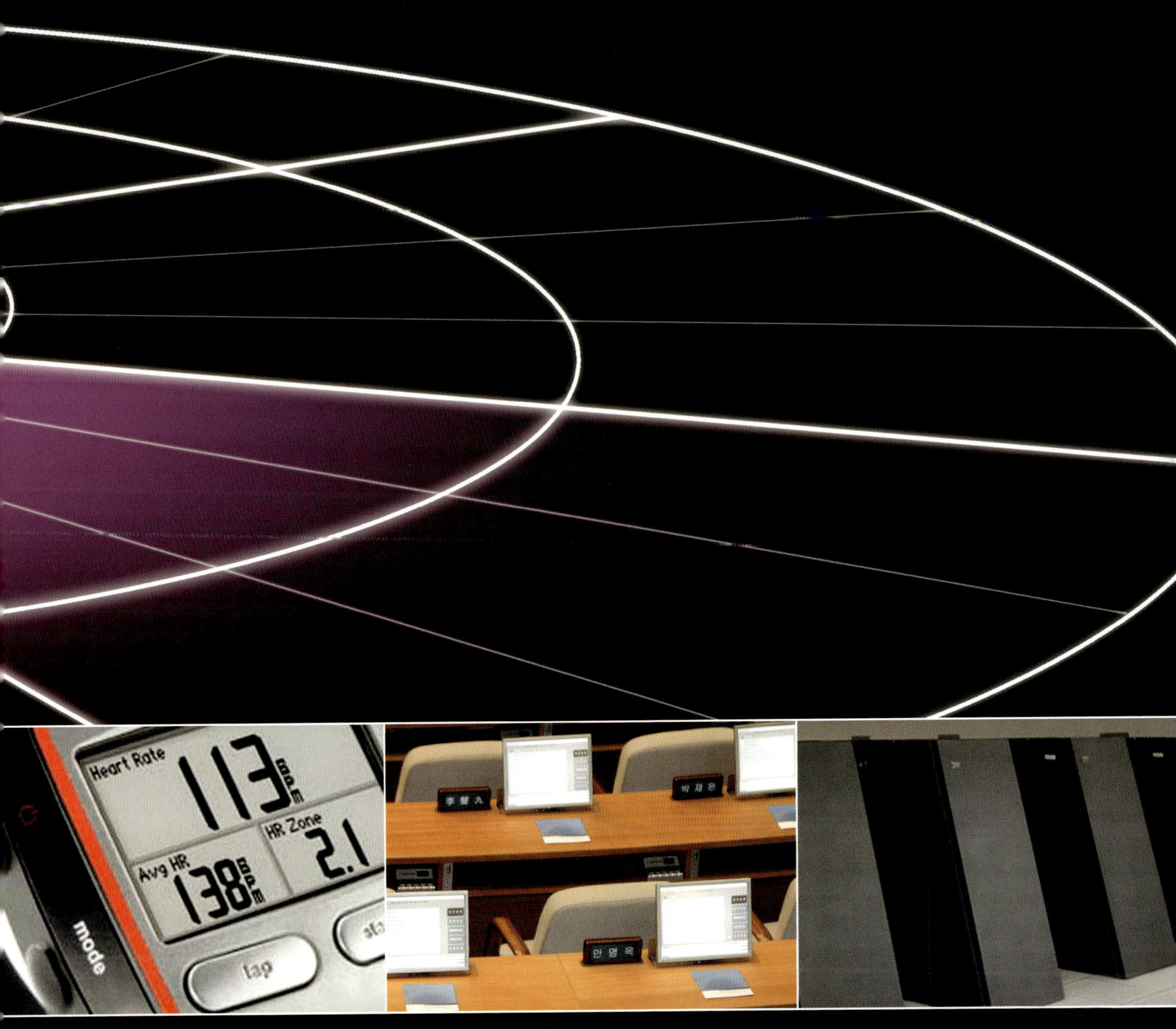

이 토끼는 어떻게 하면 귀를 쫑긋거릴까? 46쪽

▶▶ 21세기에 접어들면서 멀리 떨어져 고립된 것은 존재하지 않게 되었다. 휴대 전화가 널리 보급되었고, 인터넷을 통해 서로 정보를 주고받기 때문이다. 또 대부분의 전자 기기들이 한 가지 이상의 기능을 동시에 수행할 수 있도록 만들어지고 있으며, 다른 장치와 의사소통도 할 수 있다. 무선 신호나 적외선 통신으로 자료를 주고받는 무선 기술이 발달하면서 전선은 더 이상 필요 없는 과거의 줄이 되어 버렸다.

이 초소형 로봇은 어떤 식으로 의사소통을 할까? 50쪽

이 쥐는 왜 가지고 놀 공이 없을까? 44쪽

›› XO 노트북의 원리

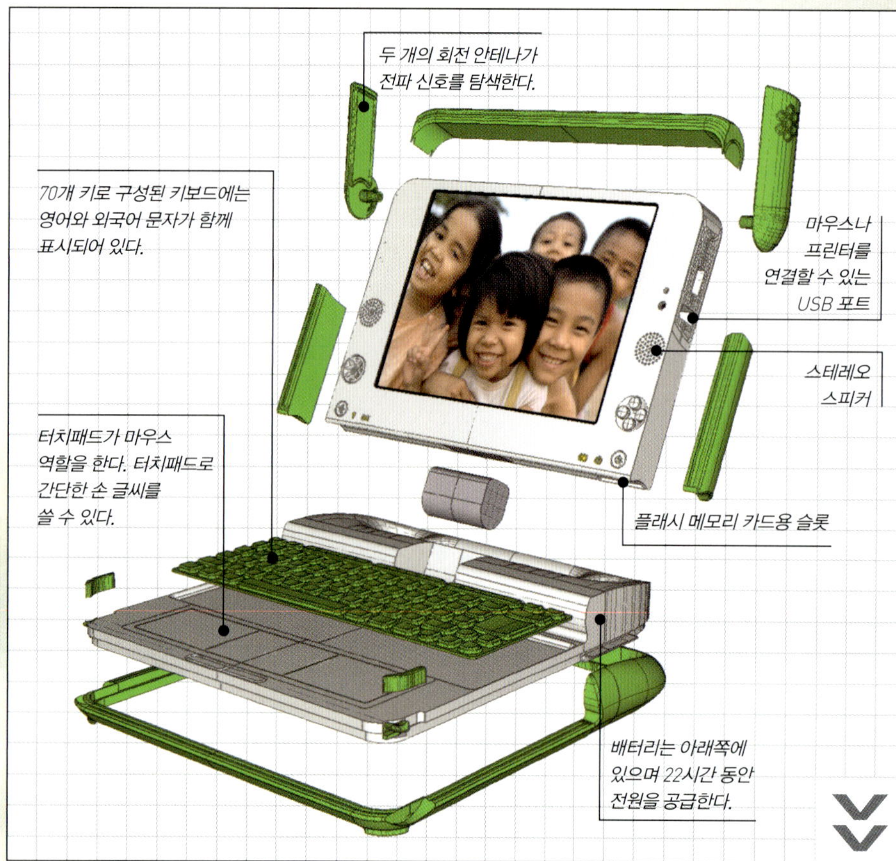
두 개의 회전 안테나가
전파 신호를 탐색한다.
70개 키로 구성된 키보드에는
영어와 외국어 문자가 함께
표시되어 있다.
마우스나
프린터를
연결할 수 있는
USB 포트
스테레오
스피커
터치패드가 마우스
역할을 한다. 터치패드로
간단한 손 글씨를
쓸 수 있다.
플래시 메모리 카드용 슬롯
배터리는 아래쪽에
있으며 22시간 동안
전원을 공급한다.

헤드폰용 포트
화면을 위아래로
움직일 수 있는
마우스패드

XO 노트북은 강력한 힘, 저렴한 가격을 기본으로 만들었다. 실행 체계(컴퓨터와 컴퓨터의 프로그램을 제어하는 주요 소프트웨어)를 단순화했기 때문에 값싼 프로세서 칩으로도 이들을 제어할 수 있다. 저장 장치로는 커다란 하드 디스크 드라이브(HDD) 대신 디지털 카메라에 쓰는 작은 플래시 메모리를 사용한다. 다음 모델에는 전기가 들어오지 않는 지역에서 사용할 것을 대비해 수동으로 전기를 충전하는 방식을 적용할 예정이다. 손으로 손잡이를 돌리거나 페달을 밟거나 줄을 잡아당겨 전기를 충전하는 방식들 말이다. XO 노트북에는 와이파이 칩(무선 네트워킹)이 내장되어 있어 인터넷뿐만 아니라 주변의 다른 기기들과도 연결할 수 있다.

만인을 위한 노트북

▶▶ 세계 인구의 80퍼센트 이상이 인터넷을 사용하지 못하고 있다. XO 노트북은 모든 사람들이 인터넷을 사용할 수 있도록 하기 위해 만들었다. 개발도상국 정부가 노트북을 학교에 널리 보급할 수 있도록 하기 위하여 가격도 50파운드(약 10만 원)밖에 되지 않는다.

▶▶ **참고**: 무선 장난감 46쪽, 전자책 48쪽, 디지털 컨버전스 56쪽

야외의 햇빛 아래서도 잘 볼 수 있도록 LCD 화면이 명도가 높은 흑백 화면으로 바뀐다.
웹 카메라가 내장되어 있어 화상 채팅을 할 수 있다.
게임용 버튼
야외에서 사용하기에 적합한 단단한 플라스틱 외관이 먼지와 습기를 막아 준다.

사진: 모니터를 회전시킬 수 있는 XO 노트북

◀ XO 노트북 프로젝트의 목표는 세상 모든 어린이에게 노트북을 보급하는 것이다. 인터넷 보급률이 낮은 개발도상국에 XO 노트북을 보급함으로써 선진국과 개발도상국 사이에 정보 혜택의 균형을 이루고자 한 것이다. 현재 인도 인구의 5퍼센트가 인터넷을 사용하고 있는 반면 미국 인구의 75퍼센트가 인터넷을 사용하고 있다.

태엽 장치 발전기

태엽 장치로 전기를 만들어 라디오나 노트북에 전원을 공급하는 방식은 아직 거대한 규모의 전력망이 구축되어 있지 않은 개발도상국에서 인기를 끌고 있다. 사진의 휴대용 발전기는 페달을 밟아 전기를 만드는 장치이다. 이렇게 직접 만든 전기로 XO 노트북에 전원을 공급하게 된다.

휴대용 발전기

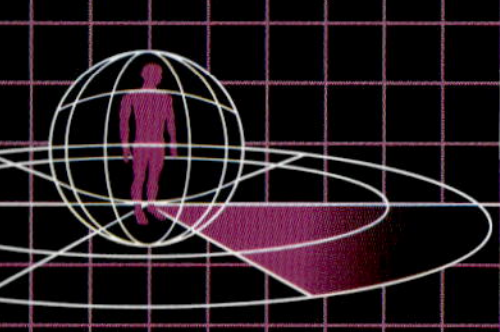

마우스

전통적인 마우스는 곡선 모양의 플라스틱 외관에 클릭하는 부분이 있으며, 움직임을 감지하는 공이 바닥에 끼워져 있고 전선으로 컴퓨터와 연결되어 있다. 하지만 공에 먼지가 끼기 쉽고, 전선으로 연결되어 있어 컴퓨터 앞에 꼼짝없이 붙어 있어야 하는 단점이 있었다. 최신 마우스는 여러 가지 다양한 형태와 방식으로 변신을 꾀하고 있다.

3D용 마우스
3D용 마우스인 스페이스네비게이터(SpaceNavigator™)는 압력 감지 기술을 사용했다. 마우스 손잡이를 누르거나 당기거나 비틀면 스페이스네비게이터가 압력을 감지해 3D 영상이 움직이게 된다. 이때 압력을 세게 하면 3D 영상이 더 빠르게 움직인다.

블루투스 마우스
블루투스(Bluetooth®) 마우스는 전선 대신 무선 신호로 컴퓨터와 통신한다. 내장된 배터리로 전원을 공급받기 때문에 정기적으로 배터리를 충전해야 한다. 최신 무선 마우스는 특별한 마우스패드 위에 놓아 두면 저절로 충전된다.

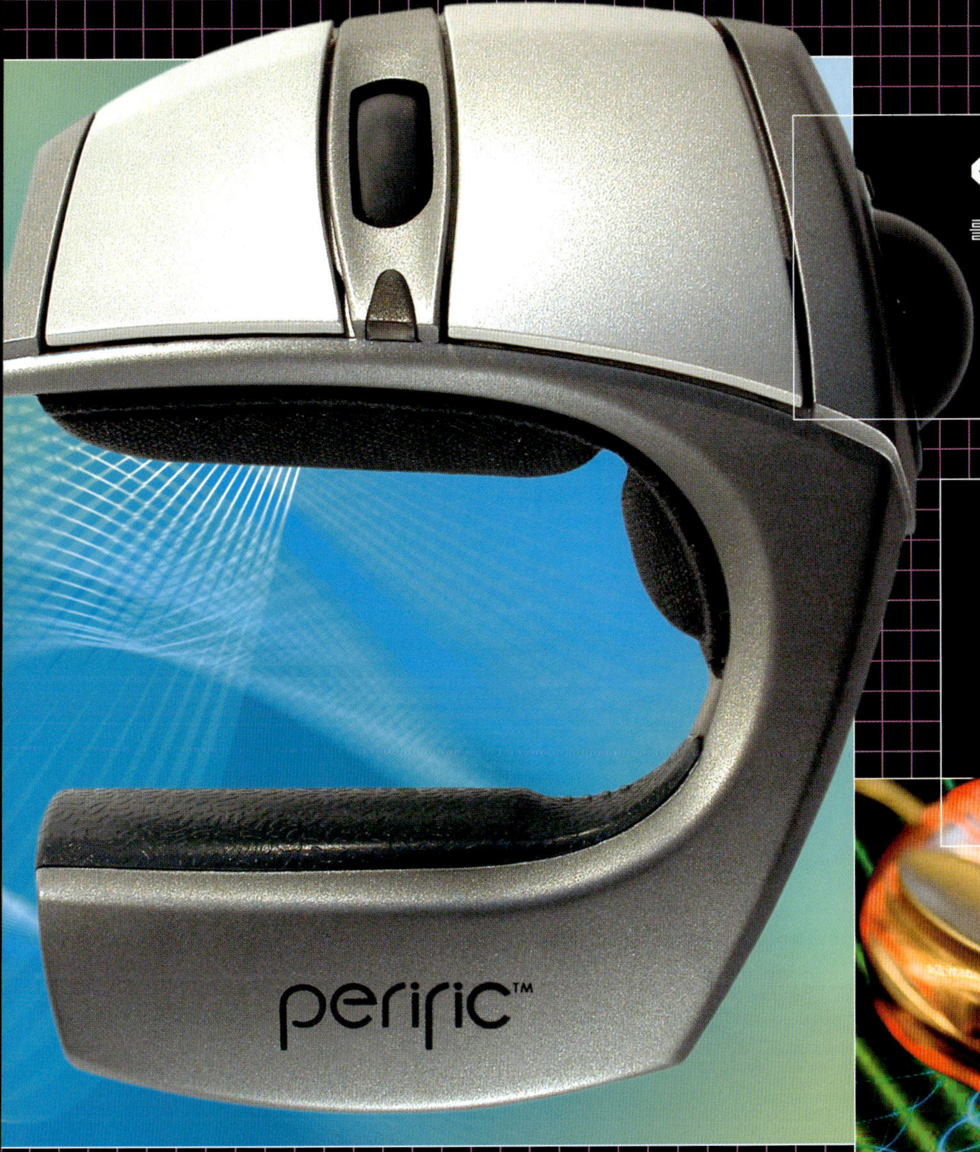

형태 변형 마우스

이 맵시 있는 마우스는 반복성 긴장 장애를 방지하기 위해 개발되었다. 마우스의 모양을 이리저리 바꿔가며 다양한 방법으로 사용할 수 있다. 외관은 손으로 감싸 쥐기에 편리하게 만들어졌고, 무선이라 컴퓨터와 멀리 떨어진 곳에서도 사용할 수 있다.

광 마우스

광 마우스는 공 대신 카메라로 마우스 아랫면을 감지한다. 컴퓨터가 움직이는 그림을 해석해 마우스의 속도와 방향을 추적한다.

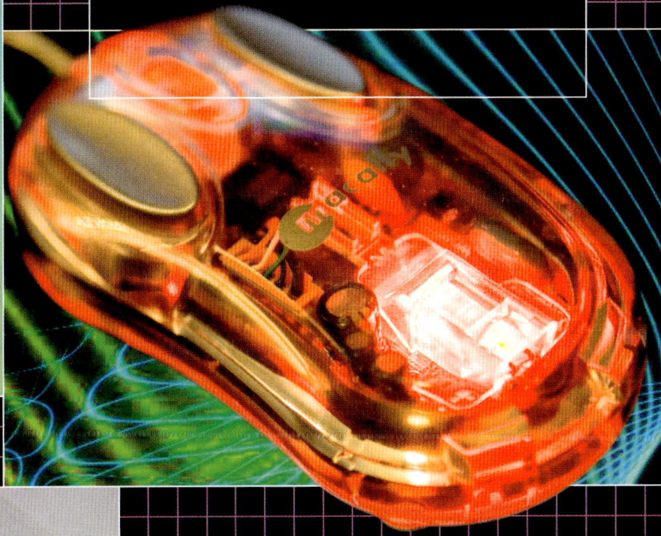

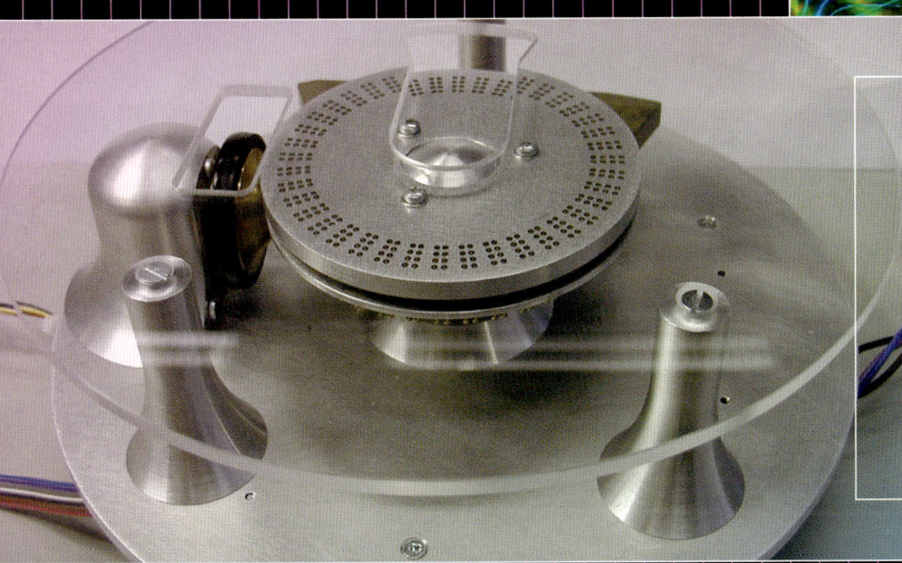

점자 마우스

맹인들은 돋아 있는 점을 손가락으로 더듬어 읽는 점자를 사용한다. 맹인이 읽을 수 있도록 컴퓨터 출력물을 점자로 바꿔야 한다. 점자 마우스는 기계적으로 핀을 올리거나 내려 점자 모양을 만들어 낸다. 회전하는 원반은 점자를 맹인의 손가락 아래로 이동시켜 준다.

▶▶ **참고:** 무선 장난감 46쪽, 블루투스® 50쪽, 슈퍼컴퓨터 60쪽, 세티앳홈 62쪽

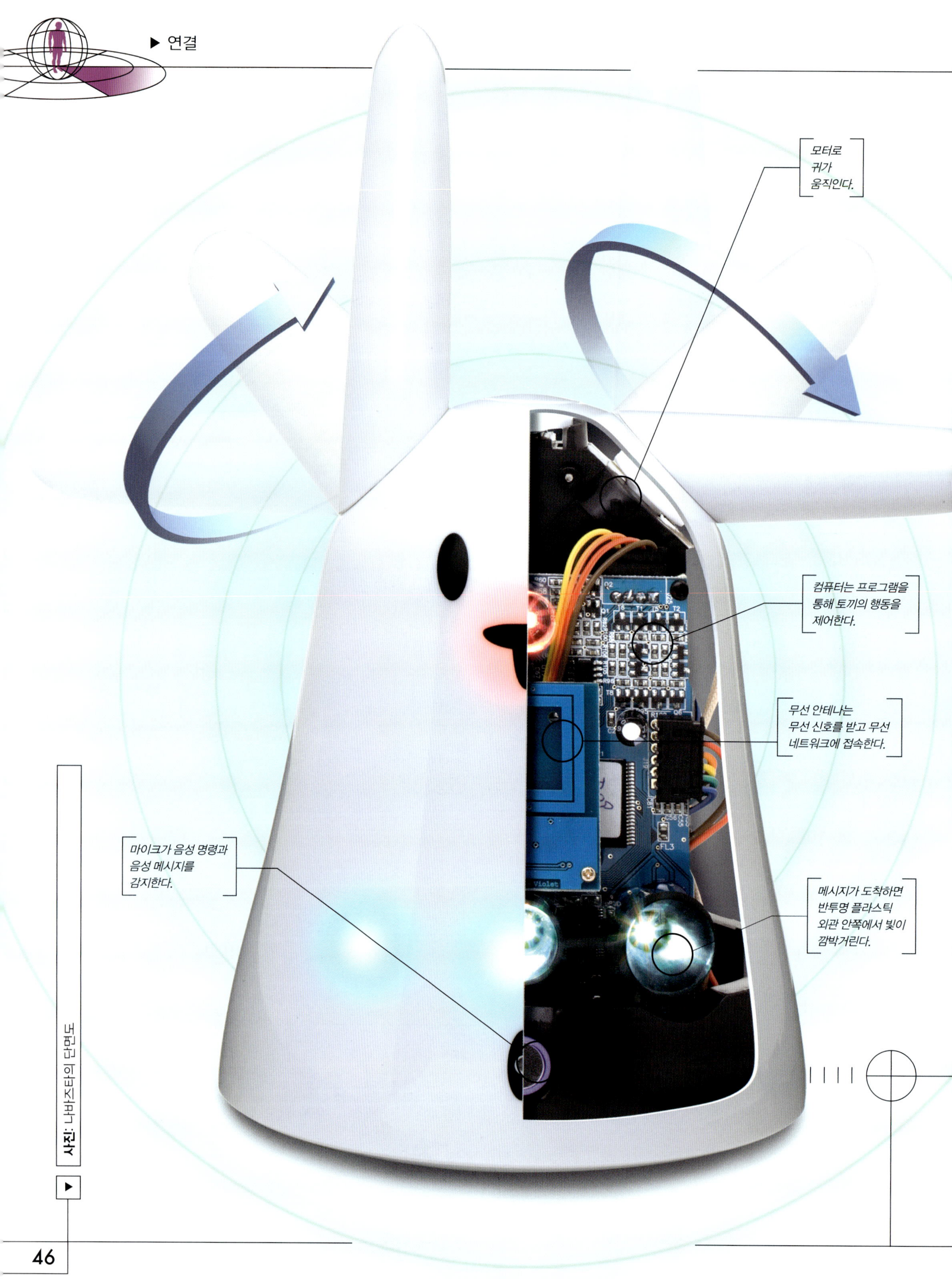
모터로
귀가
움직인다.
컴퓨터는 프로그램을
통해 토끼의 행동을
제어한다.
무선 안테나는
무선 신호를 받고 무선
네트워크에 접속한다.
마이크가 음성 명령과
음성 메시지를
감지한다.
메시지가 도착하면
반투명 플라스틱
외관 안쪽에서 빛이
깜박거린다.

사진: 나바즈타의 단면도

▶▶ **참고**: 마우스 44쪽, 전자책 48쪽, 블루투스® 50쪽, 스파이 214쪽

무선 장난감

▶▶ 로봇 토끼 나바즈타(Nabaztag)는 친구에게 이메일을 받으면 귀를 쫑긋거리고 최신 뉴스를 큰 소리로 읽어 준다. 무선 신호로 근처에 인터넷과 연결된 무선 네트워크에 접속할 수도 있다. 사용자는 제조사의 홈페이지에 접속해 중앙 컴퓨터로 나바즈타를 제어할 수 있다.

>> 무선 장난감의 의사소통 원리

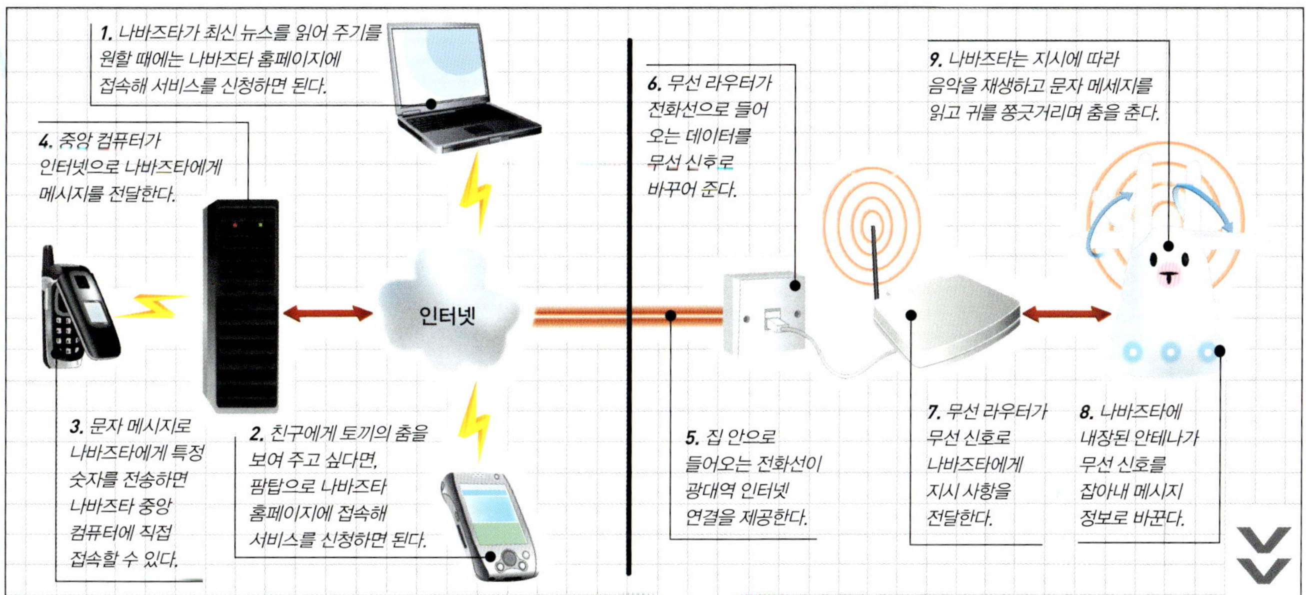

1. 나바즈타가 최신 뉴스를 읽어 주기를 원할 때에는 나바즈타 홈페이지에 접속해 서비스를 신청하면 된다.
4. 중앙 컴퓨터가 인터넷으로 나바즈타에게 메시지를 전달한다.
인터넷
3. 문자 메시지로 나바즈타에게 특정 숫자를 전송하면 나바즈타 중앙 컴퓨터에 직접 접속할 수 있다.
2. 친구에게 토끼의 춤을 보여 주고 싶다면, 팜탑으로 나바즈타 홈페이지에 접속해 서비스를 신청하면 된다.
6. 무선 라우터가 전화선으로 들어오는 데이터를 무선 신호로 바꾸어 준다.
9. 나바즈타는 지시에 따라 음악을 재생하고 문자 메세지를 읽고 귀를 쫑긋거리며 춤을 춘다.
5. 집 안으로 들어오는 전화선이 광대역 인터넷 연결을 제공한다.
7. 무선 라우터가 무선 신호로 나바즈타에게 지시 사항을 전달한다.
8. 나바즈타에 내장된 안테나가 무선 신호를 잡아내 메시지 정보로 바꾼다.

나바즈타에게 전달되는 모든 메시지는 제조사인 바이올렛(Violet)의 중앙 컴퓨터를 거쳐야 한다. 사용자는 중앙 컴퓨터를 통해 나바즈타에게 명령을 내릴 수 있다. 노트북으로 인터넷에 접속하거나 팜탑으로 문자 메시지를 보내 나바즈타의 홈페이지에 접속할 수 있다. 휴대 전화로 특정 숫자를 보내면 중앙 컴퓨터에 바로 접속할 수 있다. 이런 방법으로 중앙 컴퓨터에 음악 들려 주기, 뉴스 읽어 주기, 귀를 쫑긋거리기 등의 서비스를 신청하면 그 정보가 인터넷을 통해 나바즈타에게 전달된다.

◀ 나바즈타에 내장된 컴퓨터가 전송받은 데이터를 처리한다. 나바즈타에는 무선 연결, 소리 재생, 빛 제어, 귀 움직임 제어 등을 위한 전자 부품들이 들어 있다.

≫ 애플 TV

▶ 애플 TV는 무선으로 텔레비전과 컴퓨터를 연결하는 셋톱 박스(쌍방향 멀티미디어 통신 서비스)이다. 애플 TV를 통해 컴퓨터에 저장된 동영상이나 프로그램을 텔레비전으로 볼 수 있다.

애플 TV 셋톱 박스와 리모컨

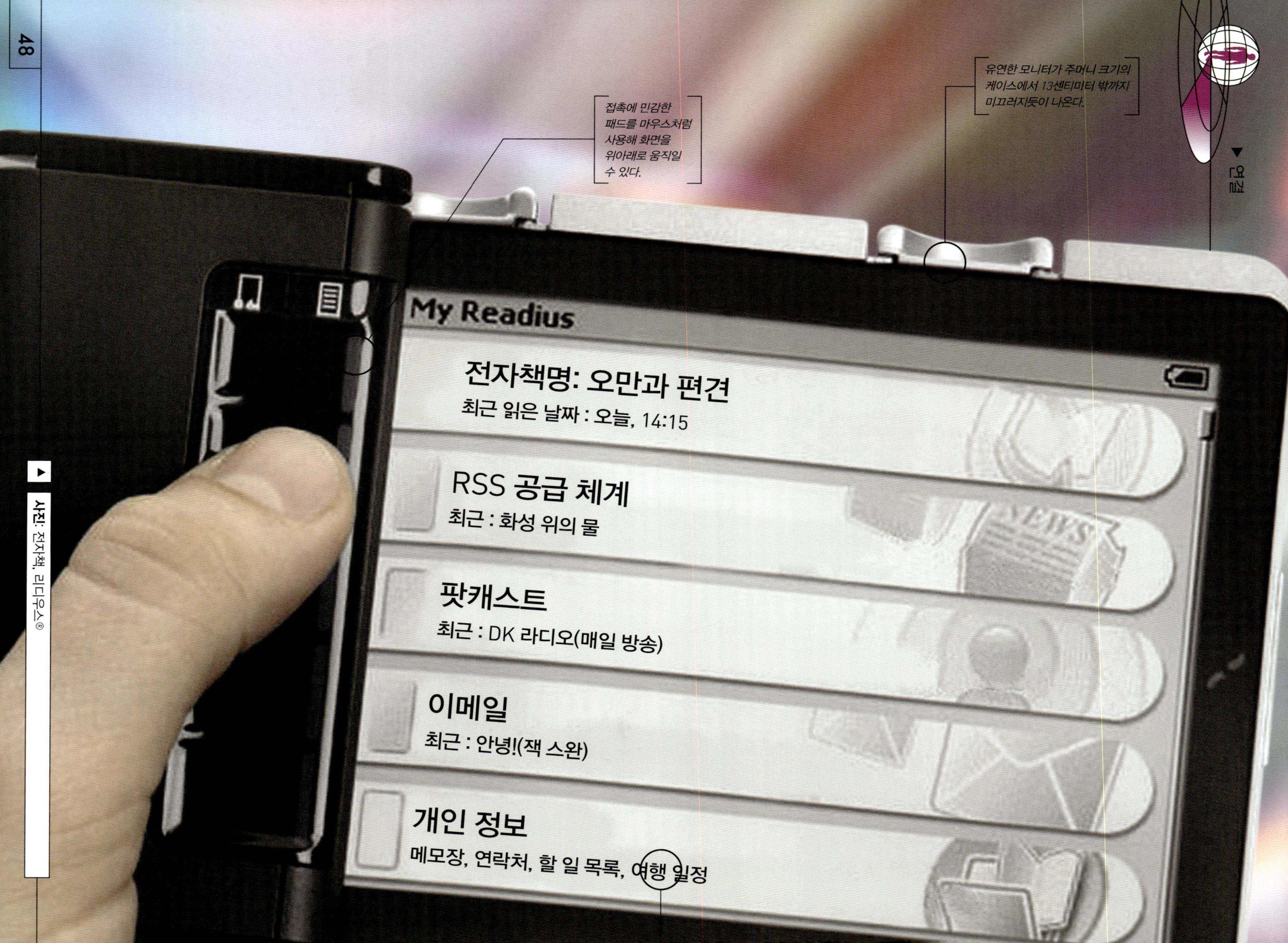

유연한 모니터가 주머니 크기의 케이스에서 13센티미터 밖까지 미끄러지듯이 나온다.
접촉에 민감한 패드를 마우스처럼 사용해 화면을 위아래로 움직일 수 있다.
My Readius
전자책명: 오만과 편견
최근 읽은 날짜 : 오늘, 14:15
RSS 공급 체계
최근 : 화성 위의 물
팟캐스트
최근 : DK 라디오(매일 방송)
이메일
최근 : 안녕!(잭 스완)
개인 정보
메모장, 연락처, 할 일 목록, 여행 일정

▲ **사진**: 전자책, 리디우스®

명암이 뚜렷한 흑백 화면은 밝은 햇빛 아래서도 읽기 좋다.

전자책

▶▶ MP3 플레이어에 수천 곡의 음악을 담아 가지고 다니는 세상이다. 왜 책은 그렇게 안 되는 걸까? 이제 주머니에 쏘옥 들어갈 정도로 작은 전자책에 도서관에 있는 책을 몽땅 담아 가지고 다닐 날이 멀지 않았다.

▲ 전자책 리디우스(Readius®)는 4기가바이트 용량의 저장 장치를 내장하고 있다. 4기가바이트의 용량은 성서 분량의 책 5000권에 해당하는 엄청난 양이다. 리디우스에 이메일과 음악 파일을 담아 둘 수도 있고, RSS 공급 체계를 통해 최신 인터넷 뉴스를 받아볼 수도 있다.

>> 전자 잉크의 원리

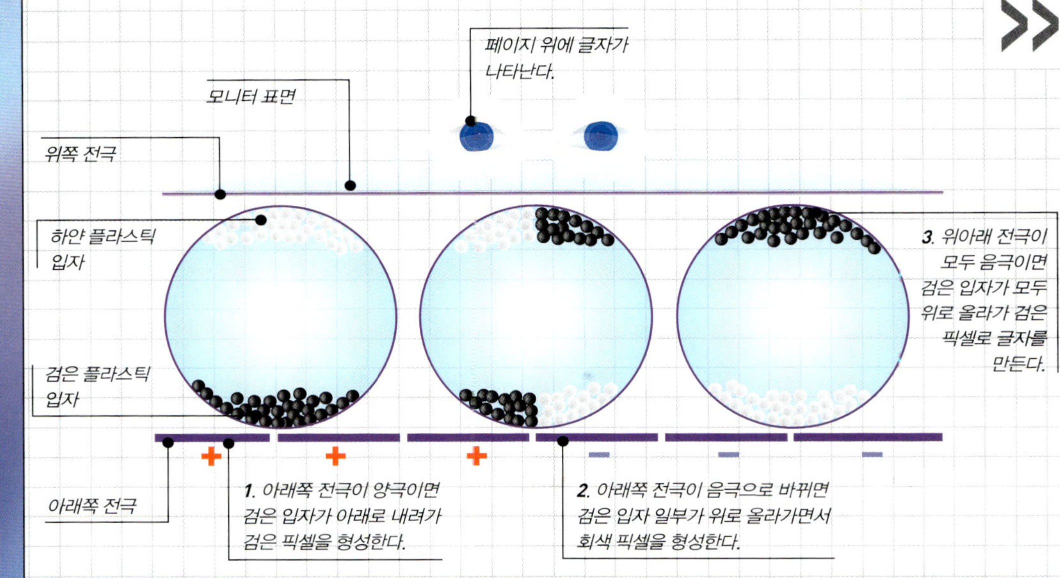
페이지 위에 글자가 나타난다.
모니터 표면
위쪽 전극
하얀 플라스틱 입자
검은 플라스틱 입자
아래쪽 전극
1. 아래쪽 전극이 양극이면 검은 입자가 아래로 내려가 검은 픽셀을 형성한다.
2. 아래쪽 전극이 음극으로 바뀌면 검은 입자 일부가 위로 올라가면서 회색 픽셀을 형성한다.
3. 위아래 전극이 모두 음극이면 검은 입자가 모두 위로 올라가 검은 픽셀로 글자를 만든다.

노트북, 휴대 전화, 계산기 화면의 그림과 글자는 픽셀이라고 불리는 아주 작은 점 수백만 개로 표현된다. 전형적인 LCD 화면은 1센티미터당 35개의 픽셀을 사용한다. 이 픽셀 수는 컴퓨터 프린터 픽셀 수의 6분의 1밖에 되지 않는다. 그래서 LCD 화면으로 보는 것보다 종이에 인쇄해 보는 것이 훨씬 선명한 것이다. 전자책의 화면은 머리카락 두께밖에 되지 않는 초소형 플라스틱 캡슐을 사용한다. 전자책 화면은 1센티미터당 60~80개의 픽셀로 이루어져 있다. 플라스틱 캡슐에는 검은색과 흰색의 플라스틱 입자가 들어 있다. 이 입자들이 정교한 전기 제어를 통해 캡슐의 아래위로 움직이면서 유연한 모니터 화면 위에 글자, 그림을 표현한다. 이런 화면은 일반 컴퓨터 화면보다 훨씬 선명할 뿐만 아니라 밝은 햇빛 아래서도 읽기 쉽고 배터리도 적게 든다.

▶▶ **참고:** 무선 장난감 46쪽, 디지털 컨버전스 56쪽, 게임기 68쪽

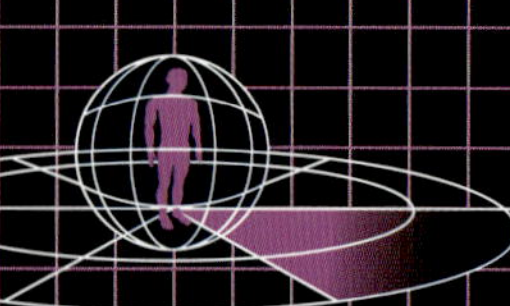

블루투스

블루투스는 전자 기기들이 정보를 주고받는 방식을 크게 변화시켰다. 단주기 영역의 무선 신호로 전자 기기들을 안정적으로 연결할 수 있게 되면서 프린터, 헤드폰, 비디오 게임기 등을 연결할 때에 무선이 유선을 점점 대체하게 되었다. 블루투스는 주파수를 1초에 1600회 바꿔 전파 방해 문제를 해결하고 있다.

초소형 로봇
블루투스 기기들 가운데에는 초소형 로봇 같이 매우 작은 것들도 있다. 블루투스는 무선 신호를 이용하는 다른 장치들과 달리 전자 기기를 연결할 때 디지털 암호를 사용한다. 이렇게 하면 여러 장치가 별 문제 없이 하나의 주파수를 공유할 수 있다.

초소형 헬리콥터

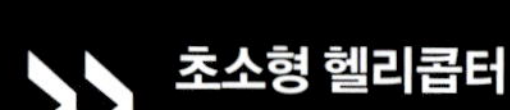

무게가 12그램밖에 나가지 않는 초경량 헬리콥터는 블루투스로 기지와 통신한다. 기지로부터 명령을 전달받아 항공사진을 찍고, 찍은 사진을 기지로 보낸다. 블루투스의 최대 연결 범위는 10미터 정도이다. 강력한 전송기를 사용하면 보다 먼 거리에서도 통신할 수 있다.

블루투스 시계

이 시계는 블루투스로 휴대 전화와 연결되어 있다. 휴대 전화로 전화가 오거나 문자 메시지가 도착하면 진동으로 알려 주고 시계 화면으로 발신자의 정보와 문자 메시지의 내용을 확인할 수 있다. 또 휴대 전화 배터리가 줄어들면 미리 알려 준다.

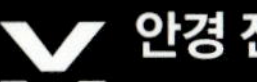

안경 전화

이 안경에는 블루투스로 휴대 전화와 연결된 핸즈프리 장치가 내장되어 있다. 작은 스피커는 귀에 딱 맞고 마이크는 자기의 목소리를 잘 잡아낸다. 안경을 살짝 건드려도 전화를 받을 수 있다. 모자나 머리카락 사이에 핸즈프리 장치를 숨길 수도 있다.

스키용 MP3 플레이어

스키용 재킷 소매에 넣어 둔 블루투스 리모컨은 모자 속 스피커와 깃 속 마이크와 연결되어 있다. 블루투스로 주머니에 있는 휴대 전화나 MP3 플레이어에 연결하면 스키를 타는 동안에도 전화를 하고 음악도 들을 수 있다.

▶▶ **참고:** 무선 장난감 46쪽, 애완동물 사육기 52쪽, 로봇 90쪽

애완동물 사육기

▶▶ 마우스 클릭 한번으로 집 밖에서도 애완동물을 보살피고 먹이를 줄 수 있다. 아이시펫(iSeePet™)은 카메라가 내장되어 있고 인터넷에 연결할 수 있는 특별한 애완동물 사육기이다.

▼ 아이시펫은 멀리 떨어져 있는 주인과 애완동물을 이어 주는 장치이다. 주인은 웹 카메라로 애완동물의 모습을 지켜볼 수 있으며 전자음을 울리게 해 애완동물의 주의를 끌 수도 있다.

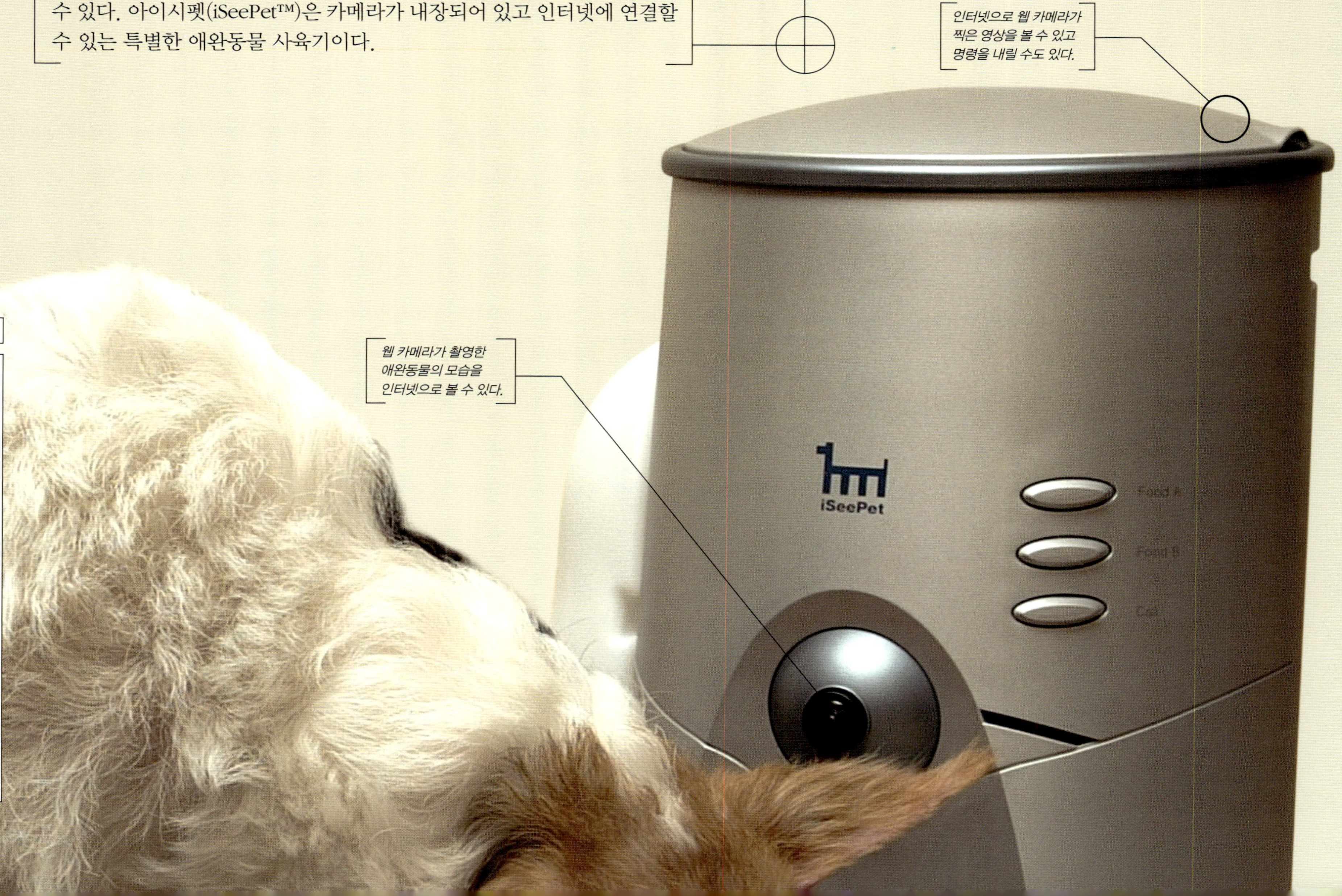

인터넷으로 웹 카메라가 찍은 영상을 볼 수 있고 명령을 내릴 수도 있다.

웹 카메라가 촬영한 애완동물의 모습을 인터넷으로 볼 수 있다.

▲ **사진:** 주인과 애완동물을 이어 주는 의사소통 장치, 아이시펫

지시받은 만큼 접시 위에 먹이가 떨어진다.

>> 애완동물 사육기의 원리

애완동물 사육기 웹 사이트에 접속해 웹 카메라에 비친 애완동물의 현재 모습을 볼 수 있다. 또 주인은 전자음을 울리게 해 애완동물을 가까이 부를 수 있으며, 접시에 떨어뜨리는 먹이의 양도 조절할 수 있다. 여러 명이 다른 컴퓨터로 동시에 접속하면 애완동물의 모습을 같이 볼 수 있다.

로봇 강아지

로봇 강아지 아이보(Aibo)가 노는 모습

▲ 살아 있는 애완동물을 먹이고 훈련시키는 게 벅차다면 로봇 강아지를 길러 보자. 로봇 강아지 아이보는 진짜 강아지처럼 부드럽거나 따뜻하지는 않지만 프로그램을 실행시키면 진짜 강아지처럼 행동한다.

▶▶ **참고**: 무선 장난감 46쪽, 디지털 컨버전스 56쪽, 전자투표 58쪽, 스파이 214쪽

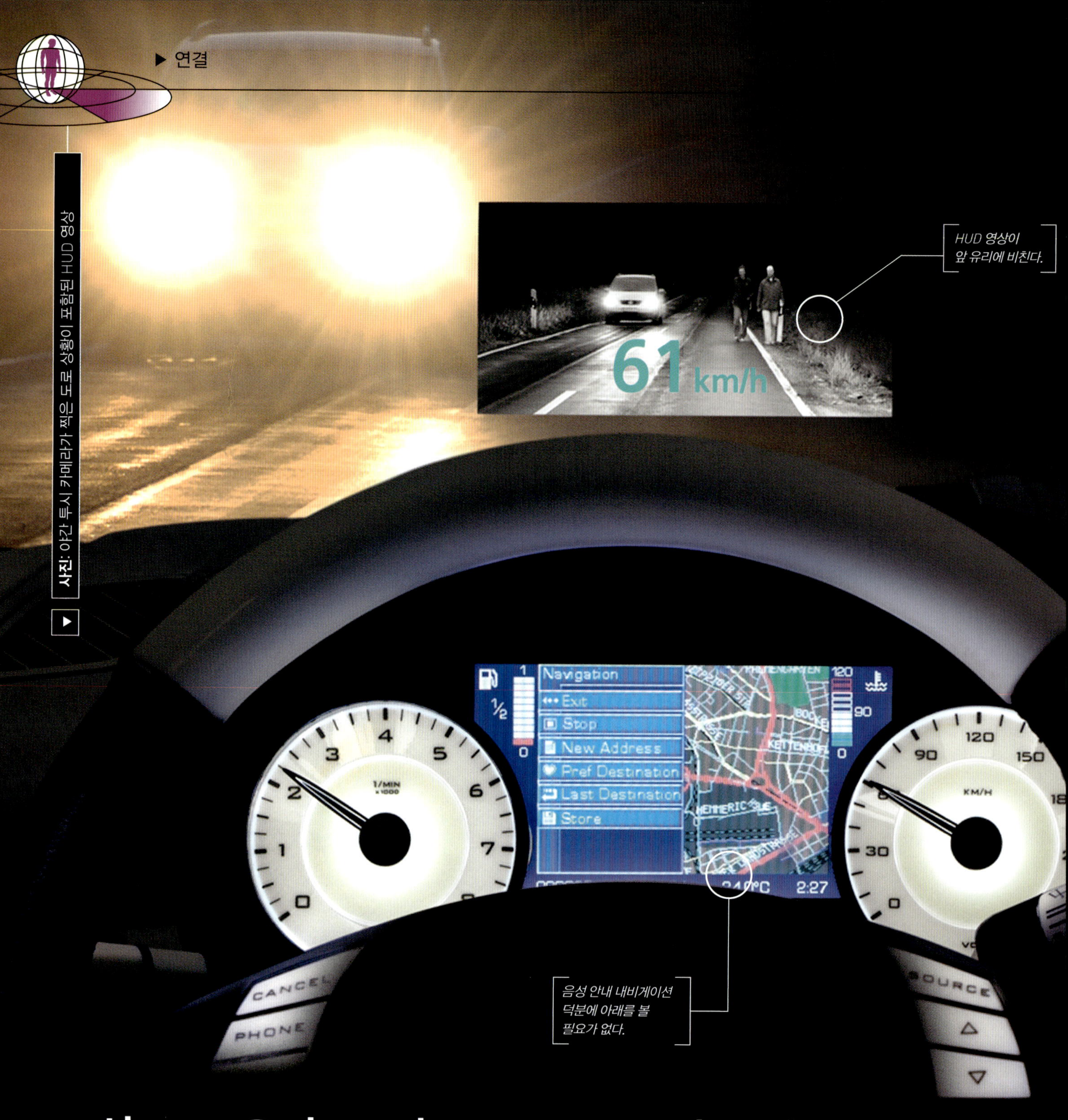

사진: 야간 투시 카메라가 찍은 도로 상황이 포함된 HUD 영상

헤드업 디스플레이

▶▶ 운전자는 어두운 밤에 운전할 때 주의해야 한다. 특히 도로에서 눈을 떼지 않는 것이 중요하다. 헤드업 디스플레이(HUD, 계기판 전방 투영 장치)는 앞 유리에 운전에 필요한 정보를 비춰 주는 장치이다. 계기판을 보려고 아래를 볼 필요가 없기 때문에 훨씬 안전하게 운전할 수 있다.

HUD의 원리

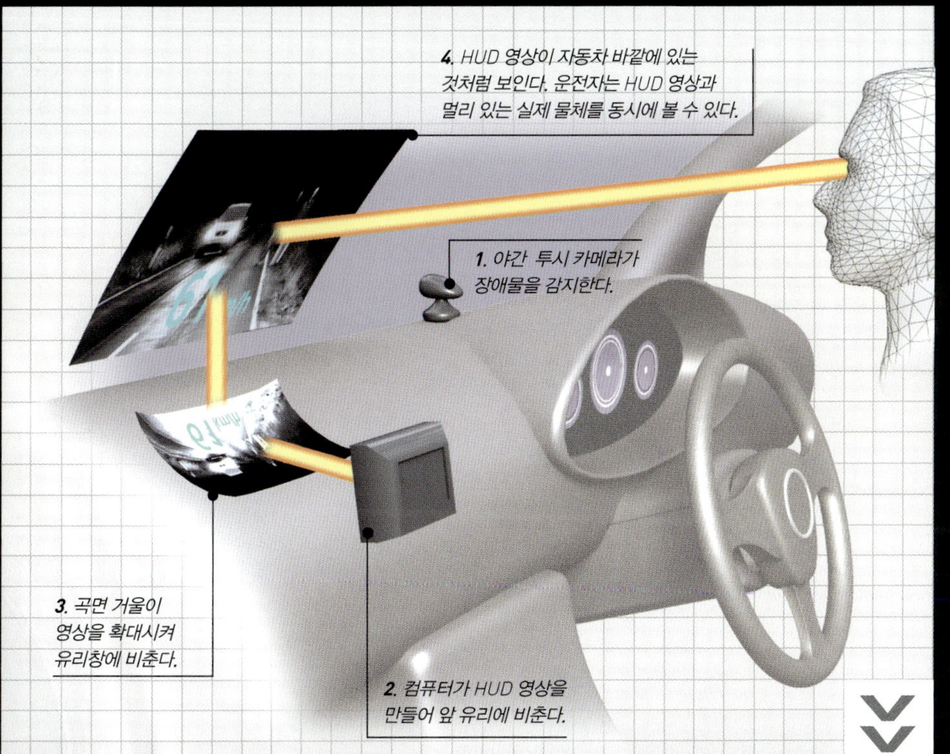

4. HUD 영상이 자동차 바깥에 있는 것처럼 보인다. 운전자는 HUD 영상과 멀리 있는 실제 물체를 동시에 볼 수 있다.
1. 야간 투시 카메라가 장애물을 감지한다.
3. 곡면 거울이 영상을 확대시켜 유리창에 비춘다.
2. 컴퓨터가 HUD 영상을 만들어 앞 유리에 비춘다.

헤드업 디스플레이는 앞 유리나 유리 앞에 달아 놓은 투명 스크린에 HUD 영상을 비춰 주는 장치이다. 컴퓨터가 만든 HUD 영상이 렌즈와 거울을 거쳐 앞 유리에 나타나게 된다. 곡면 거울이 광선을 굴절시켜 유리창 너머에 환상을 만드는 것이다. HUD 영상 덕분에 운전자는 시선을 다른 곳으로 돌릴 필요가 없어 덜 피곤하며 주의가 산만해지지 않는다. 자동차 전방의 상황은 야간 투시 카메라가 적외선으로 촬영한 것을 HUD 영상으로 만든다.

▲ HUD 영상이 현재 속도와 야간 투시 카메라가 찍은 도로 상황을 동시에 보여 주고 있다. HUD 영상에 어떤 정보를 표시할지는 운전자가 상황에 맞게 선택할 수 있다.

전투기 HUD

착륙 중인 전투기의 HUD

◀ 헤드업 디스플레이는 낮은 고도를 매우 빠르게 나는 전투기 조종사들이 먼저 사용했다. 조종사들이 계기판을 보느라 조금만 한눈을 팔아도 충돌하거나 추락할 수 있기 때문이다. 현재 많은 비행기들이 안개와 같이 기상이 좋지 않을 때를 대비해 헤드업 디스플레이를 장착하고 있다. 가까운 미래에는 지도, 메모, 쇼핑 목록을 보여 주는 HUD 안경이 나올지도 모른다.

▶▶ **참고**: 로봇 자동차 104쪽, 저소음 비행기 126쪽, 쌍안경 158쪽

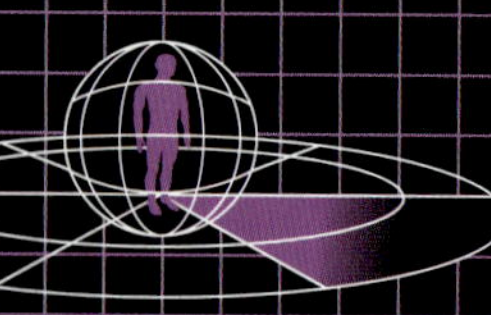

디지털 컨버전스

하나의 전자 기기에 여러 가지 유용한 기술을 집어넣는 것을 디지털 컨버전스라고 한다. 디지털 컨버전스는 휴대 전화로 전화를 걸고 받는 것뿐만 아니라, 사진을 찍고 음악을 들을 수 있게 해 준다. 또 게임기로 CD와 DVD를 재생할 수 있다. 이처럼 익숙한 전자 기기에도 놀라운 기술이 숨어 있을 때가 많다.

개인용 컴퓨터, 푸시캣
로봇 고양이, 푸시캣(Pussy-cat)의 머리는 터치스크린 컴퓨터이다. 푸시캣은 주인을 찾아다니고 게임을 하며 주변을 순찰할 수 있다. 이메일이 도착하면 주인을 찾아가 알린다. 아래에서는 공기 청정제가 분사된다.

휴대용 프로젝터
휴대 전화에 프로젝터가 내장되어 있다. 휴대 전화에서 나온 레이저가 작은 거울을 통과해 가까운 표면 위에 가상 화면을 만든다. 휴대 전화와 무선으로 연결된 특수 펜을 사용하면 가상 화면 위에서 작업할 수 있다. 이 펜을 마우스처럼 사용해 그림을 그릴 수도 있다.

« 개인 코치

이 장치는 단순한 스톱워치가 아니다. 체력을 완벽하게 분석해 주는 개인 코치이다. 내장된 GPS(위성 항법 장치)로 사용자가 어디에서 얼마나 빠른 속도로 가고 있는지를 기록하고 맥박도 동시에 점검한다. 이렇게 모든 정보를 저장한 후 훈련 기간의 마지막에 컴퓨터로 내려 받아 최종 분석한다.

» 방수 음악

수중 MP3(SwiMP3)는 물안경에 장착해 물속에서 사용하는 MP3 플레이어다. 보통 이어폰은 물에 젖으면 작동하지 않기 때문에 수중 MP3에는 이어폰이 없다. 이어폰 대신 수중 MP3는 소리를 진동으로 바꿔 광대뼈를 통해 속귀에 전달한다. 양쪽 뺨에는 전기 에너지를 소리 에너지로 바꾸는 변환기가 있다.

« 주머니 속 사무실

조그만 키보드를 사용할 때는 키를 잘못 누르게 돼 짜증이 난다. 전화기, 카메라, 컴퓨터의 기능을 동시에 갖춘 휴대 전화기로 이런 문제를 해결할 수 있다. 이 휴대 전화는 슬라이드 방식의 키보드와 큰 컬러 터치스크린을 갖추고 있어 일반 컴퓨터처럼 인터넷 검색, 이메일 확인, 문서 편집 등의 작업을 무리 없이 할 수 있다.

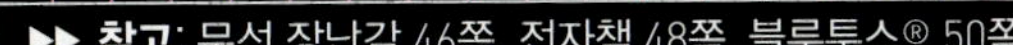

▶▶ **참고**: 무선 장난감 46쪽, 전자책 48쪽, 블루투스® 50쪽

전자투표

▶▶ 국민이 스스로 정부를 선택하는 민주주의는 많은 사회의 기본 원리가 되었다. 하지만 모든 국민들에게 중요한 사안에 대하여 어떻게 생각하는지 일일이 물어볼 수는 없다. 전자투표를 활용한다면 중요한 사안에 대한 국민의 발언권을 확대할 수 있을 것이다.

화면에 몇 가지 선택 사항이 보인다.

사진: 대한민국 국회의 전자투표

>> 전자투표의 이모저모

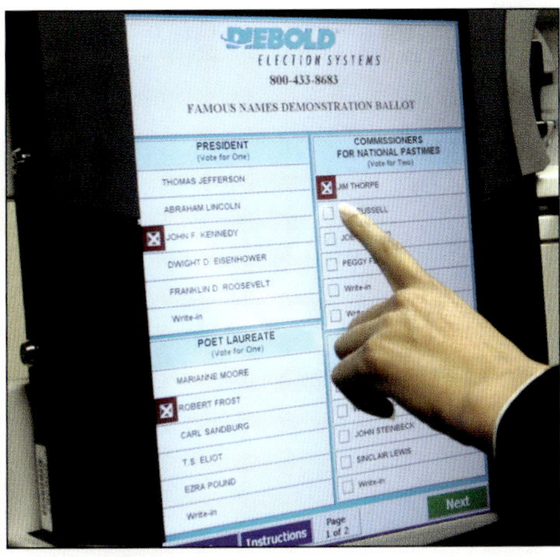

터치스크린 방식

여러 국가에서 전자투표를 시행하고 있다. 미국에서는 커다란 터치스크린으로 전자투표를 하고 있다. 전자투표는 사용 방법이 간단해 컴퓨터를 잘 모르는 사람도 쉽게 투표할 수 있다.

그림 기호 방식

인도의 전자투표기는 글을 읽을 수 없는 사람들을 위해 그림 기호로 되어 있다. 최근 선거에서는 국민 6억 5000만 명이 10만 대 이상의 전자투표기를 사용했다.

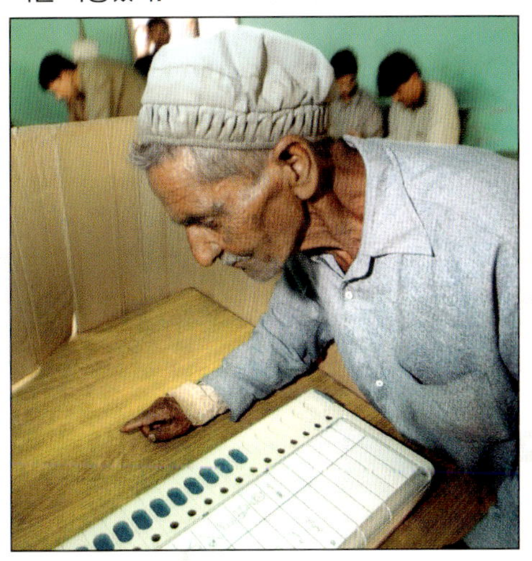

옆의 버튼을 눌러 투표한다.

◀ 대한민국 국회에서 한 국회의원이 전자투표기로 새로운 법안 통과에 대한 투표를 하고 있다. 전자투표로 하면 투표용지나 설문지를 사용할 때보다 훨씬 빨리 결과를 알 수 있다.

▶▶ **참고**: 만인을 위한 노트북 42쪽, 전자책 48쪽, 생체 인식 ID 210쪽

슈퍼컴퓨터

▶▶ 막강한 전자두뇌를 자랑하는 슈퍼컴퓨터 덕분에 매우 작은 원자에 대해 이해할 수 있고, 먼 미래의 기후 변화를 예측할 수 있으며, 난치병의 치료 방법도 찾을 수 있다. 세계 최강의 슈퍼컴퓨터에는 노트북 13만 1000대에 해당하는 프로세서가 내장되어 있다.

>> 슈퍼컴퓨터의 원리

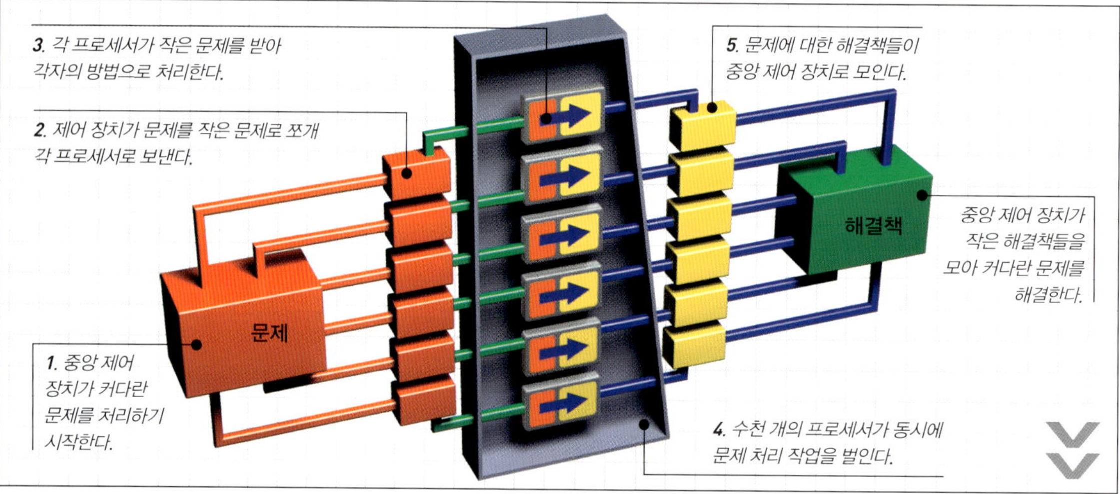

3. 각 프로세서가 작은 문제를 받아 각자의 방법으로 처리한다.
2. 제어 장치가 문제를 작은 문제로 쪼개 각 프로세서로 보낸다.
5. 문제에 대한 해결책들이 중앙 제어 장치로 모인다.
해결책
중앙 제어 장치가 작은 해결책들을 모아 커다란 문제를 해결한다.
문제
1. 중앙 제어 장치가 커다란 문제를 처리하기 시작한다.
4. 수천 개의 프로세서가 동시에 문제 처리 작업을 벌인다.

보통 컴퓨터에는 한 개의 프로세서가 내장되어 있다. 문제 하나를 여러 개로 나눈 다음, 프로그램이라고 부르는 명령에 따라 한 번에 하나씩 처리한다. 따라서 앞의 것이 끝나기 전에는 뒤의 것도 끝나지 못한다. 이렇게 문제를 처리하는 방식을 연속 처리 방식이라고 한다.

슈퍼컴퓨터에는 중앙 제어 장치와 함께 문제를 해결하는 수천 개의 프로세서가 내장되어 있다. 중앙 제어 장치가 문제를 여러 조각으로 쪼개어 프로세서에 보낸다. 수많은 프로세서가 동시에 문제를 처리하기 때문에 속도가 빠르다. 이렇게 문제를 처리하는 방식을 초병렬 처리 방식이라고 한다.

▶▶ **참고**: 만인을 위한 노트북 42쪽, 세티앳홈 62쪽

▲ 세계 최강의 슈퍼컴퓨터
블루진(BlueGene)은 미국 캘리포니아의 로렌스 리버모어 국립 연구소에 있다. 블루진은 원자 연구에 사용되고 있다. 64개의 개별 캐비닛의 앞면은 공기가 잘 순환되도록 경사지게 설계됐다. 이는 일반 컴퓨터보다 200만 배 빠른 속도로 일을 처리하는 슈퍼컴퓨터가 지나치게 과열되는 것을 막기 위해 고안된 방법이다.

강력한 일 처리 능력

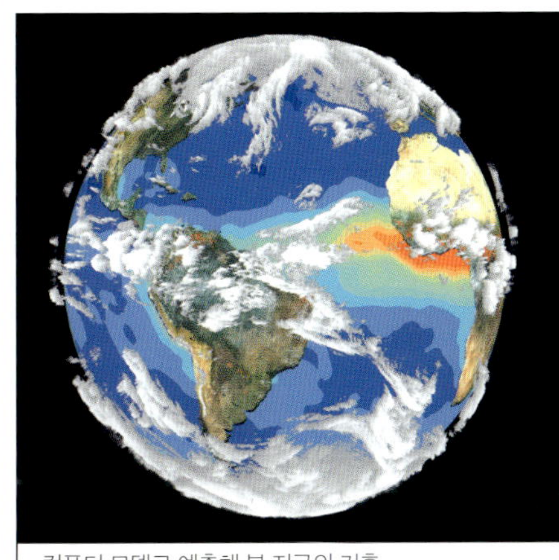
컴퓨터 모델로 예측해 본 지구의 기후

◀ 과학자들은 컴퓨터 모델로 기후 변화와 같은 복잡한 문제를 연구한다. 컴퓨터 모델이란 수학 방정식을 모아 놓은 것을 말한다. 각 방정식에 다양한 숫자를 집어넣어 미래의 기후가 어떻게 변해 갈지 예측한다. 간단한 문제는 아니겠지만, 고성능 슈퍼컴퓨터를 잘 활용하면 약 1000년 후의 기후 변화까지 예측할 수 있다.

▶ 블루진의 각 캐비닛에는 짝을 이루어 작동하는 2048개의 프로세서가 내장되어 있다. 프로세서는 카드라고 부르는 커다란 회로 판 위에 놓여 있고, 카드는 거대한 선반에 끼워져 있다. 각 선반은 약 27.5킬로와트의 전력을 사용하는데 이는 전기 토스트기 열 대를 하루 종일 가동시키는 데 필요한 전력과 같은 양이다.

110미터 높이의 콘크리트 탑
세 개가 18개의 강철 케이블로
900톤의 플랫폼을 지탱하고 있다.
거대한 접시가 전파 신호를
반사해 플랫폼으로 보낸다.

사진: 밤에 바라본 아레시보의 모습

▲ 푸에르토리코에 있는 세계 최대 규모의 전파 망원경, 아레시보(Arecibo)는 우주에서 날아오는 전파 신호를 잡아 내는 일을 한다. 중앙 반사 접시로부터 150미터 위에 매달려 있는, 900톤의 플랫폼에 장착된 전파 수신기에서 전파 신호를 잡는다. 세티앳홈 계획은 수많은 전파 신호 가운데 외계인이 보내는 전파 신호가 숨어 있을 것이라는 바람에서 출발했다.

세티앳홈

▶▶ 가정용 컴퓨터로도 외계 생명체를 탐색할 수 있다. '세티앳홈(SETI@Home)'이라는 웹 사이트에서 특별한 스크린 세이버를 내려 받아 실행하면 우주에서 날아오는 전파 신호를 분석할 수 있다.

낮게 나는 비행기에 탑의 위치를 알리는 붉은색 경고등

전파 수신기와 안테나를 장착한 플랫폼. 안테나를 조금씩 움직여 가며 여러 각도로 망원경의 초점을 맞춘다.

세계 최대의 접시

전파 망원경 아레시보

◀ 깊이 51미터 아래에 설치된 전파 망원경의 중앙 반사 접시는 지름이 305미터로 축구장 열 개의 크기와 맞먹는다. 중앙 반사 접시는 3만 9000개의 알루미늄 판을 강철 그물망으로 지탱해 만들었다.

접시의 맨 윗부분 가장자리를 표시해 주는 등

세티앳홈의 원리

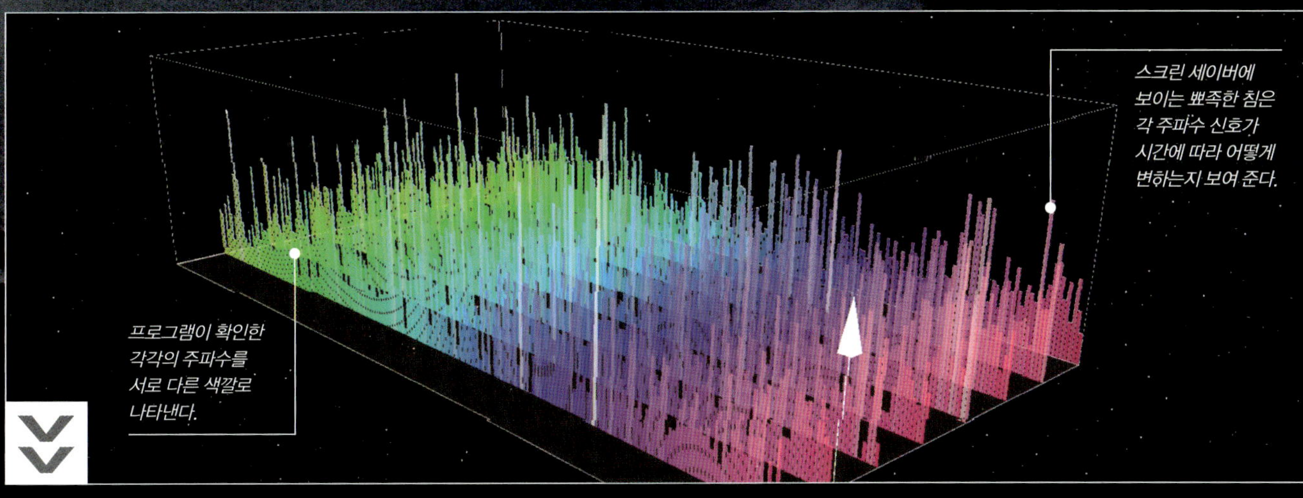

스크린 세이버에 보이는 뾰족한 침은 각 주파수 신호가 시간에 따라 어떻게 변하는지 보여 준다.
프로그램이 확인한 각각의 주파수를 서로 다른 색깔로 나타낸다.

세티앳홈 스크린 세이버는 컴퓨터를 사용하고 있지 않을 때에도 작동한다. 아레시보가 받은 전파 신호는 여러 조각으로 쪼개져 세티앳홈 회원들에게 전송된다. 전 세계 100만 대 이상의 컴퓨터가 이 스크린 세이버를 작동시키고 있다. 프로그램은 전파 신호 속에 포함된 모든 주파수를 분리하고(동시에 여러 채널의 라디오 방송을 듣는 것과 같다.) 각 주파수가 시간에 따라 어떻게 변하는지 지켜본다. 외계 신호는 단 하나의 높은 침으로 표현될 수도 있고, 모스 부호처럼 짧은 '삑' 소리의 합으로 표현될 수도 있다. 이런 특이한 신호가 발견되면 프로그램은 세티앳홈 본부에 메시지를 보낸다. 세티앳홈 본부에서는 이후 보다 면밀한 검토가 이어진다. 하지만 아직까지 외계 신호는 발견되지 않았다.

▶▶ **참고**: 슈퍼컴퓨터 60쪽, 우주 탐사선 144쪽, 망원경 150쪽

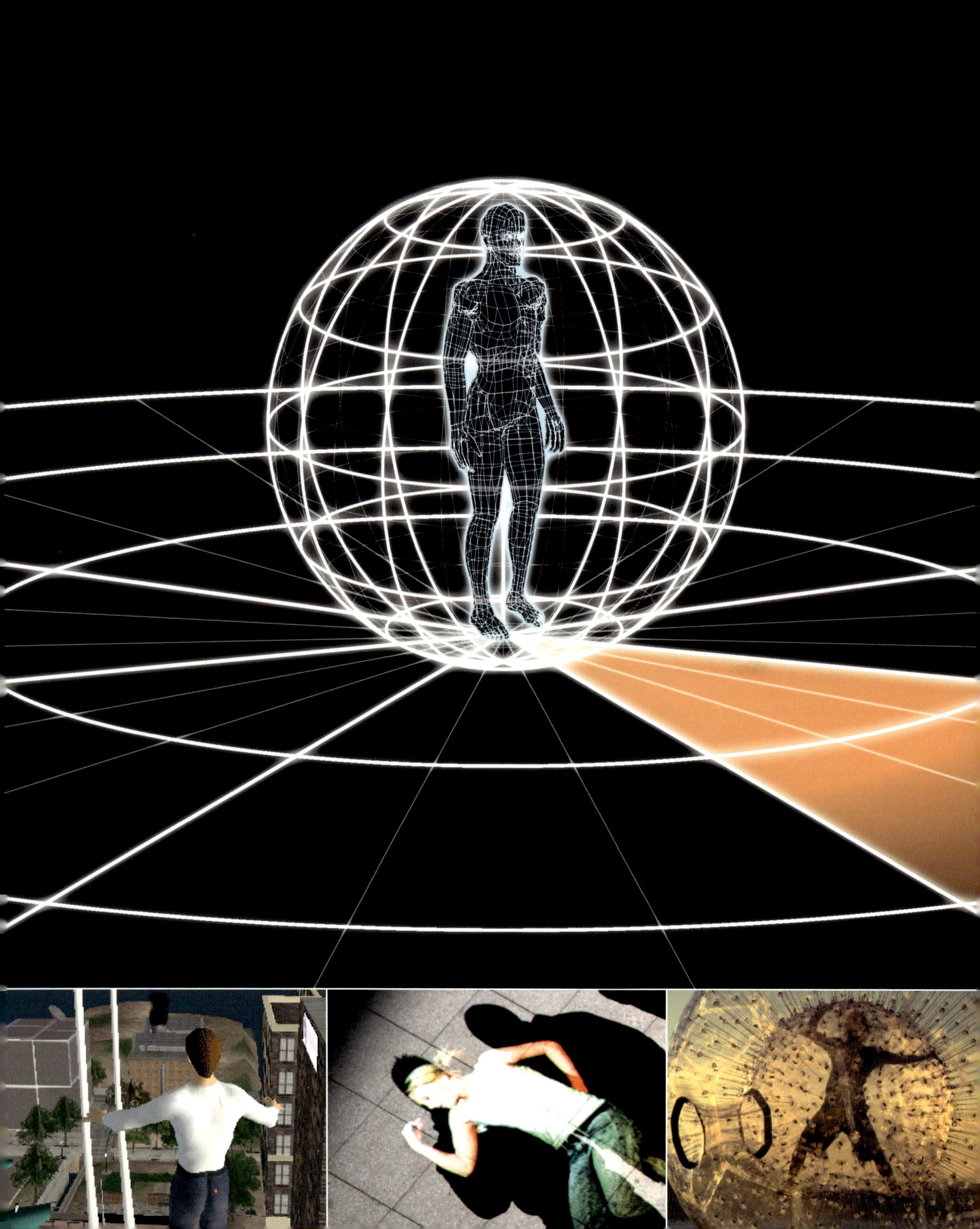

>> 놀이

게임기 >> 시뮬레이터 >> 세컨드 라이프 >> 쌍방향 예술 >> 별난 악기 >> 롤러코스터 >> 익스트림 스포츠 >> 플라이바 >> 게코매트 >> 바디플라이트 >> 호크아이 >> 로봇 >> 레고 마인드스톰 >> 큐브월드

▶▶ 기술은 놀이 역시 새로운 수준으로 끌어올리고 있다. 우리는 컴퓨터가 제공하는 가상 세계 속에 푹 빠지기도 하고, 주머니에 쏙 들어가는 작은 게임기로 최신 컴퓨터 그래픽을 즐기기도 한다. 기술의 도움으로 인간의 능력을 뛰어넘어 이전보다 더 높이, 더 멀리, 더 빠르게 움직일 수 있게 되었다. 또한 위험천만한 익스트림 스포츠와 속을 울렁이게 하는 롤러코스터로 최고의 짜릿함을 맛보게 되었다. 뿐만 아니라 그림자 속에 비친 비디오 클립과 함께 춤추는 등 매우 색다른 경험도 할 수 있다.

이 로봇이 즐거운 이유는? 90쪽

튜브일까, 튜바일까? 76쪽

비행 시뮬레이터
이 조종실은 비행기가 아닌 컴퓨터와 연결되어 있다. 조종사가 입력 장치를 조절하면 컴퓨터가 이를 받아들여 실제 비행기와 같은 상황을 연출한다. 계기판이 변하고 창밖의 풍경도 바뀐다. 오늘날의 시뮬레이터는 너무나 실제 같아서 비상 상황 대비 훈련에 많이 활용되고 있다.

미식축구 시뮬레이터
이 사람은 3D 가상 미식축구 게임에 푹 빠져 있다. 훈련을 받는 선수가 되어 특수 유리로 만든 정육면체 공간 속에 들어간 것이다. 특수 안경을 쓰고 있기 때문에 화면이 3차원으로 보인다. 그는 지금 실제 상황에서도 재빨리 반응할 수 있도록 훈련받고 있다.

온몸으로 조종하는 게임
닌텐도 위(Nintendo Wii™)는 사람의 동작을 감지하는 게임기이다. 사람의 신체 움직임에 따라 게임 속 캐릭터가 움직인다. 각종 센서들이 사용자의 동작을 감지하고 분석해 화면에 표현한다. 미래에는 몸에 센서를 직접 부착해 온몸으로 게임을 즐길 수 있게 될 것이다.

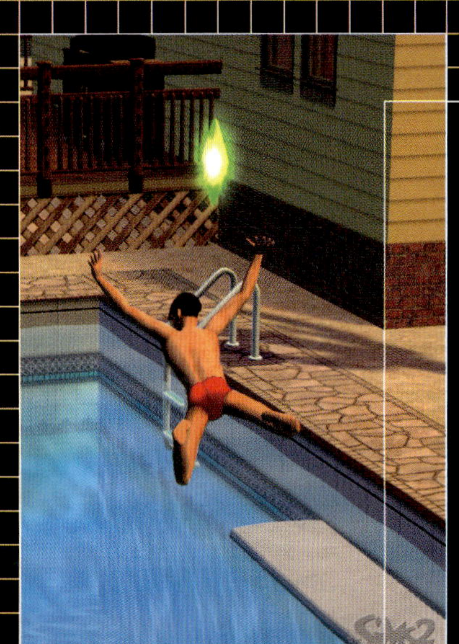

심스
이 컴퓨터 게임은 사용자가 무리 지어 사는 사람들의 가상 현실에 직접 뛰어들어 체험하는 방식이다. 심스(Sims™) 속의 사람들은 서로 의사소통을 할 수 있고 환경에도 영향을 끼칠 수 있다. 다른 사람에게 지시를 내릴 수 있지만 그들이 잘 따를지는 장담할 수 없다.

View World Tools Help
Idu 11, 244, 107 (PG) - Hanja Welcome Area
건물을 짓거나 여러 가지 물건을 만들 수 있고 물건을 사고팔 수도 있다.
포스터를 건드리면 행사에 관한 자세한 정보를 볼 수 있다.
또 다른 아바타가 가상 세계를 탐험하고 있다.
아바타는 가상 세계 속에서 살아가는 사용자 자신이다.
Chat
Friends
Fly
Snapshot

세컨드라이프

▶▶ 세컨드라이프(Second Life®)는 온라인 3D 가상 세계이다. 방문자는 아바타가 되어 가상 세계에서 살게 된다. 실제 세계처럼 친구도 만나고 물건을 발명할 수 있다. 그뿐만 아니라 꿈꾸던 집도 지을 수 있고 하늘을 날 수도 있다.

▶ 세컨드라이프의 환경은 중앙 컴퓨터가 제어하는 것이 원칙이다. 하지만 사용자는 자신의 아바타를 통해 환경과 상호 작용을 하고, 환경을 바꿀 수도 있다. 길에서 다른 아바타를 만날 수도 있다. 세컨드라이프 속 날씨와 시간은 계속 바뀐다.

▲ **사진**: 아바타가 세컨드라이프의 한 장면을 바라보고 있다.

▶▶ **참고**: 고화질 TV 18쪽, 시뮬레이터 70쪽, 호크아이 88쪽, 큐브월드 94쪽

>> 세컨드라이프의 원리

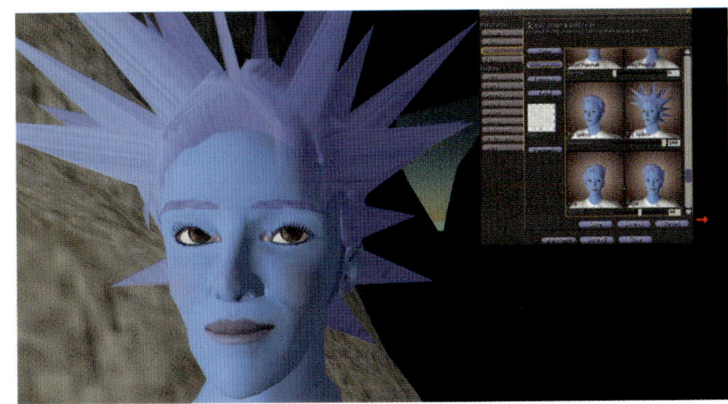

사용자는 세컨드라이프에서 가상의 자기 자신인 아바타로 살아간다. 사용자는 아바타의 얼굴, 키, 옷, 색깔, 모양 등 모든 모습을 마음대로 꾸밀 수 있으며 동물도 될 수 있다. 또한 자동차, 배, 비행기를 포함해 온갖 물건을 만들 수 있다. 세컨드라이프에서만 쓸 수 있는 화폐가 따로 있다. 현실 속 회사들은 세컨드라이프 안에 상점을 열고 아바타들에게 가상 세계에서만 사용할 수 있는 상품을 판다.

확대 및 축소가 가능한 지도를 통해 세컨드라이프의 풍경을 자세히 보고 건물의 위치를 확인할 수 있다. 검색 기능으로 장소, 아바타, 행사를 찾아볼 수 있다.

주민들은 땅을 가질 수도 있고 집을 지을 수도 있다.

좋아하는 장소와 아바타를 미리 책갈피 기능으로 저장해 놓으면 다음에 쉽게 찾아갈 수 있다.

세컨드라이프에서는 어느 곳으로든 순간 이동이 가능하다. 현재 있는 곳은 크랜베리이다.

쌍방향 예술

▶▶ 예술가들은 익숙한 경험도 새로운 방식으로 보려고 노력한다. 현대의 비디오와 컴퓨터 기술은 예술가들의 꿈을 실현시켜 주는 새롭고 강렬한 도구이다. 언더 스캔(Under Scan)으로 그림자가 살아 움직이는 효과를 낼 수 있다. 다른 예술가들은 춤 동작을 미리 보여 주는 유령 춤꾼을 만들었다.

▼ 언더 스캔은 예술가 라파엘 로자노 헤머(Rafael Lozano-Hemmer)가 만든 쌍방향 예술 장치이다. 한밤에 환한 등이 켜진 열린 공간으로 사람이 지나가면 그림자가 생긴다. 이 그림자 속에서 사람의 모습이 나타나 말을 건다. 이 그림자에서 나타난 사람은 비디오 클립일 뿐이다.

>> 언더 스캔의 원리

1. 환한 백색 등이 켜진 열린 공간에 사람이 지나가면 선명한 그림자가 생긴다.

2. 카메라가 찍은 영상으로 컴퓨터가 그림자의 움직임을 추적한다.

3. 로봇 프로젝터가 그림자 윤곽에 맞도록 크기와 각도를 맞춰 비디오 클립을 비춘다.

4. 그림자 속에서 사람이 나타나고, 따라오면서 말을 건다.

어두운 곳에서 빛을 받으면 그림자가 생긴다. 컴퓨터가 이 그림자를 추적해 동작을 결정하고 로봇 프로젝터를 제어하는 다른 컴퓨터에 정보를 전달한다. 컴퓨터가 로봇 프로젝터를 회전하고 기울여 그림자 속에 다른 사람의 모습을 찍은 비디오 클립을 비춘다. 그림자가 멈추면 몹시 이야기하고 싶어 하는 다정한 사람의 모습을 찍은 비디오 클립을 비춘다. 사람이 그대로 나가 버리면 컴퓨터는 흥미를 잃고 외면해 버리는 사람의 모습을 찍은 비디오 클립을 비춘다.

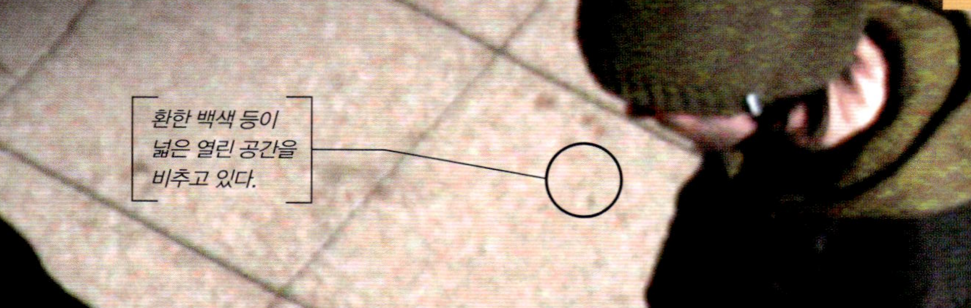

환한 백색 등이 넓은 열린 공간을 비추고 있다.

사진: 쌍방향 예술 장치, 언더 스캔

서 있거나 움직이는 동안 그림자가 생긴다.

움직이는 다른 사람의 모습이 그림자 속에 나타난다.

≫ 유령들의 춤, 플록

유령 춤꾼들의 공연

◀ 플록(Flock)은 어두운 공간을 즉흥 춤판으로 만들면서 사람들을 춤추게 만드는 쌍방향 예술 장치이다. 적외선 카메라가 사람들의 위치를 감지해 그림자 영상이 담긴 스포트라이트를 사람 앞에 비춘다. 스포트라이트 속의 그림자는 '유령 춤꾼'이다. 이 춤꾼들이 음악에 맞춰 춤을 추면서 사람들이 함께 따라하도록 유도한다. 유령 춤꾼의 동작은 컴퓨터 한 대가 제어한다.

▶▶ **참고**: 애완동물 사육기 52쪽, 시뮬레이터 70쪽, 큐브월드 94쪽

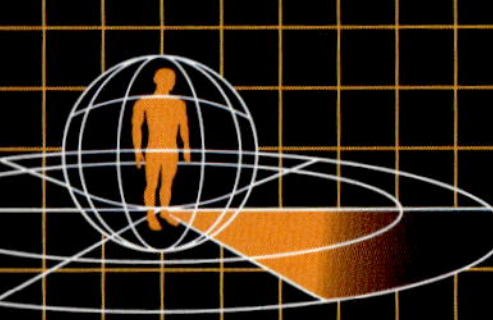

위버오르간
위버오르간(Überorgan)은 매우 커서 박물관에 전시하려면 전시실이 여러 개 있어야 한다. 버스만 한 플라스틱 풍선에 하나씩 달린 호른이 저마다 다른 음을 낸다. 실제 연주할 때는 컴퓨터 조절기가 관으로 압축 공기를 불어넣어 소리를 낸다. 광학 센서가 점과 선으로 이루어진 긴 악보를 읽어 가며 연주를 하는데, 타이머와 동작 센서가 악보를 섞기 때문에 매번 독특한 곡이 탄생한다.

백팩 튜블럼
행위예술가 블루맨그룹(The Blue Man Group)은 플라스틱 파이프를 막대기로 두드려 소리를 내는 백팩 튜블럼(Backpack tubulum)을 만들었다. 각 파이프의 길이를 다르게 해 음의 차이를 만든 것이다. 최신 튜블럼에는 연주자가 날아오를 수 있도록 하는 로켓까지 달려 있다!

'악기'라고 하면 기타, 피아노, 트럼펫 같은 전통적인 악기가 먼저 떠오른다. 소리를 내는 데 꼭 이런 악기만 있는 것이 아니다. 소리를 내기 위해 온갖 물건이 사용되고 있다. 여기, 가장 독특하고 별난 악기들을 한 자리에 모았다.

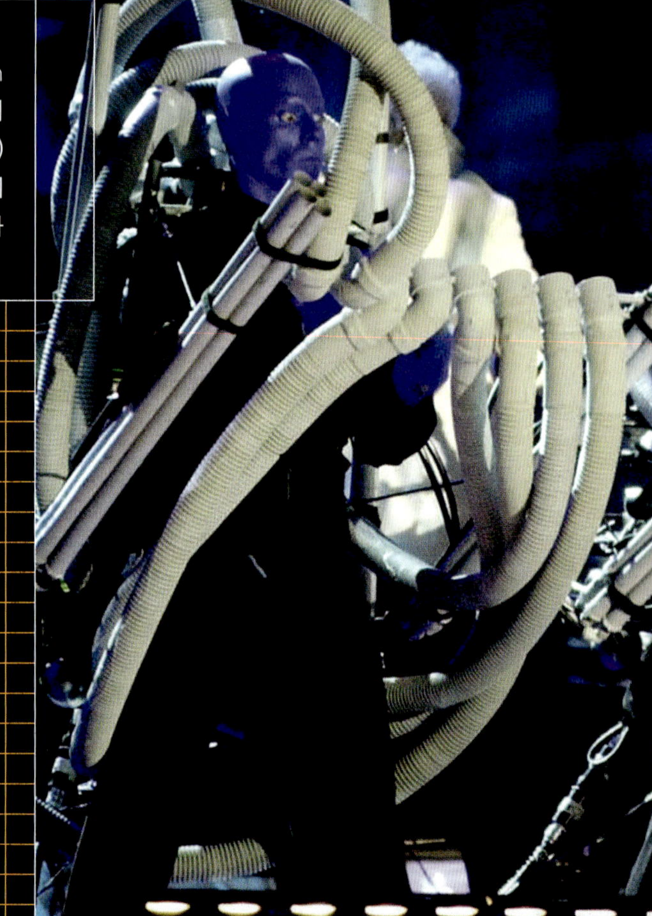

▶▶ **참고:** 재활용 24쪽, 디지털 컨버전스 56쪽, 쌍방향 예술 74쪽, 레이저 202쪽

피카소

이 피카소(The Pikasso) 기타에는 42개의 줄이 있고 무게는 거의 7킬로그램이나 나간다. 각 줄이 여러 방향으로 강하게 묶여 있기 때문에 기타가 매우 튼튼해야 한다. 어쿠스틱 기타나 전기 기타로 연주할 수 있으며 일부 줄은 신시사이저가 만들어 낸 음을 낼 수 있다. 이 기타는 음악가 팻 메시니(Pat Metheny)를 위해 2년에 걸쳐 만들었다.

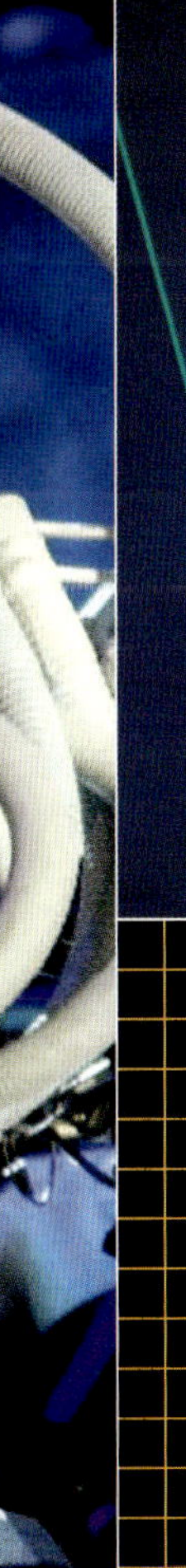

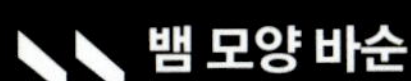

레이저 하프

레이저 광선이 하프의 줄처럼 공중을 비추고 있다. 연주자는 레이저 광선을 손으로 끊어 가며 연주한다. 광센서가 레이저 광선이 끊어진 것을 감지하고 그 정보를 신시사이저나 컴퓨터로 보내 소리를 낸다.

뱀 모양 바순

이 바순은 가죽 튜브로 만들어졌다. 컴퓨터와 연결된 센서는 악기가 내는 어쿠스틱 음과 인공 음을 합해 소리를 낸다. 연주할 때는 뱀 꼬리 부분을 떼어 내고 바순의 마우스피스를 끼워야 한다.

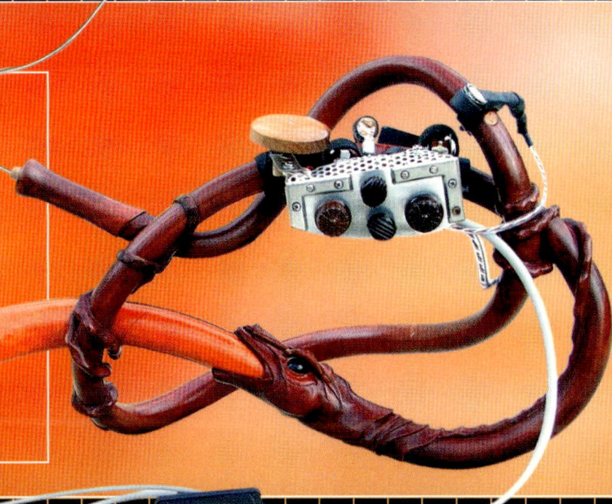

출발점에서 열차가
중력의 힘으로
아래를 향해
내려간다.
바퀴가 강철관을 감싸
쥐듯이 꽉 잡은 상태에서
열차가 움직인다.

▲ **사진**: 롤러코스터의 궤도

롤러코스터

▶▶ 컴퓨터로 롤러코스터를 설계하면 구조물과 열차, 그리고 탑승객에게 작용하는 힘이 어느 정도인지 미리 계산해 볼 수 있다. 이를 통해 롤러코스터를 탈 때 느끼는 짜릿함을 철 구조물의 모양이 잡히기도 전에 안전하게 시험해 볼 수 있다.

▼ 높은 곳에서 출발한 열차는 궤도를 타고 빠르게 내려간 다음 경사의 최고점에 도달한다. 중력이 높이를 속도로 바꿔, 열차를 다음 경사의 최고점까지 올리는 것이다. 이처럼 롤러코스터는 궤도를 도는 동안 속도와 높이 사이의 에너지를 맞바꾸면서 달린다.

뒤집힌 채로 돌아가는 코스를 연달아 통과하는 순간, 타고 있는 사람에게 작용하는 힘도 재빨리 변한다.

>> 롤러코스터가 짜릿한 이유

회전과 맴돌이

열차가 방향을 바꾸는 순간, 사람에게 지포스(G-forces)가 생긴다. 방향이 급히 바뀌는 순간 타고 있는 사람의 몸은 앞으로 쏠리는 반면 열차는 곡선 길을 따라 가기 때문에 앉아 있는 자리 쪽으로 눌리는 느낌을 받게 되는데, 이 힘을 지포스라고 한다. 열차가 급격히 아래로 떨어질 때는 사람과 열차가 함께 떨어지므로 순간적으로 무중력 상태를 느끼게 된다.

가속도

전통적인 롤러코스터는 중력의 힘만으로 열차의 속도를 높였다. 세상에서 가장 빠른, 미국 뉴저지에 있는 롤러코스터는 붙였다 뗄 수 있는 케이블로 출발점에서부터 열차를 밀어 속도를 높인다. 출발한 지 단 3.5초 만에 시속 206킬로미터까지 속도를 낼 수 있다. 이는 포뮬러 1과 같은 매우 빠른 가속도이다.

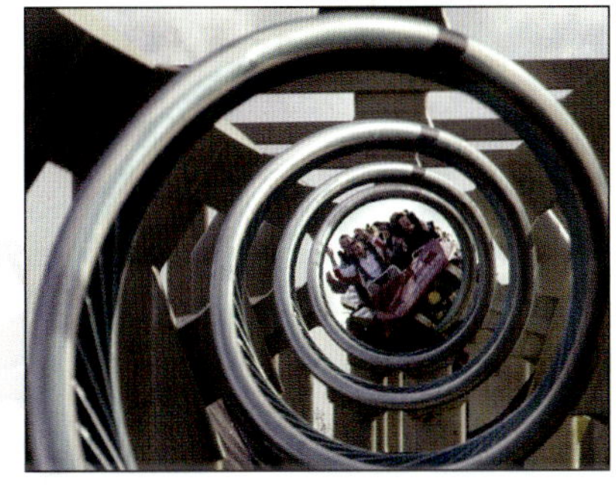

심리

불안함, 무서움, 두려움, 공포 등의 심리를 활용해 짜릿함과 긴장감을 더해 주는 롤러코스터도 있다. 차체의 바닥을 없애거나 어깨 보호대를 없애고, 좌석을 거꾸로 뒤집어 사람들을 무섭고 불안하게 만드는 것이다.

▶▶ **참고**: 포뮬러 1 100쪽, 무중력 비행기 140쪽, 사출 좌석 220쪽

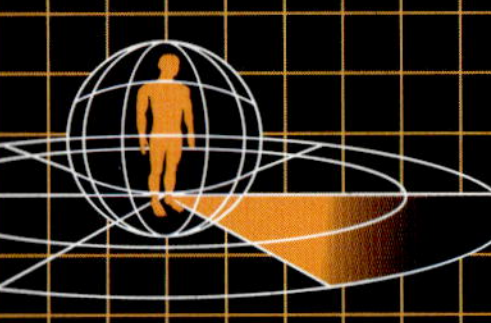

익스트림 스포츠

익스트림 스포츠(엑스스포츠, X-sports) 가운데 현대의 기술력 없이는 아예 불가능한 것이 많다. 스프링과 지렛대를 이용한 독창적인 장비들이 신체 능력을 극대화시켜 준다. 또한 특수 물질이 에너지를 분산시키거나 버리지 않고 흡수하여, 위험에 처했을 때 안전하게 해 준다. 그러나 사람은 속도와 높이에 대한 본능적인 두려움이 여전히 있기 때문에 익스트림 스포츠를 통해 짜릿함을 느낄 수 있다.

번지 점프

번지 점프는 번지라는 고무 밧줄을 발목에 감고 높은 다리 위에서 뛰어내리는 익스트림 스포츠이다. 끝까지 떨어지면 번지가 팽팽하게 당겨지면서 고무줄처럼 늘어나기 시작한다. 줄이 뛰어내릴 때의 에너지를 흡수하면서 속도가 점점 늦춰진다. 완전히 멈추면 줄은 다시 위아래로 사람을 몇 차례 더 튕겨 준다.

파워복스

파워복스(PowerBocks)를 신으면 3미터 높이로 뛰어오를 수 있고 시속 30킬로미터의 속도로 달릴 수 있다. 파워복스는 뜀뛰기하는 캥거루의 모습에서 영감을 얻어 만들었다. 캥거루가 착지할 때 뒤꿈치 힘줄에 에너지를 저장해 두었다가 튀어오를 때 사용하는 원리를 그대로 적용한 것이다. 파워복스는 섬유 유리로 만든 굽은 모양의 스프링에 에너지를 저장한다.

도로용 루지

도로용 루지(luge)는 중력의 힘만으로 언덕을 내려가는 스케이트보드의 일종이다. 브레이크가 없는 루지의 최고 속도는 시속 115킬로미터나 된다. 운전자는 몸을 옆으로 틀어 가며 방향을 조절한다. 운전자는 바람의 저항을 줄이기 위해 자세를 최대한 낮춘다.

저브

저브(Zorb®)는 팽창한 공 모양의 탈것이다. 공의 지름은 3미터이고 재료는 PVC 플라스틱이다. 커다란 공 안에 수백 개의 나일론 섬유가 작은 공들을 지탱해 주고 있다. 운전자는 공 안에 들어가 안전띠를 매고 언덕 아래로 내려간다.

카이트보드

아주 커다란 연은 사람도 쉽게 공중으로 들어 올릴 수 있을 만큼 힘이 세다. 카이트보드는 바퀴 달린 판에 발을 묶은 채로 커다란 연을 붙잡고 가는 보드의 일종이다. 몸을 이리저리 움직여 바람과 연 사이의 각도를 조절하면 방향과 속도를 컨트롤할 수 있다.

▶▶ **참고**: 롤러코스터 78쪽, 플라이바® 82쪽, 바디플라이트 86쪽

손잡이 표면에 거친 테이프를 붙여 놓아 미끄러지지 않는다.

▶▶ 최첨단 스카이콩콩, 플라이바(Flybar®)에는 용수철 대신 특별한 물질이 들어 있다. 탄성력을 가진 커다란 반동 추진 물질이 늘어났다 줄어들었다 하면서 최대 1.5미터까지 튀어 오른다.

플라이바

▶ 플라이바는 스카이콩콩, 번지 점프, 트램펄린을 결합해 만든 놀이 장비다. 플라이바는 스카이콩콩을 만들던 회사가 물리학자 브루스 미들턴(Bruce Middleton)과 여덟 차례나 세계 스케이트보드 챔피언을 지낸 앤디 맥도널드(Andy Macdonald, 사진)의 도움을 받아 개발한 것이다.

▼ **사진**: 플라이바®를 타고 있는 앤디 맥도널드

>> 플라이바의 원리

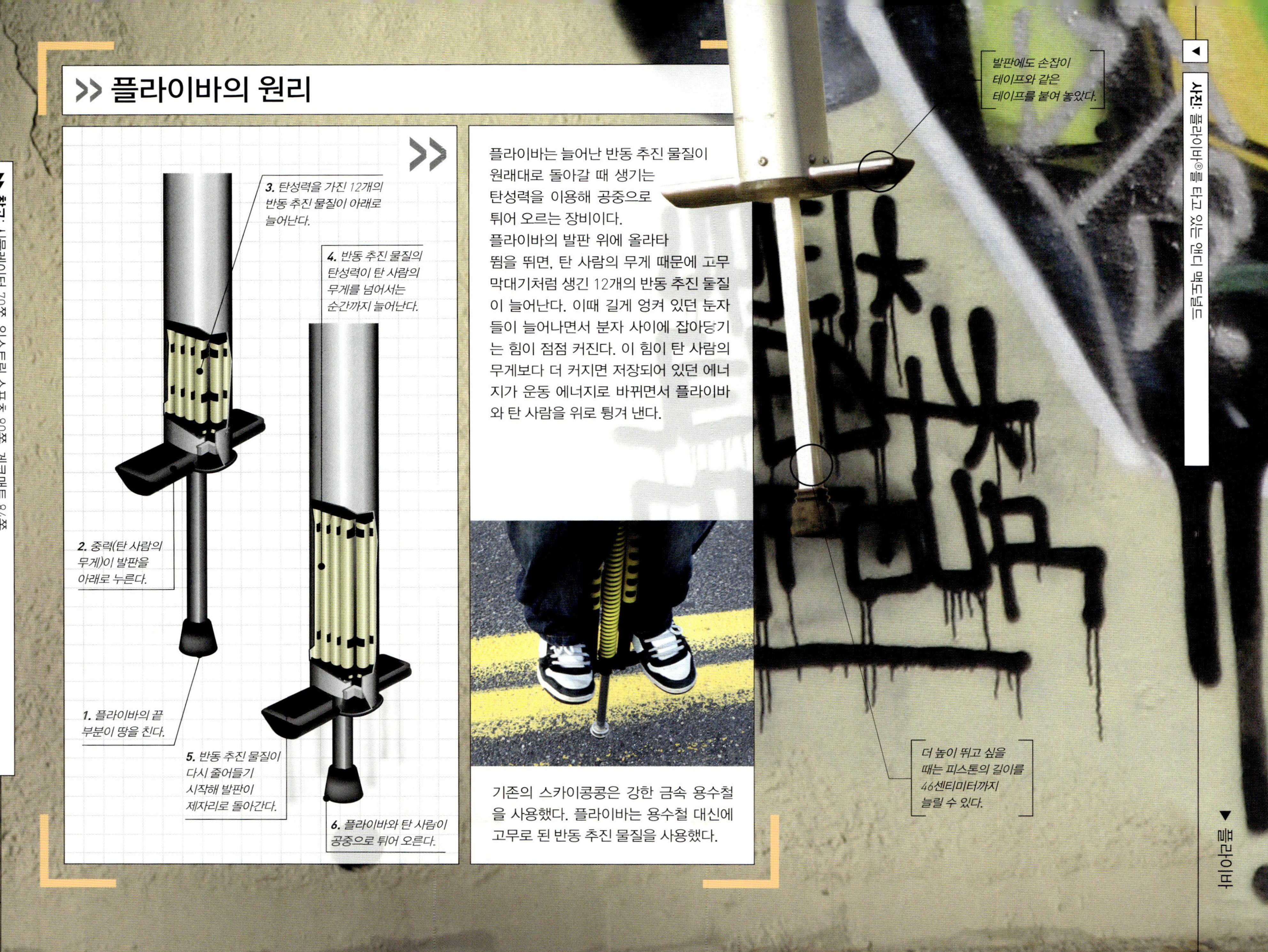
발판에도 손잡이
테이프와 같은
테이프를 붙여 놓았다.
더 높이 뛰고 싶을
때는 피스톤의 길이를
46센티미터까지
늘릴 수 있다.
3. 탄성력을 가진 12개의
반동 추진 물질이 아래로
늘어난다.
4. 반동 추진 물질의
탄성력이 탄 사람의
무게를 넘어서는
순간까지 늘어난다.
2. 중력(탄 사람의
무게)이 발판을
아래로 누른다.
1. 플라이바의 끝
부분이 땅을 친다.
5. 반동 추진 물질이
다시 줄어들기
시작해 발판이
제자리로 돌아간다.
6. 플라이바와 탄 사람이
공중으로 튀어 오른다.

플라이바는 늘어난 반동 추진 물질이 원래대로 돌아갈 때 생기는 탄성력을 이용해 공중으로 튀어 오르는 장비이다.
플라이바의 발판 위에 올라타 뜀을 뛰면, 탄 사람의 무게 때문에 고무 막대기처럼 생긴 12개의 반동 추진 물질이 늘어난다. 이때 길게 엉켜 있던 분자들이 늘어나면서 분자 사이에 잡아당기는 힘이 점점 커진다. 이 힘이 탄 사람의 무게보다 더 커지면 저장되어 있던 에너지가 운동 에너지로 바뀌면서 플라이바와 탄 사람을 위로 튕겨 낸다.

기존의 스카이콩콩은 강한 금속 용수철을 사용했다. 플라이바는 용수철 대신에 고무로 된 반동 추진 물질을 사용했다.

▶▶ **참고**: 시뮬레이터 70쪽, 익스트림 스포츠 80쪽, 게코매트 84쪽

풀과 같은 게코도마뱀의 마술

▶ **1.** 게코도마뱀은 어떤 수직면도 올라갈 수 있다. 사실 발에 흡입력이 생기는 것도, 끈적끈적한 물질이 나오는 것도 아니다. 오히려 게코도마뱀의 발은 건조하다. 게코도마뱀이 수직면을 올라갈 수 있는 이유는 무엇일까? 그 비밀은 발바닥에 나 있는 수백만 개의 미세한 털, 강모에 있다. 강모는 미세한 가지 모양으로 잘게 갈라져 있다.

나무를 타고 오르는 초록색 게코도마뱀

게코도마뱀의 발바닥

◀ **2.** 게코도마뱀의 발바닥에는 약 650만 개의 강모가 나 있다. 이 강모가 풀과 같은 역할을 하기 때문에 수직면의 상태에 상관없이 떨어지지 않고 올라갈 수 있다. 한데 뭉친 강모의 밀착력은 성인 남자 두 명의 몸무게를 지탱할 수 있을 정도로 강하다. 과학자들은 인공 게코도마뱀 강모를 만드는 연구를 진행하고 있다.

▶ **3.** 강모의 끝은 '스파튤라'라 부르는 미세한 구조로 되어 있다. 스파튤라가 정전기적 인력인 '반데르발스의 힘(Van der Waals forces)'으로 수직면의 분자들을 끌어당긴다. 이때 어떠한 화학 반응도 일어나지 않는다. 단지 아주 짧은 시간 동안 분자들이 서로 잡아당기는 것뿐이다.

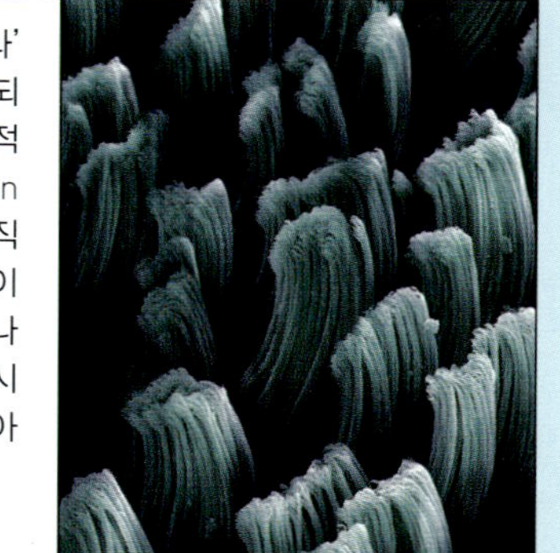

현미경으로 본 강모의 모습

흡입판이 몸체에 연결되어 있어 손을 자유롭게 사용할 수 있다.

흡입력으로 판이 벽에 달라붙는다.

흡입력을 만드는 데 필요한 압축 공기통

허리띠에 컴퓨터와 배터리가 있다.

사진: 게코매트의 흡입판을 시험해 보고 있는 모습

게코매트

▶▶ 게코매트(Gekkomat)는 대담무쌍한 사람을 스파이더맨으로 만들어 주는 장비이다. 흡입판을 차례로 붙여 수직면을 타고 올라갈 수 있다. 게코매트라는 이름은 벽을 타고 올라가고 천장에도 붙어 다니는 '게코도마뱀'의 이름에서 따왔다.

▶ 게코매트는 흡입판, 압축 공기통, 컴퓨터로 구성된다. 양손과 양발에 흡입판을 낀 다음 조금씩 위쪽으로 흡입판을 번갈아 옮겨 붙이는 방법으로 벽을 타고 올라간다. 흡입판을 붙였을 때 흡입판 안을 진공 상태로만 만들 수 있다면 콘크리트, 돌, 석고, 나무, 유리, 금속 등 어떤 종류의 벽도 타고 올라갈 수 있다.

각 흡입판은 250킬로그램의 무게까지 지탱할 수 있다.

>> 게코매트의 원리

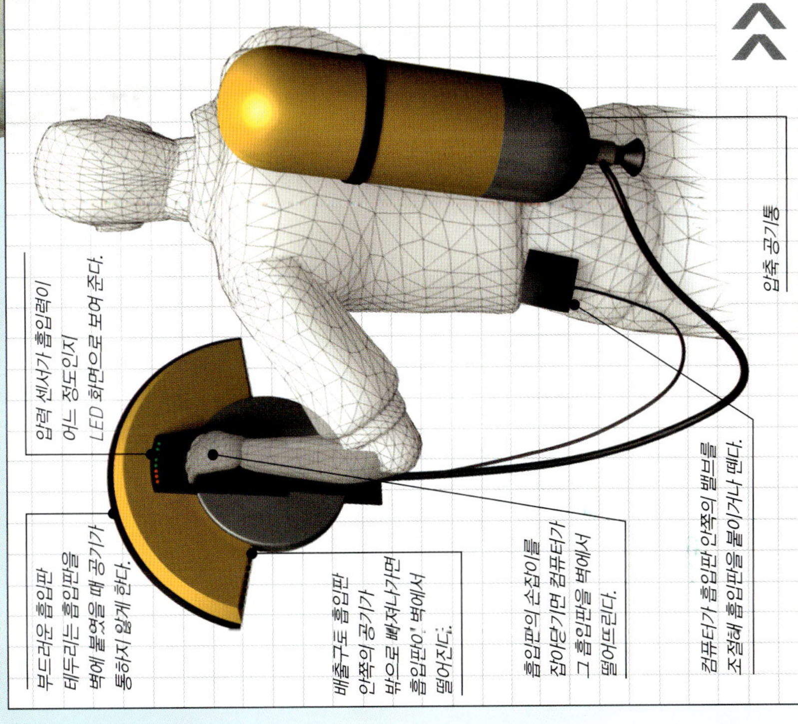

부드러운 흡입판 테두리는 흡입판을 벽에 붙였을 때 공기가 통하지 않게 한다.
압력 센서가 흡입력이 어느 정도인지 LED 화면으로 보여 준다.
배출구로 흡입판 안쪽의 공기가 밖으로 빠져나가면 흡입판이 벽에서 떨어진다.
흡입판의 손잡이를 잡아당기면 컴퓨터가 그 흡입판을 벽에서 떨어뜨린다.
컴퓨터가 흡입판 안쪽의 밸브를 조절해 흡입판을 붙이거나 뗀다.
압축 공기통

사람은 왜 맨손으로 벽을 타고 올라갈 수 없을까? 사람 손바닥은 매끄러워 몸무게를 지탱할 만큼의 마찰력을 만들 수 없기 때문이다. 게코매트는 흡입판으로 벽과의 마찰력을 높인다. 흡입판을 벽에 붙이면 아래에서 공기를 빨아들여 흡입판 안은 진공 상태가 된다. 공기를 잘 빨아들이기 위해 압축 공기통을 이용한다. 압축 공기통에서 벤튜리라는 튜브를 통해 공기를 불어 넣으면 튜브 속의 압력이 낮아지면서 흡입판 아래의 공기를 빨아들인다. 이때 흡입판 밖에서 누르는 공기의 압력이 안쪽에서 미는 압력보다 크기 때문에 흡입판이 떨어지지 않는 것이다. 흡입판을 떼어 내려면 손잡이를 들어 올리면 된다. 컴퓨터가 흡입판 아래의 밸브를 열어 공기를 통하게 하기 때문이다.

▶▶ **참고** : 시뮬레이터 70쪽, 바디플라이트 86쪽, 로봇 90쪽

▼ **사진:** 수직 바람 터널 속에서 비행하는 바디플라이어들

▲ 바디플라이어들은 수직 바람 터널에서 방향을 바꾸는 방법을 연습한다. 자세를 바꾸면 몸에 가해지는 항력이 변하므로 공중에서 몸을 이리저리 움직일 수가 있다. 수직 바람 터널의 아래에 있는 작은 날개가 난기류를 줄여 줘 편안하게 비행할 수 있다.

관람객들은 유리창을 통해 아주 가까운 거리에서 바디플라이어의 비행 모습을 볼 수 있다.

그물망은 공기를 통하게 해 주는 동시에 떨어지는 사람을 보호해 준다.

바디플라이어들은 위를 향해 빠르게 부는 공기의 흐름 속에 떠 있게 된다.

▶▶ 바디플라이트(Bodyflight)는 수직 바람 터널에서 스카이다이빙을 경험해 보거나 통제된 공간에서 움직이는 연습을 해 보는 것을 말한다. 수직 바람 터널에서는 사람이 자유 낙하할 때와 같은 속도인 시속 190 킬로미터의 바람이 위를 향해 분다.

바디플라이트

>> 바디플라이트의 원리

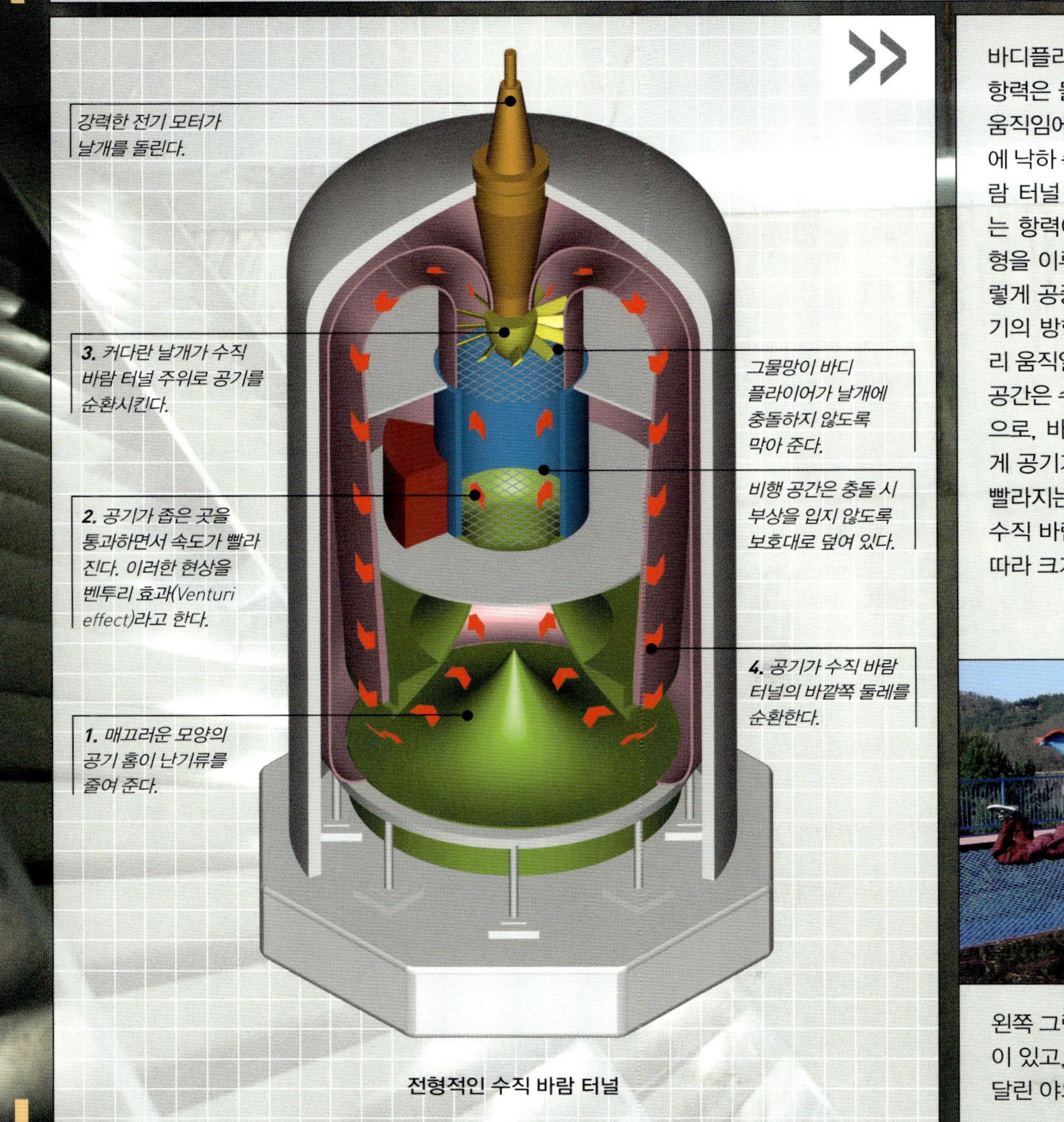

강력한 전기 모터가 날개를 돌린다.
3. 커다란 날개가 수직 바람 터널 주위로 공기를 순환시킨다.
2. 공기가 좁은 곳을 통과하면서 속도가 빨라진다. 이러한 현상을 벤투리 효과(Venturi effect)라고 한다.
1. 매끄러운 모양의 공기 홈이 난기류를 줄여 준다.
그물망이 바디플라이어가 날개에 충돌하지 않도록 막아 준다.
비행 공간은 충돌 시 부상을 입지 않도록 보호대로 덮여 있다.
4. 공기가 수직 바람 터널의 바깥쪽 둘레를 순환한다.

전형적인 수직 바람 터널

바디플라이트의 핵심 원리는 항력이다. 항력은 물체가 공기를 통과할 때 공기의 움직임에 저항하는 힘이다. 이 항력 때문에 낙하 속도가 줄어드는 것이다. 수직 바람 터널 속에서 바디플라이어에 작용하는 항력이 바디플라이어의 몸무게와 균형을 이루면 공중에 떠 있을 수 있다. 이렇게 공중에 뜬 상태에서 팔다리를 비행기의 방향타처럼 움직이면 몸을 이리저리 움직일 수 있다. 바디플라이트의 비행 공간은 수직 바람 터널에서 가장 좁은 곳으로, 바람의 속도가 가장 빠르다. 이렇게 공기가 좁은 곳을 통과하면서 속도가 빨라지는 현상을 벤투리 효과라고 한다. 수직 바람 터널의 종류는 날개의 위치에 따라 크게 두 가지로 나뉜다.

왼쪽 그림처럼 날개가 위에 달려 있는 것이 있고, 위쪽 사진처럼 날개가 아래쪽에 달린 야외용도 있다.

▶▶ **참고:** 곡예비행 128쪽, 무중력 비행기 140쪽, 사출 좌석 220쪽

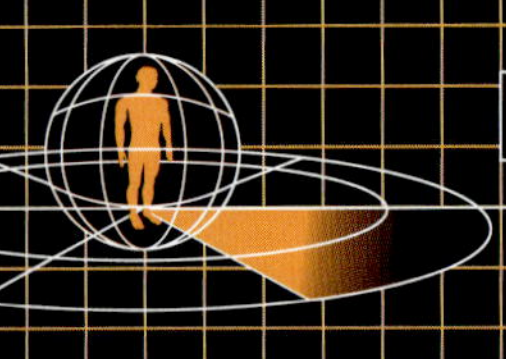

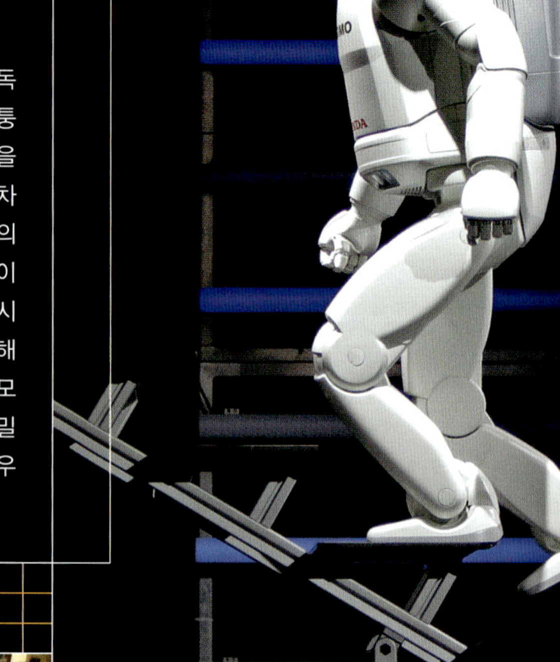

아시모

아시모(Asimo)는 완전 독립 보행 로봇이다. 아시모는 모퉁이를 돌아 달릴 수도 있고 계단을 오르내릴 수도 있다. 사람은 힘차게 걸을 때 다리 관절에 몸무게의 두 배에 가까운 힘을 받는다. 이는 아시모도 마찬가지이다. 아시모는 걸을 때 충격을 줄이기 위해 푹신한 신발을 신고 있다. 아시모의 팔은 쟁반을 나르고 수레를 밀며 손을 잡을 수 있을 만큼 매우 정교하다.

로봇 의사

걸어 다니는 로봇, RP-6은 멀리 떨어져 있는 환자와 의사를 비디오로 연결해 진료를 돕는다. 로봇의 머리에는 환자에게 실시간으로 의사를 보여 주는 화면이 있다. 반대로 로봇에 내장된 비디오카메라와 마이크로 환자의 모습과 목소리를 의사에게 보낸다.

사람의 몸은 지구에서 가장 뛰어난 '기계 장치'이다. 근육과 뼈는 지레처럼 함께 움직여 몸을 움직이거나 물건을 옮길 때 드는 힘을 줄여 준다. 1000억 개의 신경 세포가 가득 차 있는 사람의 두뇌는 그 어떤 컴퓨터보다 뛰어나다. 사람의 몸을 따라잡을 수 있는 로봇을 만드는 일은 과학자들에게 매우 어려운 도전 과제이다.

>> 바디플라이트의 원리

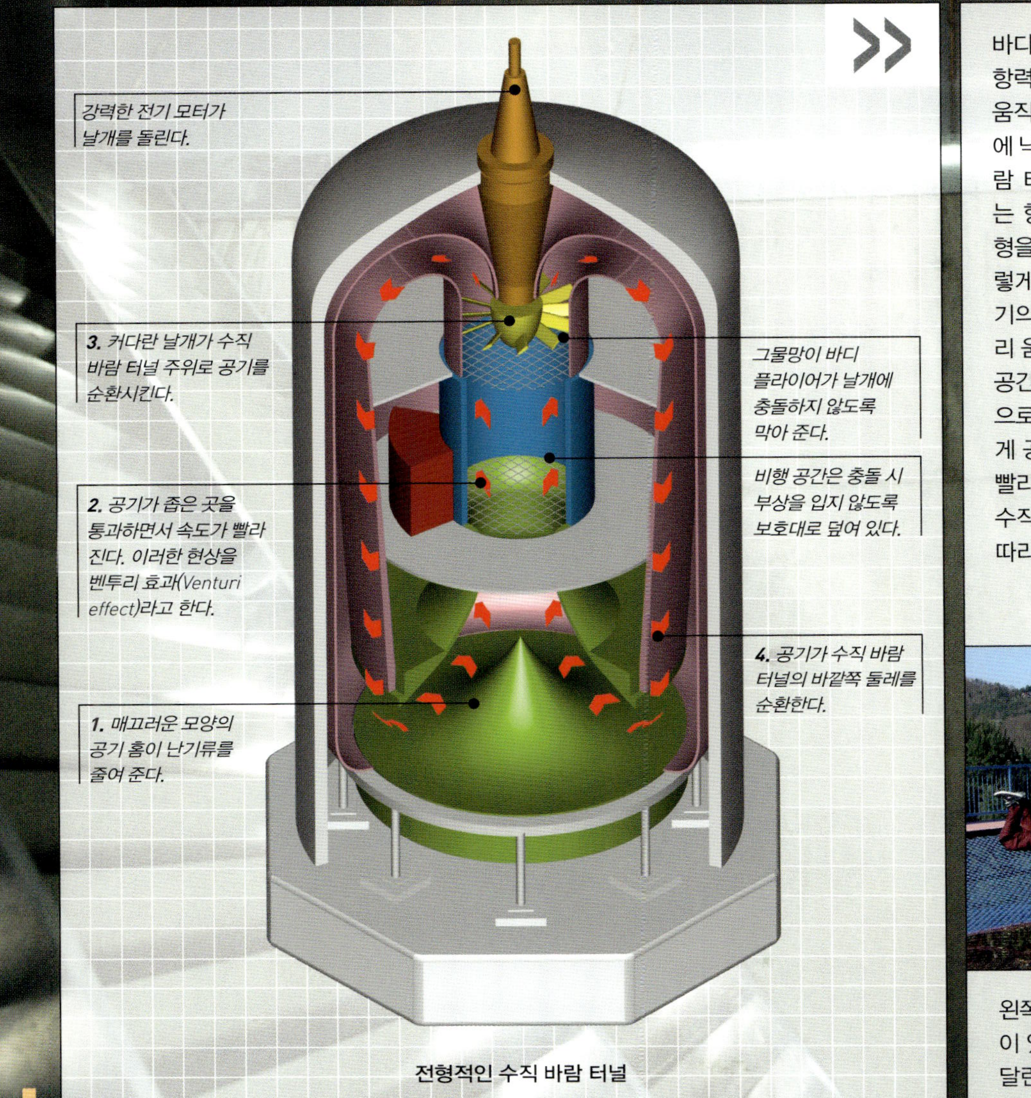

강력한 전기 모터가 날개를 돌린다.
3. 커다란 날개가 수직 바람 터널 주위로 공기를 순환시킨다.
2. 공기가 좁은 곳을 통과하면서 속도가 빨라진다. 이러한 현상을 벤투리 효과(Venturi effect)라고 한다.
1. 매끄러운 모양의 공기 홈이 난기류를 줄여 준다.
그물망이 바디 플라이어가 날개에 충돌하지 않도록 막아 준다.
비행 공간은 충돌 시 부상을 입지 않도록 보호대로 덮여 있다.
4. 공기가 수직 바람 터널의 바깥쪽 둘레를 순환한다.

전형적인 수직 바람 터널

바디플라이트의 핵심 원리는 항력이다. 항력은 물체가 공기를 통과할 때 공기의 움직임에 저항하는 힘이다. 이 항력 때문에 낙하 속도가 줄어드는 것이다. 수직 바람 터널 속에서 바디플라이어에 작용하는 항력이 바디플라이어의 몸무게와 균형을 이루면 공중에 떠 있을 수 있다. 이렇게 공중에 뜬 상태에서 팔다리를 비행기의 방향타처럼 움직이면 몸을 이리저리 움직일 수 있다. 바디플라이트의 비행 공간은 수직 바람 터널에서 가장 좁은 곳으로, 바람의 속도가 가장 빠르다. 이렇게 공기가 좁은 곳을 통과하면서 속도가 빨라지는 현상을 벤투리 효과라고 한다. 수직 바람 터널의 종류는 날개의 위치에 따라 크게 두 가지로 나뉜다.

왼쪽 그림처럼 날개가 위에 달려 있는 것이 있고, 위쪽 사진처럼 날개가 아래쪽에 달린 야외용도 있다.

▶▶ 참고: 곡예비행 128쪽, 무중력 비행기 140쪽, 사출 좌석 220쪽

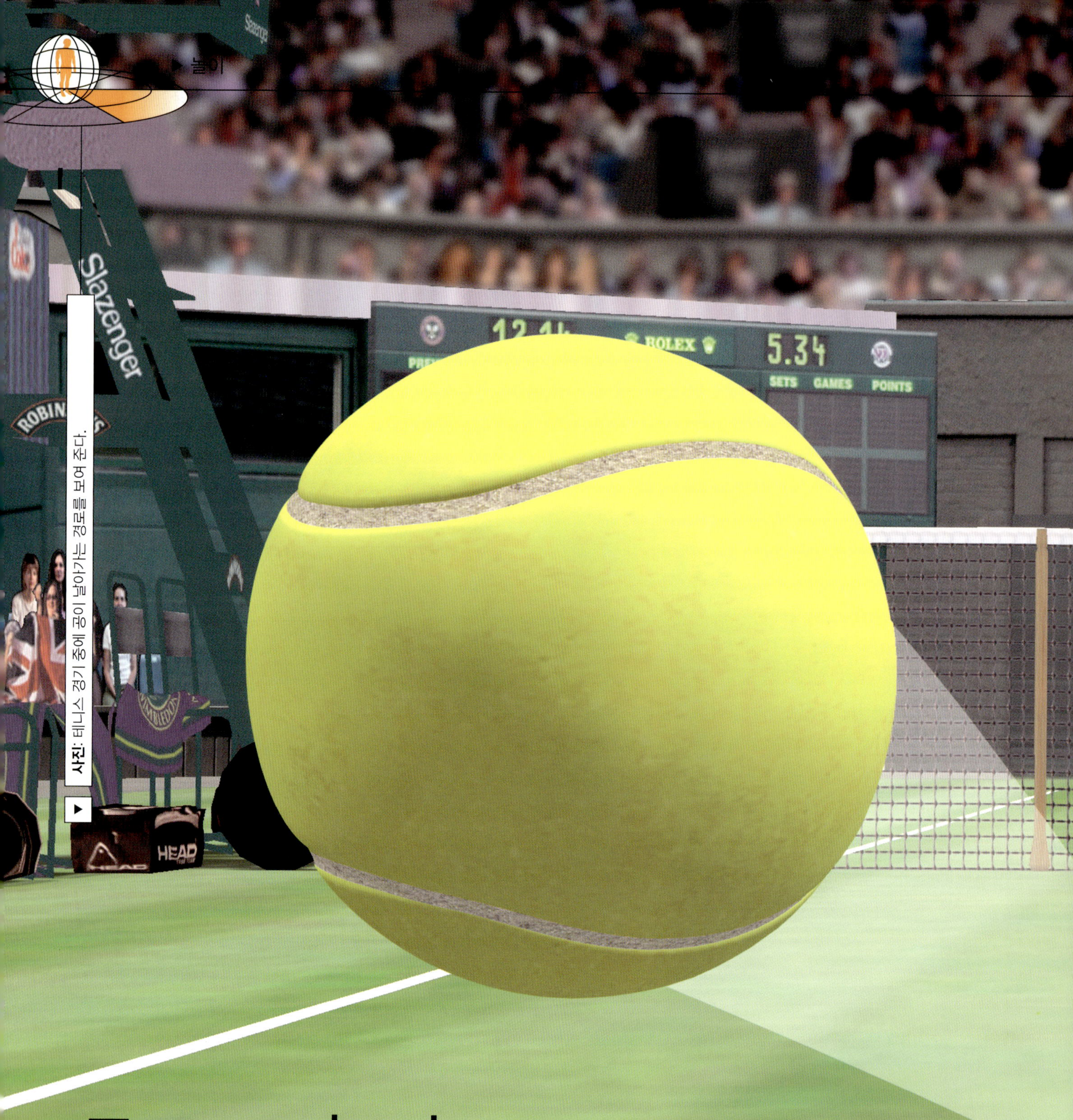

▶ **사진:** 테니스 경기 중에 공이 날아가는 경로를 보여 준다.

호크아이

▶▶ 운동 경기 중에 심판이 잘못 판정할 수 있다. 잘못된 판정을 바로잡기 위해 테니스나 크리켓 같은 경기에서는 컴퓨터를 이용한 비디오 판독 시스템 호크아이(Hawk-Eye)가 사용되고 있다.

▲ 테니스 경기에서는 공이 선 밖으로 나갔는지 정확하게 확인하기 위해 호크아이를 사용한다. 호크아이는 공이 선 위에 떨어졌을 경우처럼 판정을 내리기 어려울 때 큰 도움이 된다. 시청자들은 텔레비전으로 공의 경로를 3차원 화면으로 확인할 수 있고 각종 통계 자료도 볼 수 있다.

호크아이의 원리

2. 여러 대의 카메라
시선이 교차하는
지점이 공의 위치다.
3. 공의 위치를
연속으로 결합하면
공의 경로를
확인할 수 있다.
컴퓨터 모델이 공이
선 위에 떨어졌는지를
정확하게 판정한다.
1. 카메라가 공의
움직임을 포착하면
컴퓨터가 공까지의
거리를 계산한다.

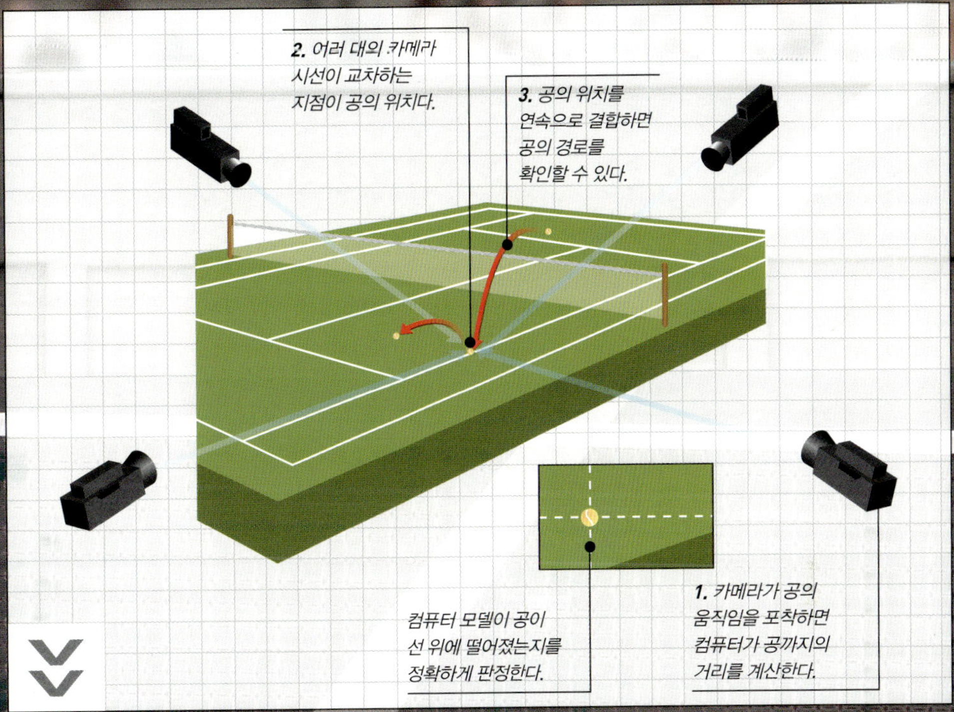

여러 대의 비디오카메라가 테니스 경기장을 향하고 있다. 각 카메라들은 서로 다른 곳을 보고 있는데, 카메라에서 공까지 전자식 좌표를 적용하면 컴퓨터가 공의 정확한 위치를 알아낼 수 있다. 각 카메라에서 공까지 뻗어 나온 선들이 만나는 지점이 바로 공의 위치다. 두 대의 카메라로도 공의 위치를 찾을 수 있다. 두 직선이 만나는 점은 하나이기 때문이다. 하지만 선수들이 공을 가릴 수 있기 때문에 여러 대의 카메라를 설치하는 것이 좋다. 컴퓨터가 공의 위치를 연속으로 이으면 공의 경로를 볼 수 있다.

비디오카메라가 찍은 영상을 이용해 컴퓨터가 공의 경로를 계산한다.

심판은 경기장 위에 찍힌 자국으로 공이 어디에 닿았는지 알 수 있다.

크리켓

▶ 크리켓 경기에서 공이 어디로 갔는지 지켜보는 것만도 재미있다. 그런데 크리켓에서 투수가 던진 공이 위킷에 부딪치기 전에 타자가 발로 맞추는 것은 반칙이다. 사람들은 만약 공이 타자의 발에 맞지 않았다면 위킷에 맞았을까 궁금해 한다. 호크아이로 이러한 궁금증을 쉽게 풀 수 있다. 투수가 던진 공의 가상 경로를 추적해 볼 수 있기 때문이다.

모든 공의 경로를 추적한다.

▶▶ **참고**: 헤드업 디스플레이 54쪽, 시뮬레이터 70쪽, 쌍방향 예술 74쪽

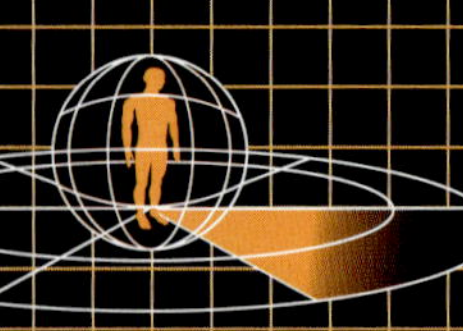

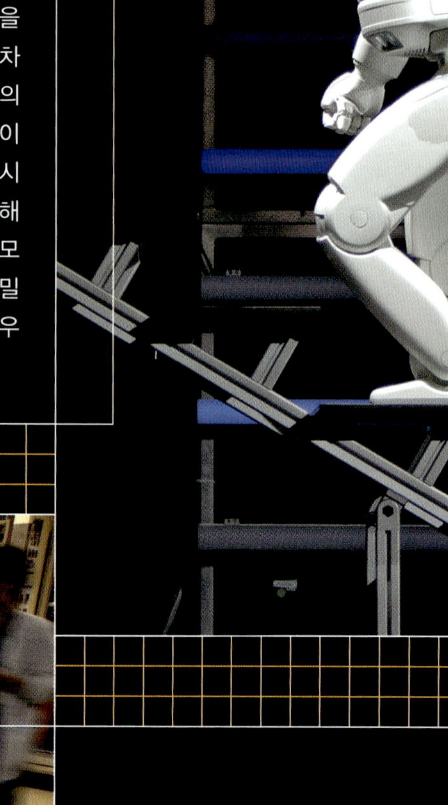

아시모

아시모(Asimo)는 완전 독립 보행 로봇이다. 아시모는 모퉁이를 돌아 달릴 수도 있고 계단을 오르내릴 수도 있다. 사람은 힘차게 걸을 때 다리 관절에 몸무게의 두 배에 가까운 힘을 받는다. 이는 아시모도 마찬가지이다. 아시모는 걸을 때 충격을 줄이기 위해 푹신한 신발을 신고 있다. 아시모의 팔은 쟁반을 나르고 수레를 밀며 손을 잡을 수 있을 만큼 매우 정교하다.

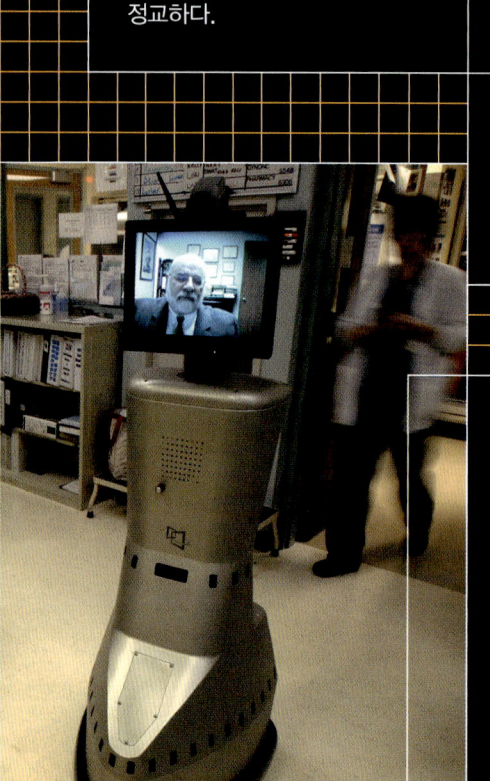

로봇 의사

걸어 다니는 로봇, RP-6은 멀리 떨어져 있는 환자와 의사를 비디오로 연결해 진료를 돕는다. 로봇의 머리에는 환자에게 실시간으로 의사를 보여 주는 화면이 있다. 반대로 로봇에 내장된 비디오카메라와 마이크로 환자의 모습과 목소리를 의사에게 보낸다.

사람의 몸은 지구에서 가장 뛰어난 '기계 장치'이다. 근육과 뼈는 지레처럼 함께 움직여 몸을 움직이거나 물건을 옮길 때 드는 힘을 줄여 준다. 1000억 개의 신경 세포가 가득 차 있는 사람의 두뇌는 그 어떤 컴퓨터보다 뛰어나다. 사람의 몸을 따라잡을 수 있는 로봇을 만드는 일은 과학자들에게 매우 어려운 도전 과제이다.

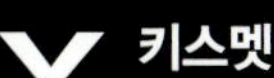

유비코

로봇들은 자동차 공장에서는 페인트를 뿌리고 용접하는 일을 하고 있다. 머지않아 일반 가게 같은 평범한 곳에서도 로봇을 만날 수 있을 것으로 보인다. 다정한 고양이 얼굴을 하고 있는 로봇의 이름은 유비코(Ubiko)로, 키는 1.13미터이다. 유비코가 일본의 한 가게에서 손님들을 맞이하고 휴대 전화를 파는 일을 돕고 있다.

키스멧

감정을 표현하는 로봇을 개발하는 연구가 한창 진행되고 있다. 키스멧(Kismet)의 머리에는 감정을 표현하기 위하여 각종 센서와 모터가 가득 들어 있다. 키스멧는 사람이 행복한 모습을 하면 눈이 커지면서 귀를 쫑긋 세우고 미소를 띤다. 키스멧은 사람과 로봇이 서로 반응하는 방법을 연구하기 위해 개발되었다.

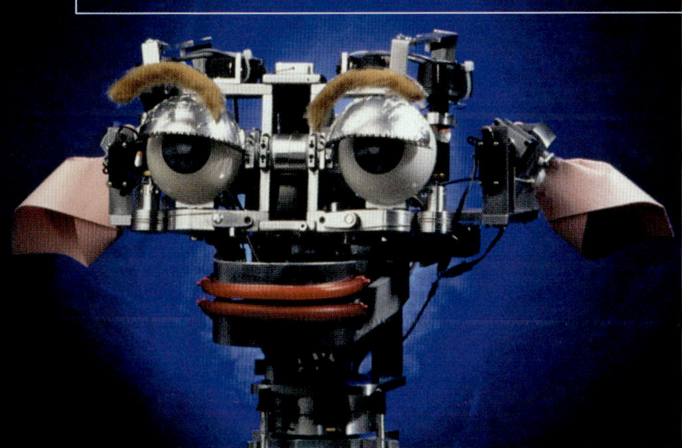

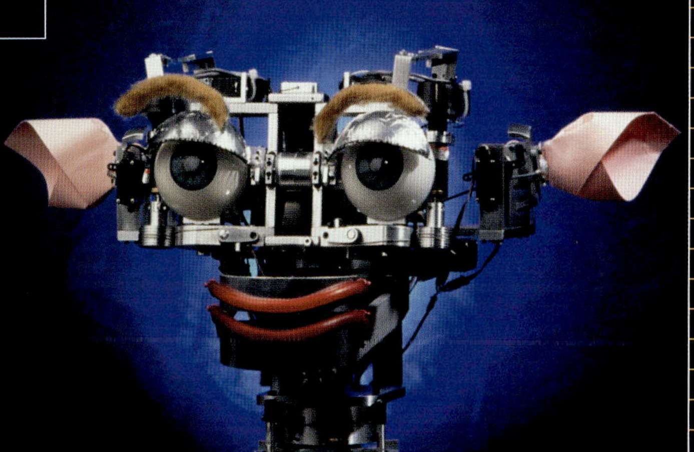

플렌

오늘날 공장에서 일하는 로봇은 벽에 고정된 채 원격 조종되는 기계에 불과하다. 하지만 미래의 로봇은 훨씬 독립적으로 움직일 수 있을 것이다. 이 무선 로봇은 블루투스 휴대 전화로부터 명령을 받아 움직인다. 독립형 미래 로봇에 한 발짝 다가선 것이다. 무선 로봇, 플렌(Plen)은 걷거나 몸을 흔들며 휴대 전화에서 보내는 명령에 따라 움직인다.

▶▶**참고**: 애완동물 사육기 52쪽, 레고® 마인드스톰™ 92쪽, 로봇 자동차 104쪽, 화성 탐사 로봇 142쪽

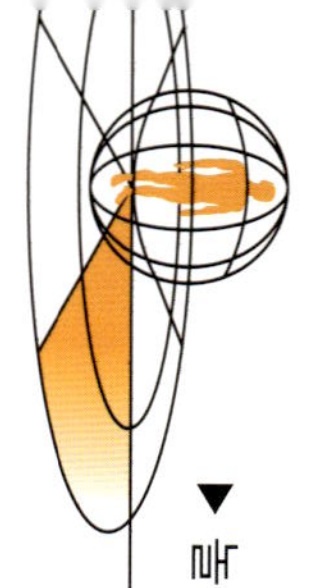

▼ **사진**: 레고® 마인드스톰™ 로봇, 알파렉스

레고 마인드스톰

▶▶ 로봇 설계가 쉽다면 누구나 침실을 정리해 주는 로봇 하나쯤은 가지고 있을 것이다. 로봇 설계 기술을 배우는 가장 좋은 방법은 레고 마인드스톰(Lego® Mindstorms™)과 같은 로봇 제작 키트로 시작하는 것이다. 키트에는 로봇을 만들고 로봇을 움직이게 하는 데 필요한 부품과 장비가 모두 들어 있다.

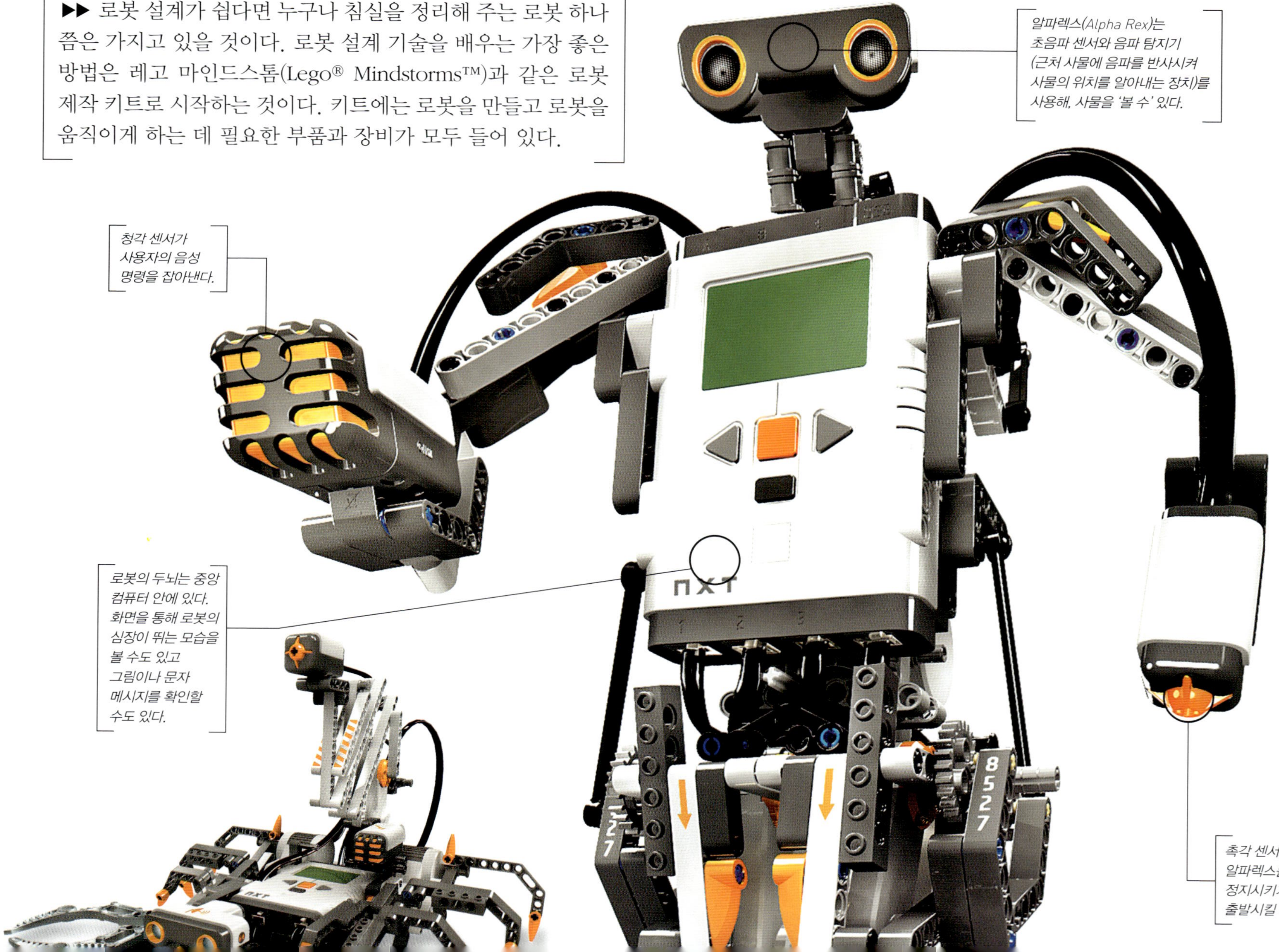

알파렉스(Alpha Rex)는 초음파 센서와 음파 탐지기(근처 사물에 음파를 반사시켜 사물의 위치를 알아내는 장치)를 사용해, 사물을 '볼 수' 있다.

청각 센서가 사용자의 음성 명령을 잡아낸다.

로봇의 두뇌는 중앙 컴퓨터 안에 있다. 화면을 통해 로봇의 심장이 뛰는 모습을 볼 수도 있고 그림이나 문자 메시지를 확인할 수도 있다.

촉각 센서로 알파렉스를 정지시키거나 출발시킬 수 있다.

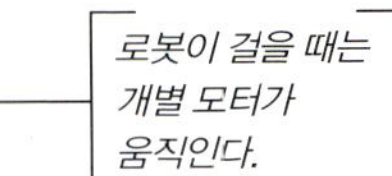
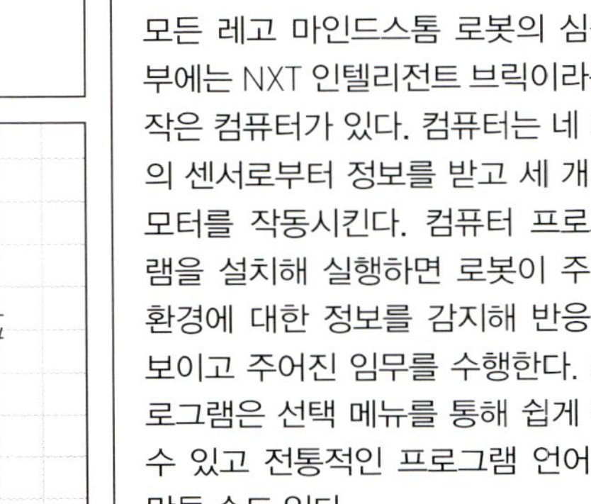
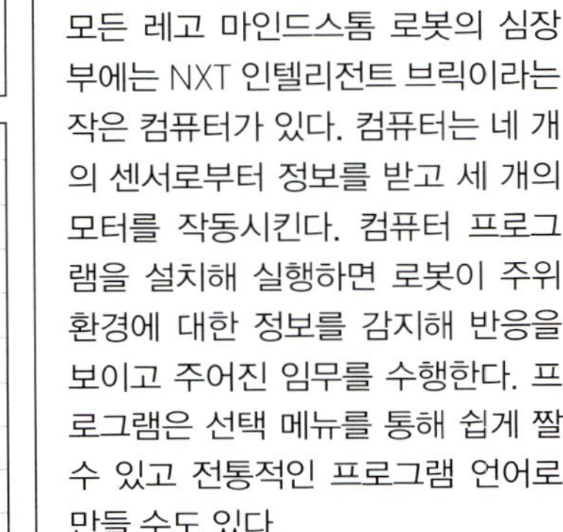

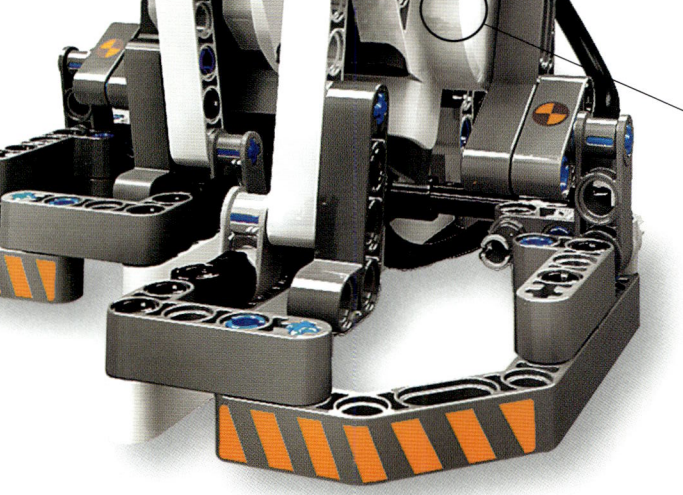

전갈 로봇, 스파이크(Spike)는 청각 센서와 촉각 센서로 외부 사물을 감지할 수 있는 긴 꼬리와 집게를 가지고 있다.

로봇이 걸을 때는 개별 모터가 움직인다.

▶ 로봇의 컴퓨터에 프로그램을 설치하면 각종 센서와 모터를 제어해 로봇의 움직임을 조절할 수 있다. 알파렉스는 똑바로 서서 걷는 휴머노이드 로봇이며 스파이크는 여섯 개의 다리로 뛰어갈 수 있고 촉감에 민감한 '침'으로 무장한 전갈 로봇이다.

>> 레고 마인드스톰의 원리

로봇의 두뇌인 NXT 인텔리전트 브릭 안에 컴퓨터와 로봇 제어판이 들어 있다.

회전 센서를 갖춘 세 개의 모터가 함께 협동해 매우 정교하게 로봇을 움직이고 회전시킨다.

촉각 센서가 밀거나 풀어 주거나 부딪히는 등의 느낌을 감지한다.

초음파 센서가 음파를 사용해 거리를 측정하고 움직임을 감지해 로봇이 주위 사물을 '볼 수' 있게 해 준다.

청각 센서가 소리를 감지하고 소리의 형태를 인식한다.

광센서가 빛의 강도를 측정한다.

모든 레고 마인드스톰 로봇의 심장부에는 NXT 인텔리전트 브릭이라는 작은 컴퓨터가 있다. 컴퓨터는 네 개의 센서로부터 정보를 받고 세 개의 모터를 작동시킨다. 컴퓨터 프로그램을 설치해 실행하면 로봇이 주위 환경에 대한 정보를 감지해 반응을 보이고 주어진 임무를 수행한다. 프로그램은 선택 메뉴를 통해 쉽게 짤 수 있고 전통적인 프로그램 언어로 만들 수도 있다.

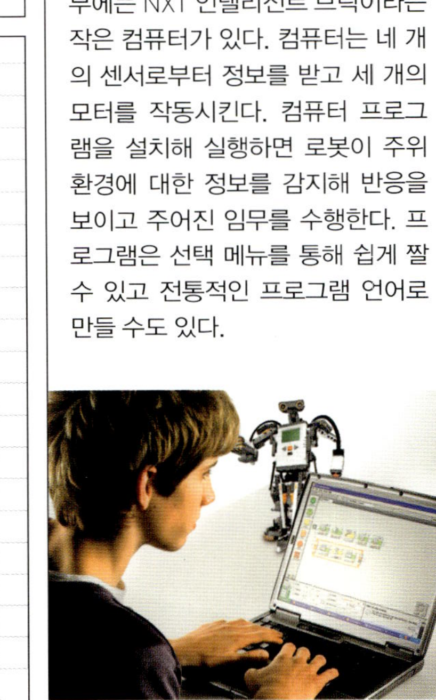
알파렉스의 프로그램을 짜는 모습

▶▶ **참고**: 무선 장난감 46쪽, 로봇 90쪽, 화성 탐사 로봇 142쪽

큐브월드

▶▶ 작은 플라스틱 큐브들은 하나씩 쌓아 올릴 수도 있고 옆으로 붙일 수도 있다. 각각의 큐브 안에 사는 스틱맨은 게임을 하고, 큐브 사이를 오가며 서로 만나기도 한다.

큐브 앞쪽에 보이는 기호는 스틱맨의 활동 상태를 나타낸다.

이 큐브 속 스틱맨은 자기 집을 비우고 아래 큐브에 놀러 갔다.

▶ **사진:** 쌓아 놓은 큐브월드 더미에서 스틱맨들이 의사소통을 하고 있다.

>> 큐브월드의 원리

큐브 안쪽에 있는 컴퓨터가 화면을 제어하고 다른 큐브의 컴퓨터와 연결을 시도한다.

LCD 화면이 큐브 속에 사는 스틱맨의 활동을 보여 준다.

큐브 속 스틱맨과 함께 게임을 할 수 있는 버튼

전기 접촉으로 큐브가 서로 연결되면 컴퓨터끼리 자료를 주고받고 함께 활동한다.

큐브 사이로 전기가 계속 연결되도록 자석으로 큐브를 붙인다.

큐브를 회전시키거나 흔들면 동작 센서가 이를 감지해 큐브 속 스틱맨이 반응을 보인다.

큐브 안에는 LCD 화면과 버튼을 연결해 주는 컴퓨터가 들어 있다. 컴퓨터는 LCD 화면으로 스틱맨 애니메이션을 보여 주고, 프로그램을 실행시켜 스틱맨의 행동을 제어한다. 큐브의 사면에는 전기 연결 장치가 있다. 이 연결 장치는 자석의 힘으로 큐브를 붙게 한다. 이렇게 연결된 큐브는 컴퓨터를 통해 자료를 주고받으며 상호 작용을 한다. 두 컴퓨터가 한쪽 큐브에서 스틱맨이 다른 한쪽의 큐브로 놀러 가기로 합의를 보면, 떠나는 시간부터 도착하는 시간까지 정확히 일치하도록 두 컴퓨터 사이에 신호가 오고 간다. 한 큐브에 여러 스틱맨이 있는 경우에는 컴퓨터가 나머지 컴퓨터에서 자료를 넘겨 받아 스틱맨의 행동을 한꺼번에 제어한다.

◀ 큐브에 사는 스틱맨들은 악기 연주, 아령 들기와 같은 활동을 한다. 큐브를 모아 놓으면 스틱맨들끼리 의사소통을 한다. 따로 지시를 내리지 않아도 자기들끼리 알아서 다른 큐브를 방문해 함께 놀고 춤을 추기도 한다. 한 큐브 속에는 최대 네 명까지 모일 수 있다.

∨ 다마고치

주머니 속의 애완동물

◀ 다마고치(Tamagotchi™)는 주머니에 넣고 다니면서 가상 애완동물을 기르는 전자 기기이다. 버튼이 달린 플라스틱 박스 화면으로 보이는 것이 애완동물이다. 전자 기기로 애완동물에게 먹이를 줄 수 있고 함께 게임할 수도 있다. 애완동물은 점점 자라 모습과 행동이 변한다. 깜박 잊고 먹이를 주지 않으면 애완동물이 죽을 수 있다. 최신형 다마고치는 적외선 통신으로 다른 다마고치와 연결해 의사소통을 하기도 한다.

▶▶ **참고**: 무선 장난감 46쪽, 애완동물 사육기 52쪽, 게임기 68쪽, 레고® 마인드스톰™ 92쪽

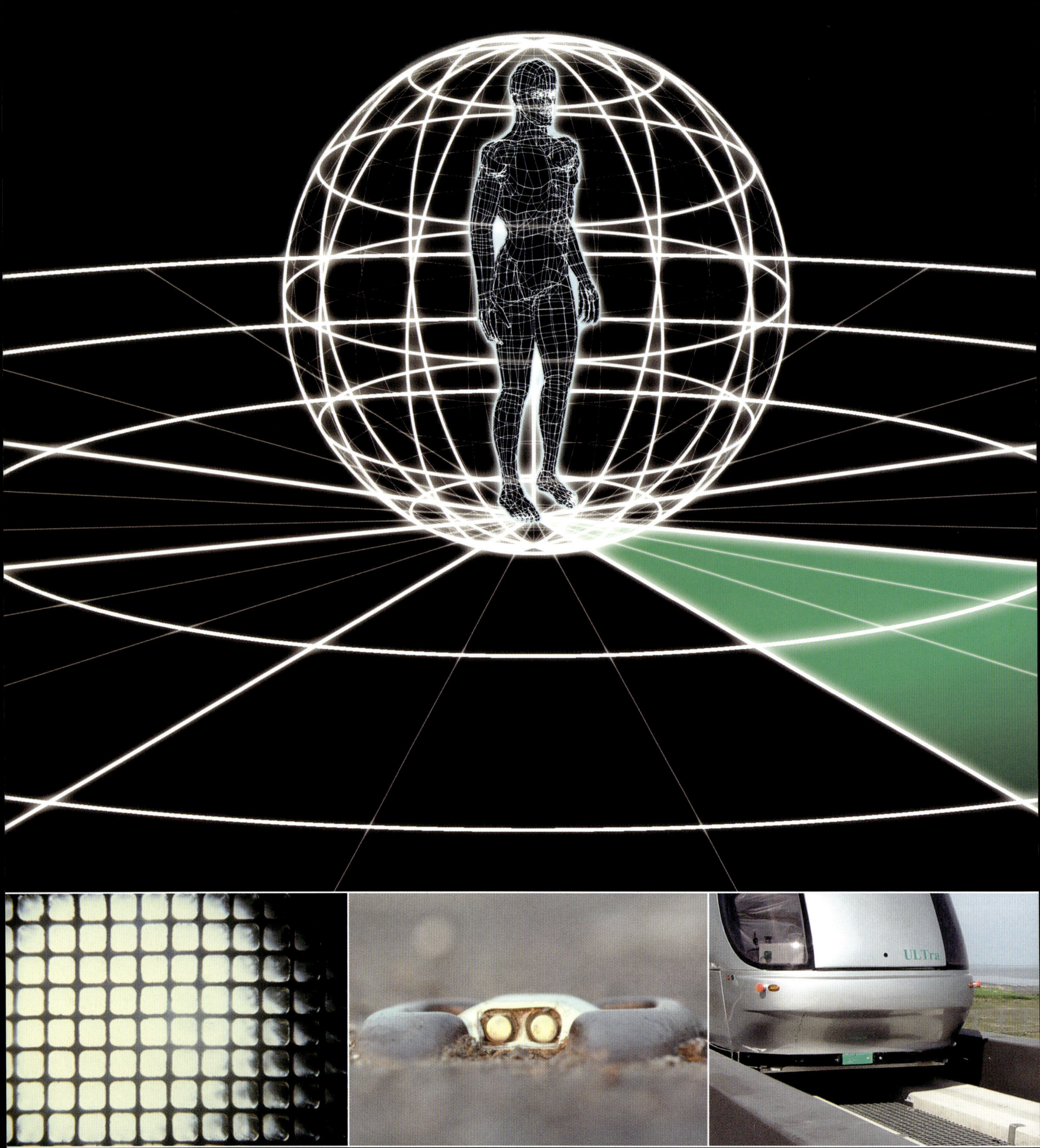
ULTra

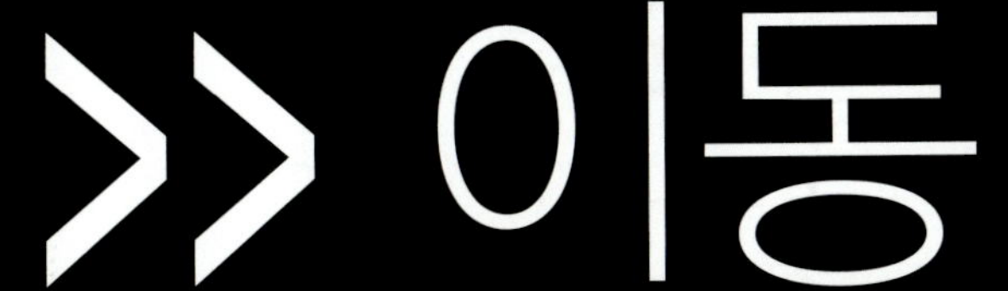

포뮬러 1 ≫ 컨버터 ≫ 로봇 자동차 ≫ 도로 ≫ 캐즈아이 ≫ 벤처원 ≫ 세그웨이 PT ≫ 울트라 ≫ 수상용 탈것 ≫ 플립호 ≫ 제트 스키 ≫ 세일 로켓 ≫ 글라이더 ≫ 저소음 비행기 ≫ 곡예비행 ≫ 헬리콥터 ≫ 운동화 ≫ 에스컬레이터

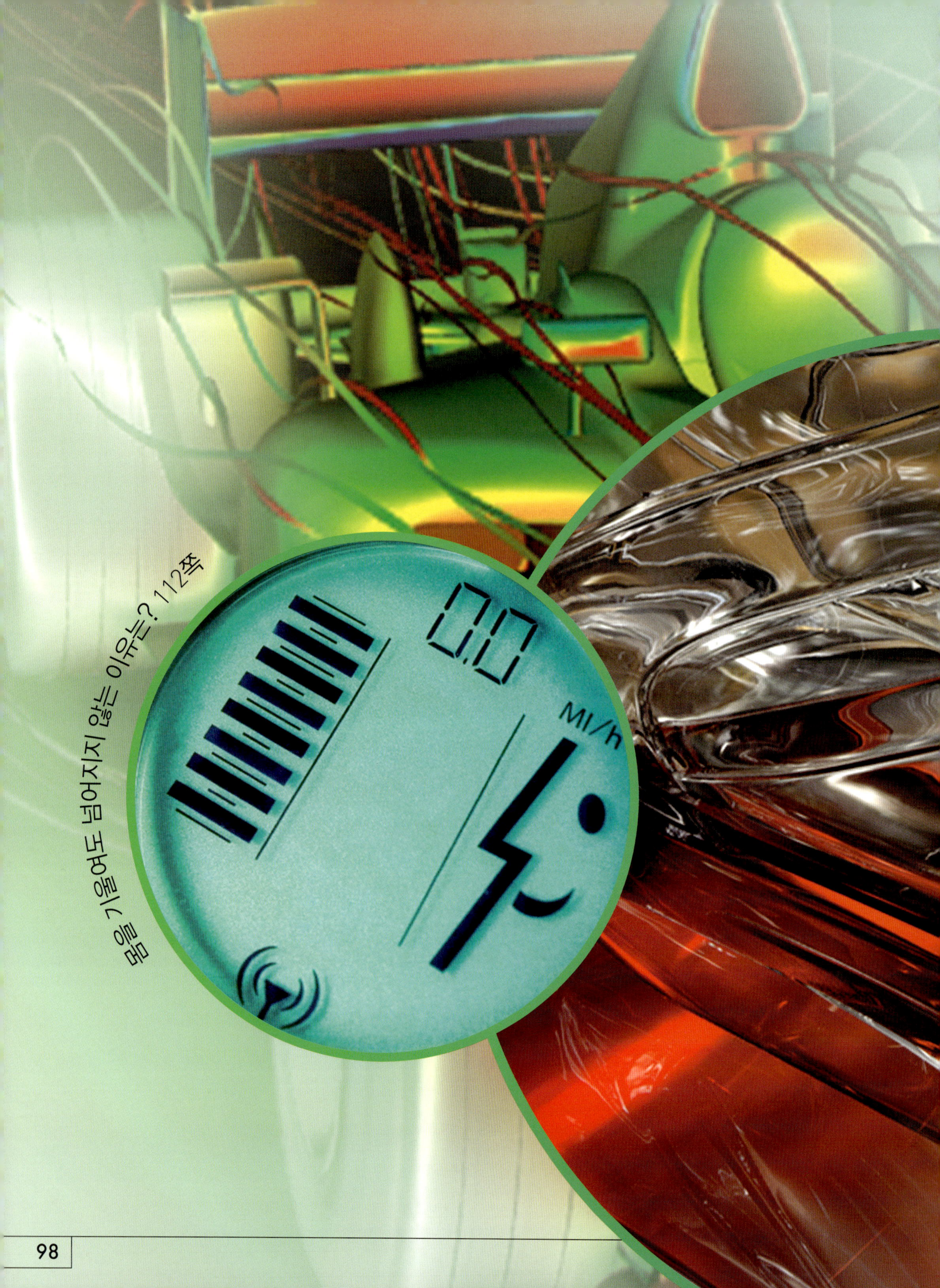

몸을 기울여도 넘어지지 않는 이유는? 112쪽

▶▶ 깊은 바다 속부터 광대한 우주까지 놀라운 여행을 가능하게 해 주는 멋진 탈것들이 있다. 포뮬러 1은 트랙 위를 바람처럼 질주하고, 헬리콥터는 우리의 머리 위에 떠 있으며, 제트 스키는 미끄러지듯이 파도 위를 달리고, 잠수함은 바다 속 깊이 잠수한다. 미래의 탈것은 이보다 훨씬 더 발전할 것이다. 스스로 운전하는 무인 자동차, 도로의 레일 위를 질주하는 택시, 파도를 헤치며 나가는 배, 소음이 전혀 없는 초음속 비행기 등이 우리 곁을 곧 찾아올 것이다.

이걸 신고 계속 걸을 수 있을까? 132쪽

바다 위에 거꾸로 뒤집혀 있는 이것은 무엇일까? 118쪽

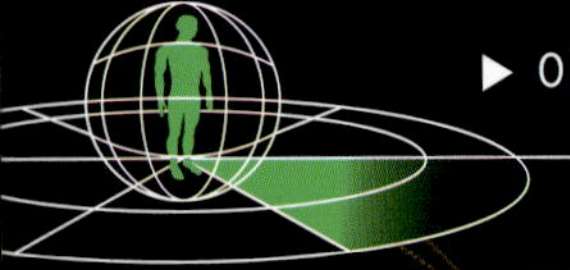

포뮬러 1

▶▶ 포뮬러 1은 육지 위를 달려가는 비행기처럼 트랙을 고속으로 질주한다. 포뮬러 1의 엔진은 일반 자동차 엔진보다 다섯 배나 강하다.

⩔ 바람 터널 실험

▶ 경주용 자동차는 부드럽게 바람을 헤쳐 나갈 수 있도록 하기 위해 바람 터널에서 실험을 거친다. 약 50퍼센트로 크기를 줄인 자동차 모형이 네 개의 팔에 고정된 상태로 고속으로 불어오는 바람을 맞는다.

바람 터널 속의 포뮬러 1 모형

20가지의 각도로 조절 가능한 뒷날개가 다운포스(down force, 공기가 자동차를 위에서 누르는 힘)의 35퍼센트를 담당한다.

공기 흡입구가 1초당 650리터의 공기를 엔진에 공급한다. 이 공기의 양은 성인 호흡량의 120배와 맞먹는다.

선은 자동차 위로 지나가는 공기의 흐름을 표시한다.

조종석 양쪽에 있는 확산기는 공기의 방향을 아래쪽으로 향하게 해 흡입력을 발생시키는데, 전체 다운포스의 40퍼센트를 담당한다.

Y자형 서스펜션이 고속으로 코너를 돌 때 타이어가 도로에 밀착될 수 있도록 도와준다.

▲ **사진:** 포뮬러 1에 작용하는 압력의 크기와 공기의 흐름을 보여 주는 컴퓨터 시뮬레이션

>> 포뮬러 1에 숨어 있는 기술

조종석

조종석은 자동차가 고속으로 코너를 돌 수 있도록 최대한 바닥에 가깝게 설치되었다. 잘 보이지 않는 조종석은 조종사의 안전을 위해 단단히 무장됐으며, 전투기 조종사들이 사용하는 안전띠가 장착되었다.

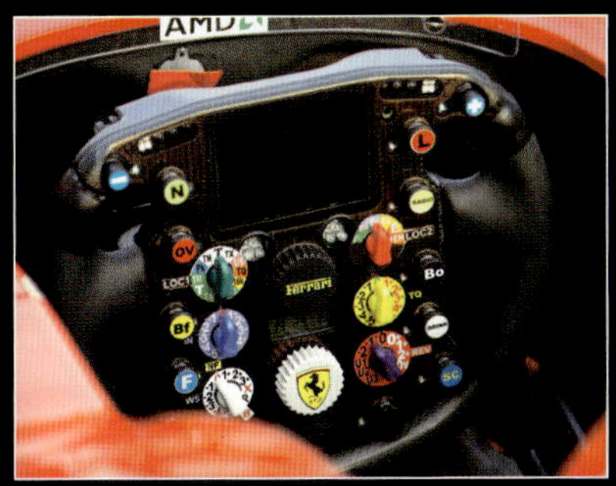

버튼 제어 장치

운전자가 제어 장치를 일일이 다룰 시간이 없기 때문에 브레이크와 가속기를 제외한 제어 장치는 운전대 위의 버튼으로 작동시킨다. 제어 장치는 전통적인 다이얼 방식에서 터치스크린 방식으로 바뀌고 있다.

타이어

포뮬러 1의 타이어는 폴리에스테르와 나일론으로 강화된 고무로 만든다. 그럼에도 중력의 다섯 배에 달하는 힘과 섭씨 100도까지 상승하는 높은 온도 때문에 200킬로미터도 못 가 닳아 버린다.

◀ 공기 저항이 포뮬러 1 자동차의 표면 위에 압력으로 작용한다. 시속 180킬로미터로 달리는 베엠베 자우버(BMW Sauber)의 컴퓨터 시뮬레이션 화면을 살펴보자. 붉은색과 노란색으로 표시된 부분의 공기압이 가장 높은 곳이다. 긴 선들은 자동차 위로 지나가는 공기의 흐름을 나타낸다.

앞날개는 공기의 방향을 바꿔 가며 브레이크를 식혀 주고 다운포스의 25퍼센트를 담당한다.

▶▶ **참고:** 헤드업 디스플레이 54쪽, 무중력 비행기 140쪽

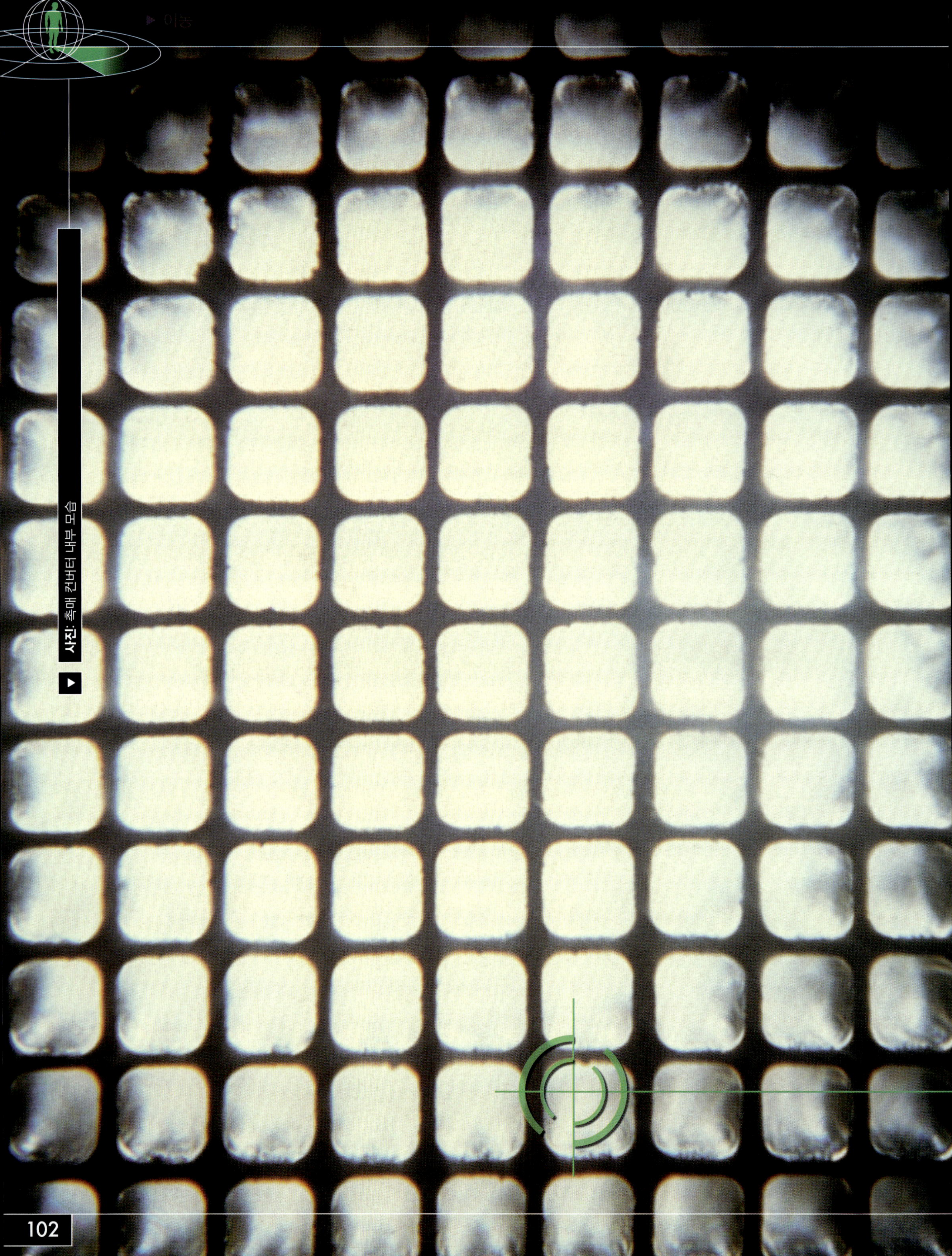

▶ **사진:** 촉매 컨버터 내부 모습

컨버터

▶▶ 아테네에서 모스크바까지, 베이징에서 뭄바이까지 세계의 대도시들은 모두 스모그로 몸살을 앓고 있다. 오염된 공기 때문에 사람들은 점점 숨 쉬기 어려워졌고, 나무는 말라 죽었으며, 건물은 온통 먼지투성이가 되었다. 촉매 컨버터는 자동차 배기가스에서 오염 물질을 제거하고 자동차 엔진에서 배기가스의 양을 줄여 주는 화학적 공기 청정기이다.

>> 촉매 컨버터의 원리

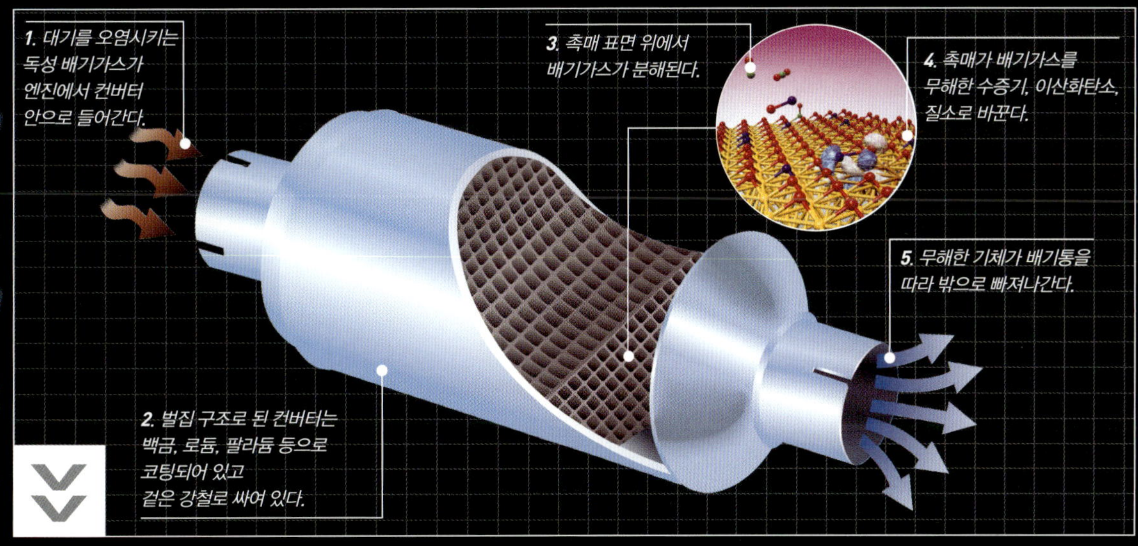

1. 대기를 오염시키는 독성 배기가스가 엔진에서 컨버터 안으로 들어간다.
2. 벌집 구조로 된 컨버터는 백금, 로듐, 팔라듐 등으로 코팅되어 있고 겉은 강철로 싸여 있다.
3. 촉매 표면 위에서 배기가스가 분해된다.
4. 촉매가 배기가스를 무해한 수증기, 이산화탄소, 질소로 바꾼다.
5. 무해한 기체가 배기통을 따라 밖으로 빠져나간다.

자동차의 엔진은 화학 반응을 통해 연료를 태워 추진력을 만든다. 그런데 석유에 들어 있는 탄화수소가 완전히 타지 않고 남아 있다가 엔진 속에서 다른 물질과 결합하여 오염 물질로 변해 버린다. 배기가스에는 폐 질환을 일으키는 산화질소, 산소 운반을 방해하는 일산화탄소, 탄화수소 등이 섞여 있다.

촉매 컨버터는 3차원으로 된 입체 거름망처럼 생겼다. 하지만 촉매 컨버터는 망으로 오염 물질을 걸러 내지 않는다. 그 대신 넓은 표면에서 화학 반응을 일으켜 산화질소, 일산화탄소, 탄화수소 등의 해로운 분자들을 분해한다. 분해된 원자가 다시 배열되면서 물(수증기), 이산화탄소, 질소같이 안전하고 깨끗한 물질로 바뀐다.

◀ 배기가스가 컨버터 속으로 들어가면 등을 맞댄 한 쌍의 촉매가 오염 물질을 분해한다. 환원 촉매는 산화질소를 질소와 산소로 분해하고 산화 촉매는 해로운 일산화탄소와 탄화수소를 이산화탄소와 물로 바꿔 준다.

▶▶ **참고:** 헤드업 디스플레이 54쪽, 도로 106쪽

로봇 자동차

▶▶ 미국의 사막에서는 독특한 자동차 경주 대회가 열린다. 이 대회장에는 운전자도 리모컨도 없다. 로봇 자동차 스스로 카메라, 레이더, 레이저를 사용해 212킬로미터에 달하는 경주 코스를 달려야 한다.

▶ 로봇 자동차, 샌드스톰(Sandstorm)이 달리고 있다. 샌드스톰처럼 대회에 참가한 로봇 자동차들은 바위가 많은 지역, 마른 강바닥, 사막의 모래 언덕을 가로질러 가야 한다. 로봇 자동차는 사람이 갈 수 없는 위험한 곳으로 물건을 옮겨다 주기 위해 개발되었다.

방향 조정이 가능한 장거리 레이저 스캐너가 돌면서 코너 주위를 살핀다.

카메라로 장애물을 발견한다.

GPS (위성 항법 장치) 안테나가 현재 위치를 계산한다.

컴퓨터는 경로를 계획하고 모든 장치를 제어한다.

울퉁불퉁한 땅 위를 갈 때, 특수 서스펜션이 전자 부품과 센서가 받는 충격을 흡수해 준다.

무인 오토바이

무인 오토바이, 고스트라이더

◀ 2005년에 열린 무인 오토바이 대회에 출전한 고스트라이더의 모습이다. 무인 오토바이는 스스로 경로를 찾는 것은 물론, 넘어지지 않도록 균형도 잘 잡아야 한다. 균형을 잡기 위해 컴퓨터가 100분의 1초마다 오토바이 기울기를 감지하고 앞바퀴를 기울어진 반대 방향으로 움직이도록 명령한다. 아쉽게도 고스트라이더는 예선을 통과하지 못해 100만 파운드(약 20억 원)의 상금을 놓치고 말았다.

▶▶ **참고**: 헤드업 디스플레이 54쪽, 호크아이 88쪽, 로봇 90쪽, 도로 106쪽

≫ 샌드스톰의 자가 운전 원리

샌느스톰은 내장된 수많은 센서로부터 외부 정보를 수집한다. 위성 항법 장치가 제공하는 자세한 위치 정보를 따라 경주 코스를 달릴 수 있다. 하지만 위성 항법 장치만으로는 좁은 길을 갈 수 없고 시시각각 마주치는 모든 장애물을 피할 수 없다. 샌드스톰은 정확하게 방향을 결정하기 위해 장거리 레이더, 카메라, 스캐너로 주변을 탐색하고 이를 컴퓨터로 모아 분석한다. 이 가운데 레이저 스캐너로 가장 세밀한 정보를 얻을 수 있다. 레이저 탐색으로 지형과 장애물의 정확한 모양을 알아낼 수 있기 때문이다.

장거리 레이저
스캐너는 전방
50미터까지 탐색할 수
있고, 방향을 전환해
사방을 살필 수 있다.
컴퓨터가
레이저 스캐너가
탐색해 낸 정보와
다른 센서에서 보내온
정보를 분석해
자동차의 속도,
방향을 제어한다.
단거리
레이저 스캐너는
자동차 주변을
탐색한다.
레이저 광선이
장애물에 부딪혀
돌아오는 시간으로
자동차와 장애물의
거리를 계산한다.

레이더는 레이저만큼
정밀하지 않지만, 멀리
있는 장애물을 감지할 수
있고 공중의 먼지에도
영향을 덜 받는다.
고정된 레이저 스캐너가
주변 지형 지도를 만든다.

사진: 2005년 대회에 출전한 로봇 자동차, 샌드스톰

도로

▶▶ 도로는 도심 속 붐비는 길일 수도 있고 시골을 달리는 조용한 아스팔트일 수도 있다. 가장 붐비는 고속도로는 하루에 15만 대의 자동차가 지나가도 견딜 수 있도록 튼튼하게 설계된다. 이 고속도로 위로 코끼리 7마리 무게의 트럭도 지나갈 수 있다.

아스팔트 호수

트리니다드 토바고의 라 브레아(La Brea, Trinidad)

▲ 도로가 대부분 검은색인 이유는 아스팔트로 덮여 있기 때문이다. 트리니다드 토바고 라 브레아에 있는 호수는 세계 최대 규모의 아스팔트 매장지다. 이곳의 아스팔트는 부드럽기 때문에 자동차가 지나가지 못하고 가라앉는다. 아스팔트에 자갈이나 다른 돌멩이를 섞어야 자동차의 무게를 지탱할 수 있을 만큼 단단한 방수 포장재가 된다.

▼ 북극권 안에 있는 노르웨이 로포텐(Lofoten)의 도로는 여름과 겨울 사이의 엄청난 기온 차이를 견뎌 내야 한다. 도로의 상층부가 급격한 온도 변화에 따라 팽창하거나 수축할 수 있다는 점을 고려해 아스팔트 혼합물을 만들어야 한다. 그래야만 도로가 갈라지거나 그 틈으로 물이 들어가 아래층이 흔들리지 않는다.

도로 포장 방법

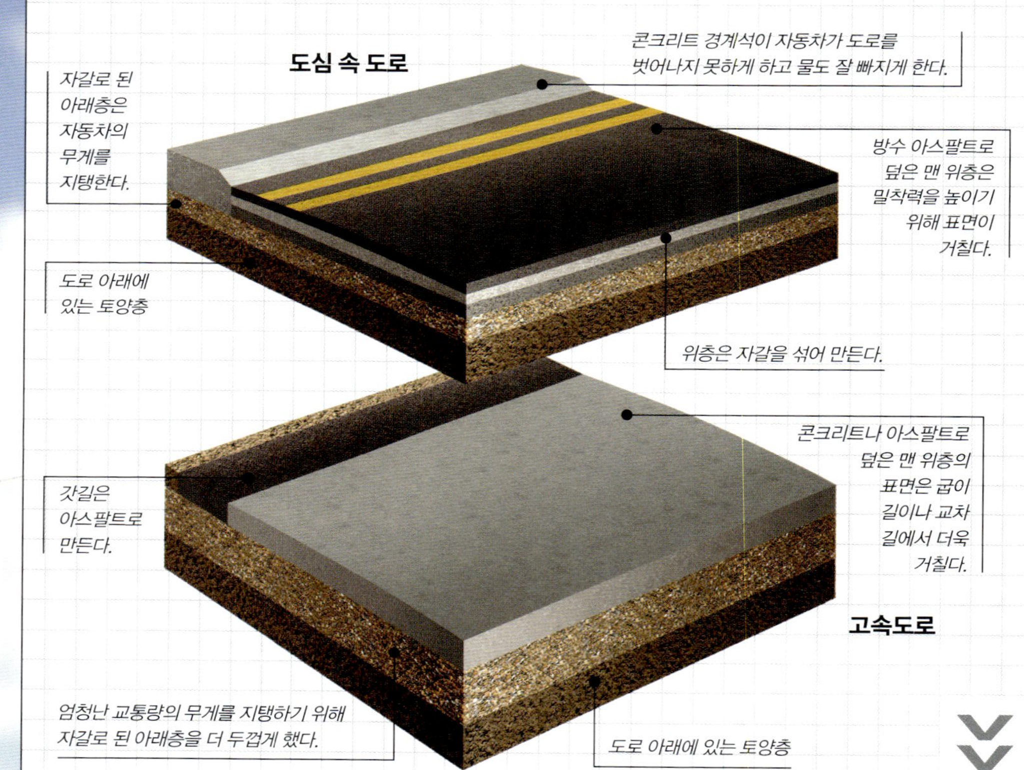
도심 속 도로
자갈로 된 아래층은 자동차의 무게를 지탱한다.
콘크리트 경계석이 자동차가 도로를 벗어나지 못하게 하고 물도 잘 빠지게 한다.
방수 아스팔트로 덮은 맨 위층은 밀착력을 높이기 위해 표면이 거칠다.
도로 아래에 있는 토양층
위층은 자갈을 섞어 만든다.
갓길은 아스팔트로 만든다.
콘크리트나 아스팔트로 덮은 맨 위층의 표면은 굽이 길이나 교차 길에서 더욱 거칠다.
고속도로
엄청난 교통량의 무게를 지탱하기 위해 자갈로 된 아래층을 더 두껍게 했다.
도로 아래에 있는 토양층

바닥 층에 깔린 울퉁불퉁한 바위는 달리는 자동차의 무게를 지탱할 힘을 준다. 반면 부드러운 표면은 자동차가 빠르게 달릴 수 있게 하고, 운전자를 편안하게 해 준다. 맨 위층은 아래층들을 보호하기 위해 방수 처리되어 있다. 맨 위층은 타이어와 마찰로 닳기 때문에 몇 년에 한 번씩 갈아 주어야 한다. 고속도로는 아스팔트 대신 덜 닳는 콘크리트를 쓴다. 반면 도시의 도로는 90퍼센트 이상 아스팔트를 쓴다. 도로를 곡선으로 만들고 맨홀, 하수구 등을 설치하려면 재료가 아스팔트처럼 부드러워야 하기 때문이다.

◀ **사진**: 노르웨이 로포텐 도로의 표면

아스팔트 도로의 표면은
밀착력을 높이기 위해 포장할 때
강력한 물줄기를 쏘거나
망치질을 해 거칠게 만든다.
도로 표시용 페인트는 이산화티타늄으로 만든다.
이산화티타늄에는 아주 작은 유리 알갱이가 섞여
있어 자동차 불빛을 잘 반사해 준다.

▶▶ **참고**: 포뮬러 1 100쪽, 로봇 자동차 104쪽, 캐츠아이® 108쪽

캐츠아이

▶▶ 어두운 밤은 낮보다 교통사고가 날 확률이 10배나 높다. 도로 위에 납작하게 붙어 있는 불빛 반사기 덕분에 교통사고 위험이 크게 줄어들고 있다. 1934년 발명된 불빛 반사기, 캐츠아이(Catseyes®)는 지금까지 셀 수 없이 많은 사람의 생명을 구해 주었다.

▶ 어두운 밤에 자동차들은 차선 사이에 박혀 있는 캐츠아이 덕분에 안전하게 줄지어 달릴 수 있다. 캐츠아이는 보통 하얀색이나 미끄러운 도로, 건널 수 없는 도로 등 특별한 도로를 알리기 위해 붉은색, 황갈색, 초록색을 사용한다. 캐츠아이는 위로 살짝 올라와 있어 바퀴가 밟을 때마다 큰 소리가 난다. 이렇게 캐츠아이는 차선을 벗어나는 운전자에게 소리로 경고하기도 한다.

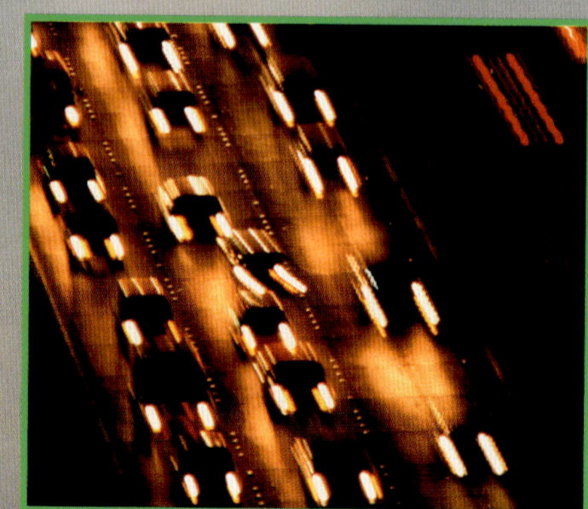

철로 된 범퍼가 충격으로부터 캐츠아이를 보호한다.

캐츠아이의 발명

▶ 퍼시 쇼(Percy Shaw, 1890~1976)는 안개 낀 어느 날 밤, 위험한 언덕길을 운전하면서 겪은 아찔한 경험 후에 캐츠아이를 발명했다. 도로 위에서 낯선 불빛을 목격했는데 알고 보니 자동차 불빛을 반사한 고양이의 눈이었다. 그 순간 퍼시 쇼는 자신이 엉뚱한 도로로 가고 있다는 것을 깨달았다. 자칫 잘못하면 절벽 아래로 떨어질 수 있던 급박한 상황을 고양이 덕분에 벗어날 수 있었던 것이다.

캐츠아이 공장에 있는 퍼시 쇼의 모습

>> 캐츠아이의 원리

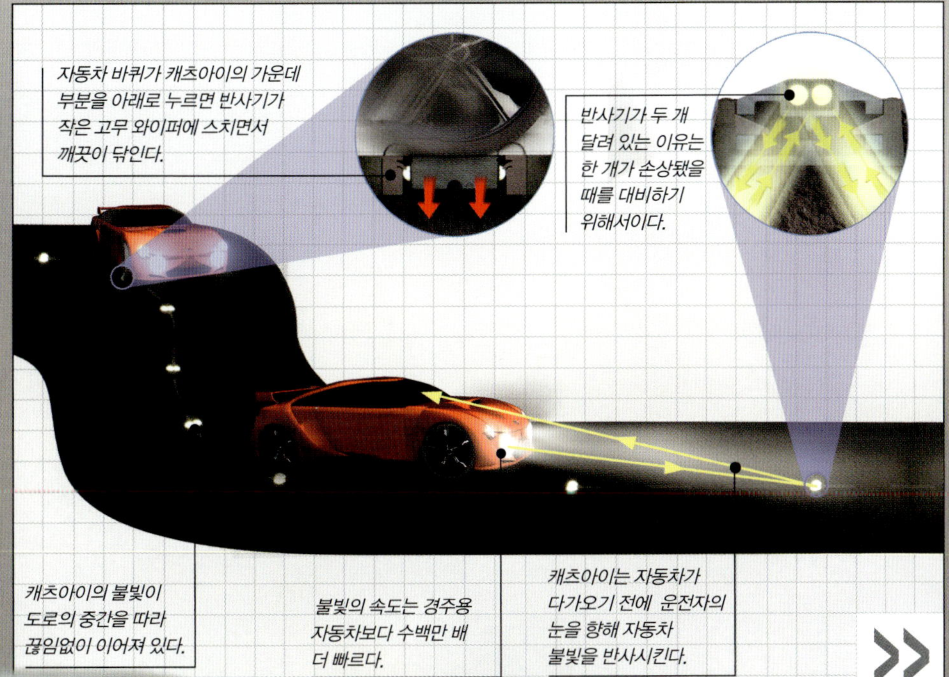

자동차 바퀴가 캐츠아이의 가운데 부분을 아래로 누르면 반사기가 작은 고무 와이퍼에 스치면서 깨끗이 닦인다.
반사기가 두 개 달려 있는 이유는 한 개가 손상됐을 때를 대비하기 위해서이다.
캐츠아이의 불빛이 도로의 중간을 따라 끊임없이 이어져 있다.
불빛의 속도는 경주용 자동차보다 수백만 배 더 빠르다.
캐츠아이는 자동차가 다가오기 전에 운전자의 눈을 향해 자동차 불빛을 반사시킨다.

자동차 헤드라이트는 아래쪽을 향하고 있어서 도로의 표면을 비춘다. 반면 캐츠아이의 반사기는 위쪽으로 기울어져 있어 자동차 불빛을 운전자 눈을 향해 반사시킬 수 있다. 보통 도로 위에는 캐츠아이가 6~18미터 간격으로 붙어 있다. 주행 속도가 빠른 도로에는 캐츠아이가 더 넓은 간격으로 붙어 있고, 굽이 길이나 안개가 자주 끼는 길, 다가오는 자동차의 불빛 때문에 앞을 보기가 어려운 언덕 길 등에는 더 좁은 간격으로 붙어 있다. 캐츠아이는 스스로 반사기를 닦을 수 있다. 고무로 된 하얀색 가운데 부분이 자동차 바퀴가 위를 밟고 지나갈 때마다 위아래로 움직이면서 반사기를 깨끗이 닦아 주기 때문이다.

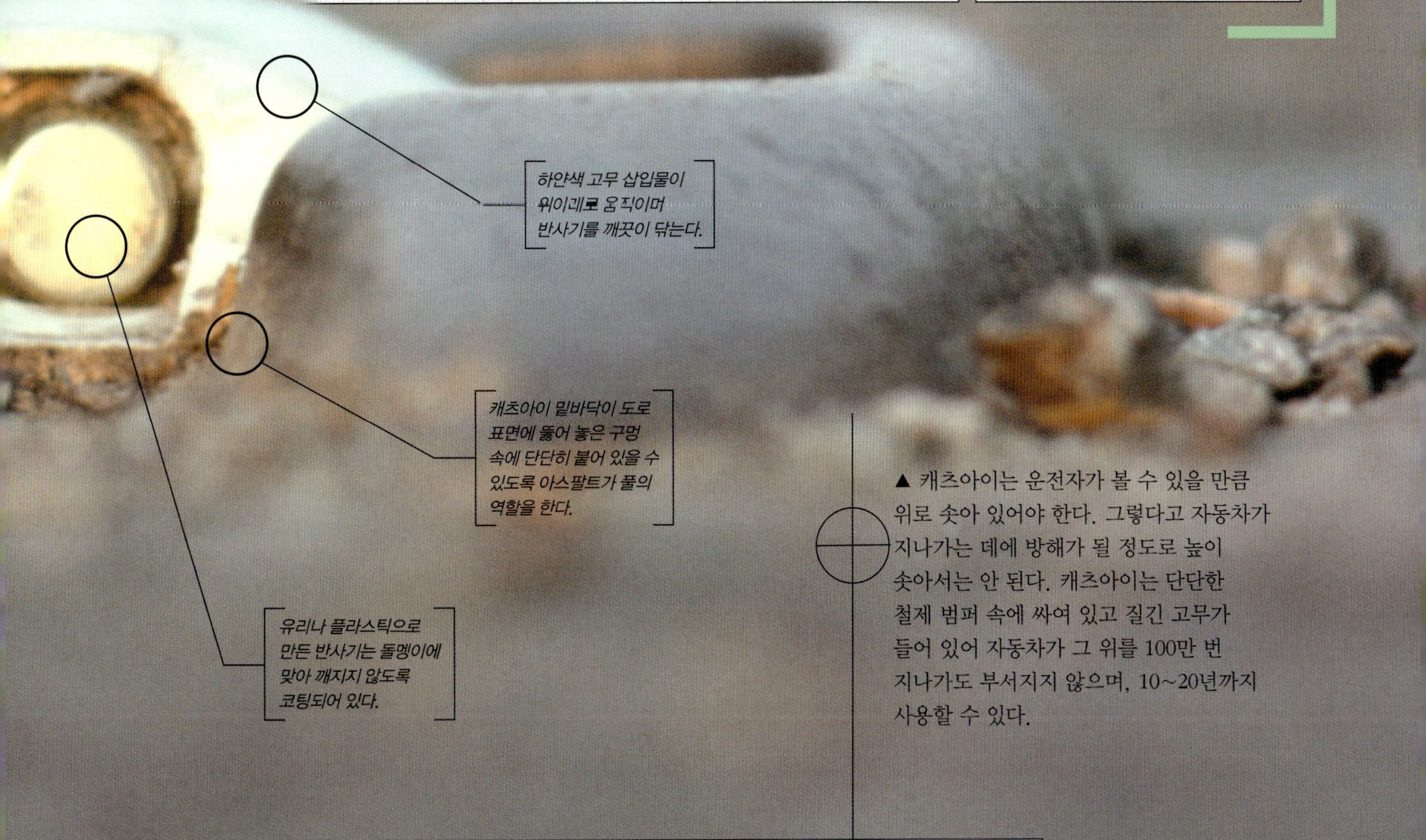

하얀색 고무 삽입물이 위아래로 움직이며 반사기를 깨끗이 닦는다.

캐츠아이 밑바닥이 도로 표면에 뚫어 놓은 구멍 속에 단단히 붙어 있을 수 있도록 아스팔트가 풀의 역할을 한다.

유리나 플라스틱으로 만든 반사기는 돌멩이에 맞아 깨지지 않도록 코팅되어 있다.

▲ 캐츠아이는 운전자가 볼 수 있을 만큼 위로 솟아 있어야 한다. 그렇다고 자동차가 지나가는 데에 방해가 될 정도로 높이 솟아서는 안 된다. 캐츠아이는 단단한 철제 범퍼 속에 싸여 있고 질긴 고무가 들어 있어 자동차가 그 위를 100만 번 지나가도 부서지지 않으며, 10~20년까지 사용할 수 있다.

▶▶ **참고**: 헤드업 디스플레이 54쪽, 도로 106쪽, 야간 투시 카메라 160쪽

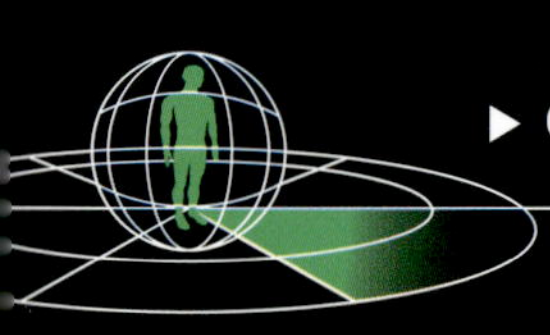

벤처원

▶▶ 자동차처럼 안전하고 오토바이처럼 활력 넘치며 경제적인 탈것을 상상해 보라. 자동차와 오토바이의 장점만을 모아 만든 탈것이 실제로 개발되었다. 이 탈것은 전기와 석유를 모두 사용하며 오토바이보다 30배나 더 안전하다. 또한 같은 속도로 달릴 때 소모되는 연료의 양은 석유의 반도 되지 않는다.

▼ 벤처원(VentureOne™)은 가솔린과 전기를 동시에 연료로 사용한다. 가솔린을 사용하는 엔진이 뒤쪽에 장착되어 있다. 엔진이 전기 발전기와 배터리를 작동시키면 이들은 바퀴 안에 있는 두 개의 전기 모터에 전원을 공급한다. 벤처원은 브레이크를 밟을 때 쓰이는 에너지를 저장해 두었다가 배터리를 충전하는 데 다시 사용한다.

고강도 몰리브덴 강철 외관이 사고가 났을 때 운전자를 보호해 준다.

엔진 아래에 있는 경사 조절 장치

차체가 안쪽으로 들어가 있어 기울어도 차체가 바닥에 긁히지 않는다.

▲ **사진:** 벤처원™

▶▶ 참고: 세그웨이® PT 112쪽, 저소음 비행기 126쪽

▼ 오토바이는 코너를 돌 때 차체를 한쪽으로 기울여야 빠른 속도를 낼 수 있다. 벤처원 역시 차체를 기울일 수 있다. 느리게 갈 때는 차체를 똑바로 세운 채 앞바퀴만 움직여 방향을 조절할 수 있지만 빠르게 갈 때는 차체 전체를 기울여야 방향을 조절할 수 있다.

벤처원의 안전장치

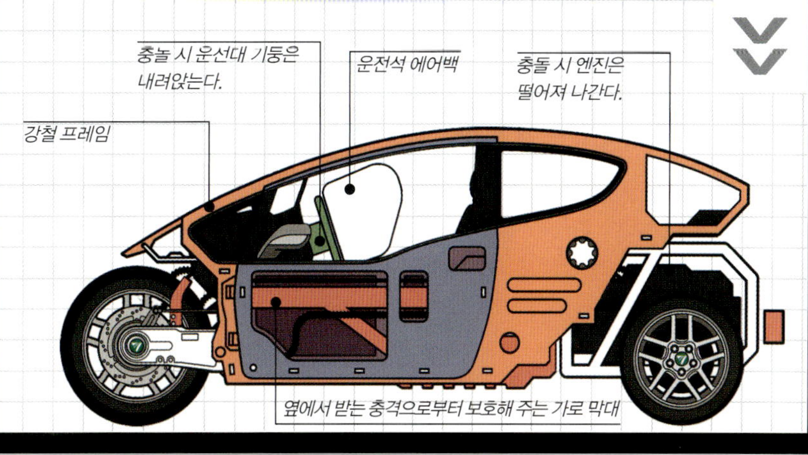

오토바이는 개방적 구조라 사고가 났을 때 운전자가 크게 다칠 수 있다. 벤처원의 운전석 바깥은 강철 프레임으로 되어 있어 강한 충격으로부터 운전자를 보호할 수 있다. 앞에서 부딪혔을 때는 충격이 앞바퀴에서 강철 프레임으로 전달되기 때문에 운전자에게 충격이 전해지지 않는다. 뒤에서 부딪혔을 때는 엔진이 차체에서 떨어져 나가므로 차체와 엔진이 운전자를 짓누를 염려가 없다. 그밖에 벤처원에는 안전유리, 급정거 흔적(스키드마크)을 남기지 않는 브레이크, 에어백 등의 안전장치도 장착되어 있다.

부딪혔을 때 에너지 갈무리 장치가 앞바퀴에서 안전 프레임으로 에너지를 전달한다.

경사 조절 기술

기울어지는 열차, 펜돌리노(Pendolino)

▲ 이탈리아에서 개발한 기차, 펜돌리노는 빠른 속도로 코너를 돌기 위해 차체를 옆으로 기울인다. 이때 바퀴는 안전하게 철로에 붙여 두고 차체만 기울인다.

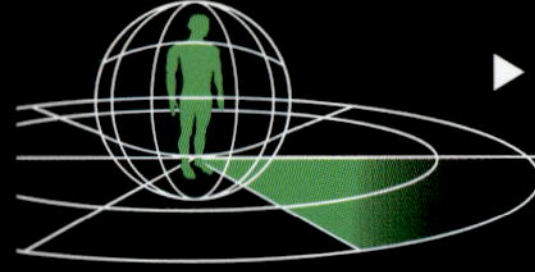

세그웨이 PT

▶▶ 세그웨이 PT(Segway® Personal Transporter)를 타고 몸을 앞으로 기울이면 걷는 것보다 세 배나 더 빨리 도로 위를 미끄러지듯이 달릴 수 있다. 세그웨이는 전기 모터와 배터리로 움직인다. 소음도 적고 배기가스도 나오지 않는 세그웨이 PT는 미래 도시의 주요 교통수단이 될 것이다.

>> 세그웨이 PT의 원리

1. 왼쪽으로 프레임을 기울이고 몸을 앞으로 숙인다.
2. 마이크로칩 자이로스코프와 센서가 균형의 변화를 감지해 낸다.
3. 전기 회로가 왼쪽으로 가고자 하는 사람의 뜻을 알아차린다.
4. 전기 모터가 오른쪽 바퀴를 왼쪽 바퀴보다 더 빨리 회전시킨다.
5. 세그웨이 PT가 왼쪽으로 돈다.

가만히 서서 몸을 앞으로 숙이면 넘어지고 말 것이다. 하지만 이러한 일은 일어나지 않는다. 귓속에 있는 전정 기관이 균형에 문제가 있음을 감지하고, 뇌가 다리 근육에 신호를 보내 한 발짝 앞으로 가게 하기 때문이다. 세그웨이 PT에서는 자이로스코프가 뇌의 역할을 대신하고 전기 모터가 근육의 역할을 대신한다. 자이로스코프는 지름이 6밀리미터밖에 되지 않는 작은 전자 센서이다. 세그웨이 PT에 탄 사람이 자세를 바꾸면 자이로스코프가 몸체의 기울기 변화를 감지해 내고, 바퀴와 연결된 전기 모터가 움직여 몸체의 균형을 잡는다.

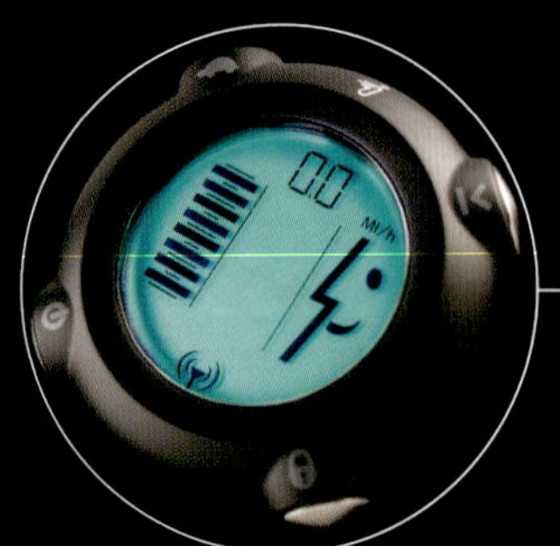

▲ 탈착이 가능한 무선 키로 전원을 켠다. 이동 중에 무선 키로 배터리 수명, 속도, 주행 거리 등을 점검할 수 있다. 무선 키에는 도난 방지 경보 장치가 장착되어 있다.

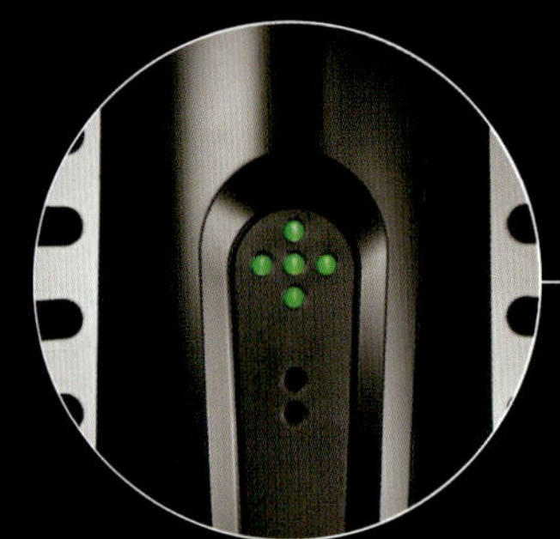

▲ 세그웨이 PT가 균형을 잡고 안전하게 움직이면 지시등이 가만히 깜박인다. 세그웨이 PT에 장착된 다섯 개의 자이로스코프가 몸체의 균형 상태를 점검한다.

▲ 잠금 장치를 사용해 세그웨이 PT를 작동 금지 상태로 고정할 수 있다. 도난 방지 경보 장치가 작동하면 바퀴가 자동으로 잠긴다.

◀ 세그웨이 PT의 프레임과 손잡이는 탄 사람의 신체가 그대로 연장된 것처럼 자연스럽게 설계되었다. 몸을 앞뒤로 기울이거나 프레임을 양옆으로 기울이면 최고 속도 시속 20킬로미터로 움직인다.

린스티어(LeanSteer™)의 프레임은 사용자의 키에 맞게 조절이 가능하며 접어서 자동차 트렁크에 실을 수 있다.

세그웨이 PT 타이어는 야외에서는 펑크가 잘 나지 않고 실내에서는 바닥에 자국을 남기지 않는다.

세그웨이 PT의 출동

공항 경찰이 세그웨이 PT를 타고 순찰하고 있다.

▲ 세그웨이 PT는 공항처럼 넓은 구역을 순찰하는 경찰이나 보안 요원들에게 아주 유용한 탈것으로 인정받고 있다. 세그웨이 PT를 탄 경찰관은 걸을 때보다 두 배나 더 넓은 구역을 순찰할 수 있다. 세그웨이 PT에 내장된 배터리는 한 번 충전으로 38킬로미터를 이동할 수 있다.

▶▶ **참고**: 플라이바® 82쪽, 게코매트 84쪽, 벤처원™ 110쪽, 울트라® 114쪽

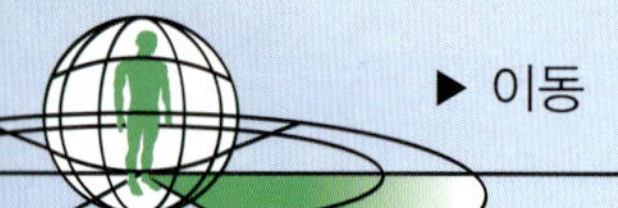

▶ **사진:** 땅 위에 높이 솟은 전용 레일을 따라 달리는 울트라

울트라

▶▶ 이 세상에 있는 자동차의 수는 약 6억 대이다. 11명당 자동차 한 대를 갖고 있는 셈이다. 늘어난 자동차 때문에 교통 상황은 날로 악화되고 있다. 운전자 없이 전기로 가는 택시 울트라(ULTra®)는 교통 혼잡과 공해를 줄여 줄 것이다.

울트라의 주요 특징

◀ 전차와 자동차가 만나다: 도시에서 울트라를 이용하면 2~3배 정도 빨리 목적지에 도착할 수 있다. 울트라는 6미터 위로 솟은 전용 레일 위를 달리기 때문이다. 운전사가 없는 대신 중앙 컴퓨터 시스템에 길을 안내하는 센서가 내장되어 있다.

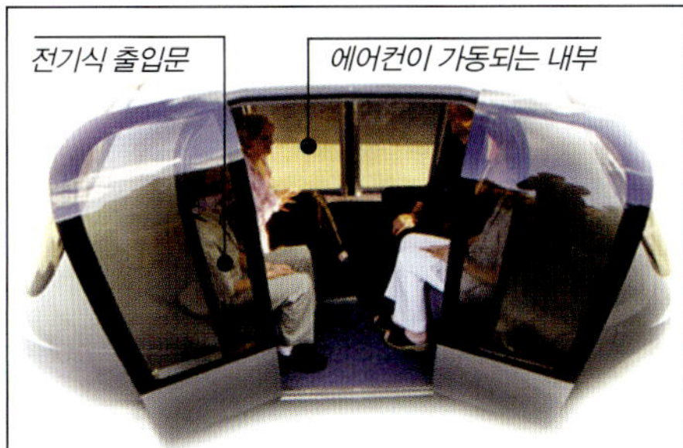

승객

울트라의 길이는 3.7미터(소형차와 같은 크기)이다. 울트라 한 대당 4명의 승객을 태울 수 있고 500 킬로그램의 화물을 실을 수 있다. 출입문이 넓고 바닥이 낮아 노약자, 장애인, 유모차를 끌고 가는 부모들도 쉽게 탈 수 있다. 울트라는 보통 자동차보다 최소 10배 이상 안전하게 설계되었다.

승강장

울트라의 최고 속도는 시속 40 킬로미터밖에 안 된다. 하지만 승강장 사이를 서지 않고 달리기 때문에 일반 도로로 가는 것보다 빠르게 목적지에 도착할 수 있다. 울트라의 평균 대기 시간은 평균 10초 이하로, 오래 기다리지 않아도 된다.

전기 충전구

전기 모터

울트라는 가솔린 엔진 대신 전기 모터와 배터리를 사용하기 때문에 소음이 거의 없고, 오염 물질도 나오지 않는다. 울트라는 매우 혼잡한 출퇴근 시간에 자동차가 사용하는 에너지의 10분의 1밖에 필요하지 않다. 울트라는 버스, 기차, 전철과 비교해도 몇 배는 더 효율적이다.

▶▶ **참고**: 로봇 자동차 104쪽, 도로 106쪽, 세그웨이® PT 112쪽

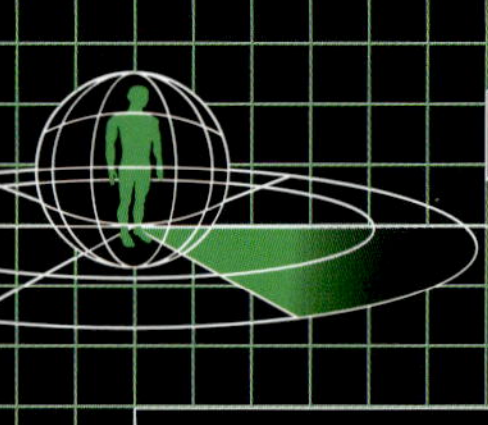

수상용 탈것

최근 다양한 모양과 크기를 자랑하는 수상용 탈것들이 속속 등장하고 있다. 어떤 탈것은 전혀 배처럼 보이지 않는다. 빠르고 민첩하게 움직일 수 있게 공기 역학적으로 설계하고 초경량 재질을 사용한다. 잠수함 기술을 활용하여 파도 아래로 잠수할 수 있는 유람선도 등장했다.

어스레이스

이 환경 친화적인 배 어스레이스(Earthrace)는 세계 여행 신기록을 수립하기 위해 만들었다. 이 배의 연료는 콩이나 폐식용유를 이용해 만든 바이오 디젤이다. 연료 탱크 하나를 가득 채우면 시속 90킬로미터로 6000킬로미터까지 갈 수 있다.

왐-브이

독특한 모양을 자랑하는 왐-브이(WAM-V)는 파도를 헤치고 나간다기보다는 바다에 완전히 적응했다고 볼 수 있다. 바다 위로 매달린 '포드(pod)'는 호화로운 숙박 시설, 화물칸, 해양 연구소가 될 수 있다.

돌고래 보트

유리 섬유로 만든 돌고래 보트, 시브리처(SeaBreacher)를 타면 바다에 사는 포유류의 생활을 경험해 볼 수 있다. 시브리처는 시속 48킬로미터로 갈 수 있으며 수면 아래 3미터까지 잠수할 수 있다. 또, 묘기를 부리는 돌고래처럼 물 위로 솟구쳐 올라 공중 돌기를 할 수도 있다.

M 80 스틸레토

M 80 스틸레토(M 80 Stiletto)는 초경량 탄소 섬유로 만들어 아주 얕은 물에서도 움직일 수 있다. 스틸레토의 길이는 24미터이며 모양은 M자를 두 개 이어 놓은 것처럼 생겼다. M자 모양 덕분에 스틸레토는 물 위에 지나간 자국을 거의 남기지 않고 시속 100킬로미터 이상의 빠른 속도를 낼 수 있다.

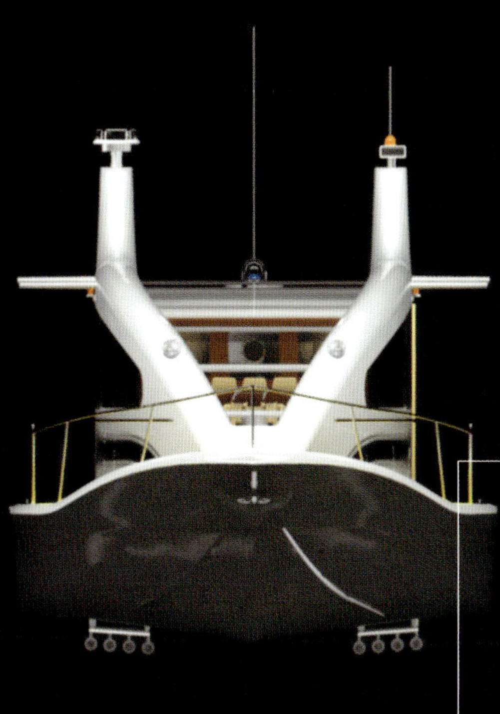

엑소모스 잠수정

이 호화로운 요트는 잠수함 기능을 갖추고 있다. 엑소모스(Exomos)는 물속으로 20미터까지 잠수할 수 있다. 잠수부가 최대 14명까지 갑판 위에 앉아 있는 동안 21미터 길이의 엑소모스가 잠수하기 시작한다. 이때 승객 여덟 명은 방수 선실 속에서 물 한 방울 묻히지 않고 바다 속 풍경을 즐길 수 있다.

▶▶ **참고**: 플립호 118 쪽, 제트 스키® 120 쪽, 세일 로켓 122쪽

승무원들은 플립호가
누워 있는 상태에서
똑바로 선 상태로
솟구쳐 오르는 동안
갑판 위에 나와
있어야 한다.
문이 천장과
벽 양쪽에
모두 달려 있다.
돛대 꼭대기에 전파
안테나가 달려 있다.
FLIP

▶▶ 물체에는 물에 뜨는 것과 가라앉는 것이 있다. 이 놀라운 해양 연구소는 물에 뜰 수도 있고 가라앉을 수도 있다. 반은 배, 나머지 반은 잠수함인 플립호(FLIP, Floating Instrument Platform)는 먼 바다로 나갈 때는 물 위에 뜨다가 바다를 연구할 때는 물속으로 가라앉는다.

플립호

▶ 플립호는 태풍이 어떻게 파도를 만들어 내는지, 고래가 어떻게 의사소통하는지, 바다와 대기가 어떻게 열에너지를 교환하는지 등을 연구하는 해양 연구소이다. 해양 과학자들은 배가 누워 있을 때와 서 있을 때 모두 배 안에서 생활한다. 그래서 변기는 회전할 수 있고 탁자와 세면대는 천장과 벽 양쪽에 붙어 있다.

▶ **사진**: 미국 스크립스 해양 연구소 소속의 플립호가 바다 위에 선 채로 떠 있다.

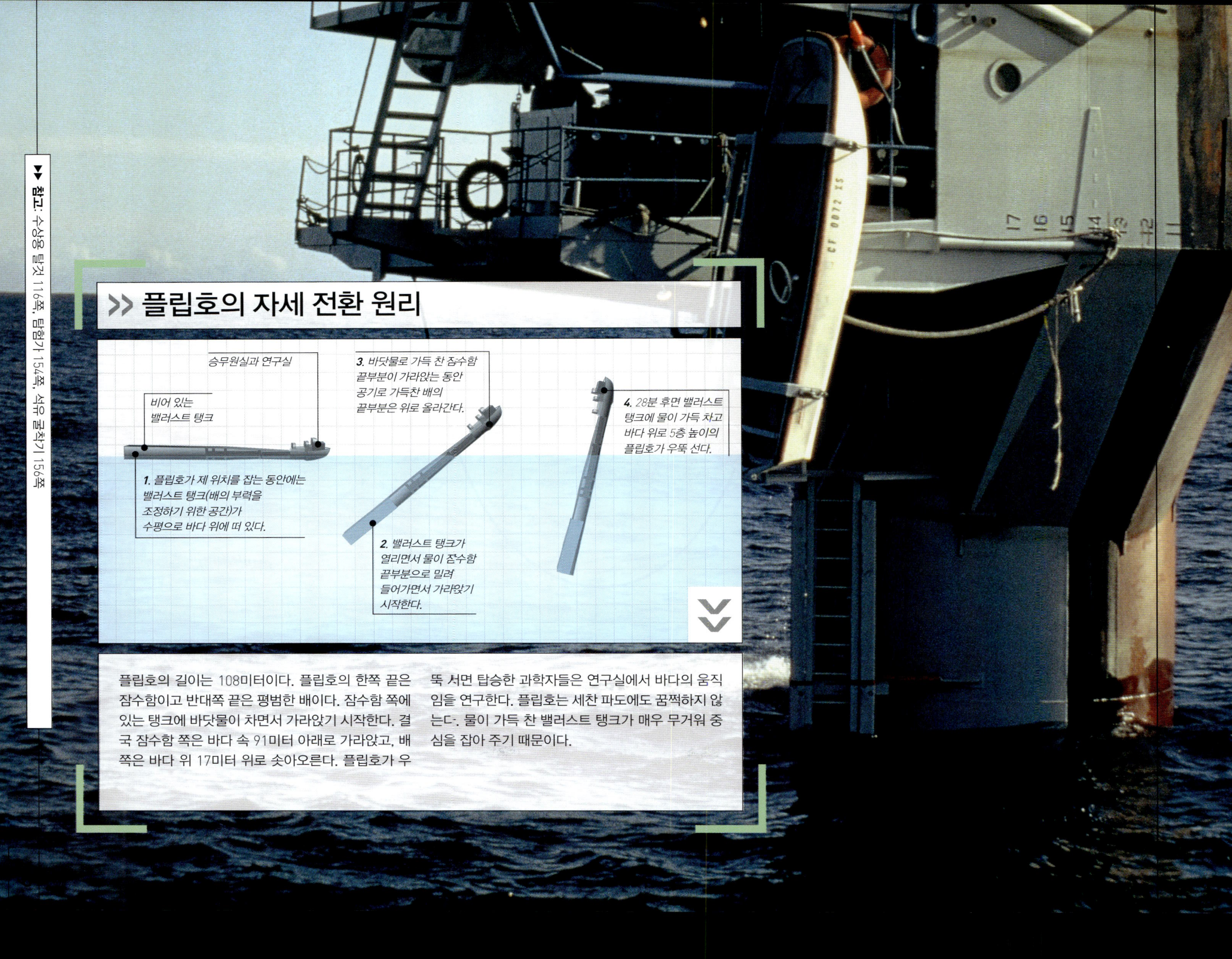

>> 플립호의 자세 전환 원리

승무원실과 연구실
비어 있는 밸러스트 탱크
1. 플립호가 제 위치를 잡는 동안에는 밸러스트 탱크(배의 부력을 조정하기 위한 공간)가 수평으로 바다 위에 떠 있다.
2. 밸러스트 탱크가 열리면서 물이 잠수함 끝부분으로 밀려 들어가면서 가라앉기 시작한다.
3. 바닷물로 가득 찬 잠수함 끝부분이 가라앉는 동안 공기로 가득찬 배의 끝부분은 위로 올라간다.
4. 28분 후면 밸러스트 탱크에 물이 가득 차고 바다 위로 5층 높이의 플립호가 우뚝 선다.

플립호의 길이는 108미터이다. 플립호의 한쪽 끝은 잠수함이고 반대쪽 끝은 평범한 배이다. 잠수함 쪽에 있는 탱크에 바닷물이 차면서 가라앉기 시작한다. 결국 잠수함 쪽은 바다 속 91미터 아래로 가라앉고, 배 쪽은 바다 위 17미터 위로 솟아오른다. 플립호가 우뚝 서면 탑승한 과학자들은 연구실에서 바다의 움직임을 연구한다. 플립호는 세찬 파도에도 꿈쩍하지 않는다. 물이 가득 찬 밸러스트 탱크가 매우 무거워 중심을 잡아 주기 때문이다.

▶▶ **참고**: 수상용 탈것 116쪽, 탐험가 154쪽, 석유 굴착기 156쪽

제트 스키

▶▶ 제트 스키(Jet Skii®)는 시속 80킬로미터 이상의 속도로 파도를 가르며 질주하는 '수상 오토바이'다. 프로펠러를 돌려 앞으로 나가는 모터보트와 달리 제트 스키는 뒤쪽으로 물을 강하게 뿜으면서 앞으로 나간다.

쿠션이 달린 운전석이 충돌로부터 운전자를 보호해 준다.

외관은 가볍고 강한 유리 섬유 강화 플라스틱으로 만들어졌다.

사진: 가와사키 제트 스키® 800 SX-R™

분출로 헤엄치는 동물들

물을 분사하는 문어

▲ 문어는 위험에 처하면 일단 먹물을 뿜어 자신의 모습을 감춘다. 그 다음 재빨리 물을 뒤로 뿜으면서 도망친다. 문어가 물을 뒤로 뿜으면서 앞으로 나가는 것은 제트 스키가 앞으로 나가는 것과 같다.

▲ 두 개의 실린더로 된 엔진의 힘은 70마력, 용량은 781시시다. 이 엔진은 그랑프리 경주용 오토바이 엔진만큼 강하다.

▲ 내장된 컴퓨터 칩이 제트 스키의 전기식 점화 장치를 제어한다.

▶▶ **참고**: 수상용 탈것 116쪽, 플립호 118쪽, 세일 로켓 122쪽

>> 제트 스키의 원리

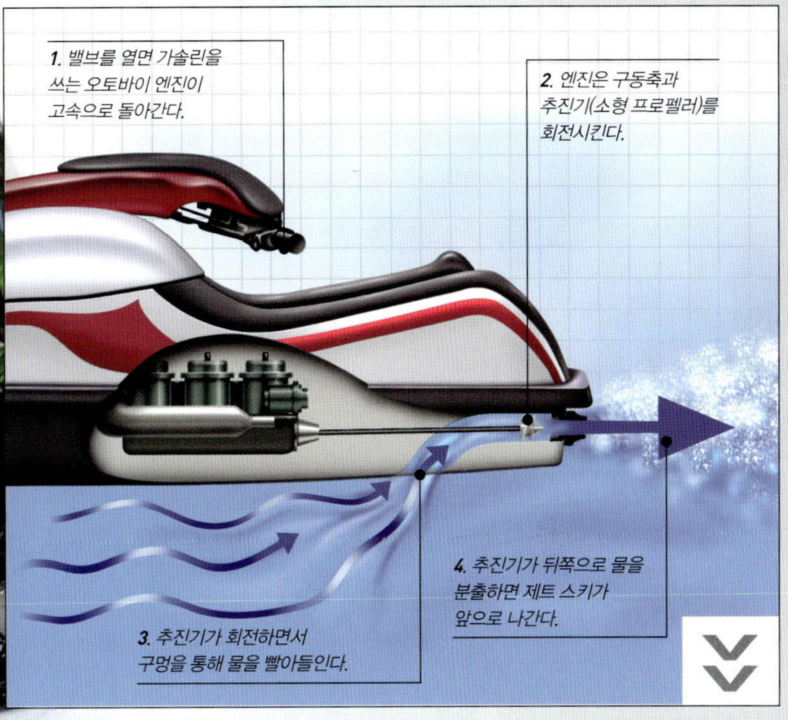

1. 밸브를 열면 가솔린을 쓰는 오토바이 엔진이 고속으로 돌아간다.
2. 엔진은 구동축과 추진기(소형 프로펠러)를 회전시킨다.
3. 추진기가 회전하면서 구멍을 통해 물을 빨아들인다.
4. 추진기가 뒤쪽으로 물을 분출하면 제트 스키가 앞으로 나간다.

제트 스키는 영국의 물리학자 아이작 뉴튼(Isaac Newton, 1643~1727)이 300년 전 연구했던 운동 법칙을 이용해 만들었다. 강력한 엔진이 물을 뒤쪽으로 뿜으면 제트 스키가 앞으로 나가는데, 이를 '작용과 반작용의 법칙'이라고 한다. 작용의 힘(물을 뒤쪽으로 뿜는 힘)이 크기는 같지만 방향이 반대인 반작용의 힘(제트 스키를 앞쪽으로 미는 힘)을 낳는다. 일반 모터보트는 방향타로 방향을 조종하지만 제트 스키는 손잡이로 방향을 조절한다.

◀ 제트 스키는 오토바이처럼 무겁고 강력하지만 배처럼 물 위를 떠 갈 수 있다. 내장된 발포 판 덕분에 제트 스키가 가라앉지 않기 때문이다. 또한 안쪽으로 휘어진 외관이 물의 저항을 줄이고 속도를 높여 준다. 날카로운 코 부분이 파도를 가르기 때문에 파도가 몹시 사나운 바다에서도 부드럽게 나갈 수 있다.

▲ 붉은색 버튼을 누르면 엔진이 꺼진다. 운전자의 팔에 부착된 케이블로 붉은색 버튼을 다시 누를 수 있다.

▲ 추진용 파이프가 뒤쪽으로 물을 분출한다. 손잡이를 돌리면 파이프가 돌아가 제트 스키의 방향이 움직인다.

세일 로켓

▶▶ 세일 로켓은 바다와 바람 사이에서 완벽한 균형을 이루며 우아하게 파도를 가르며 가는 배이다. 세일 로켓은 세계 일주 항해 기록을 깨기 위해 만들었다. 세일 로켓의 최고 속도는 시속 90킬로미터이다.

파도를 헤치는 힘

▶ 사진 속의 파도타기용 보드의 앞부분 끝은 세일 로켓처럼 위로 굽어 있다. 이처럼 물과 만나는 앞부분 끝이 굽어 있으면 더 빠르게 갈 수 있다. 파도를 타는 동안 앞부분이 살짝 들려 물의 저항력이 줄어들기 때문이다.

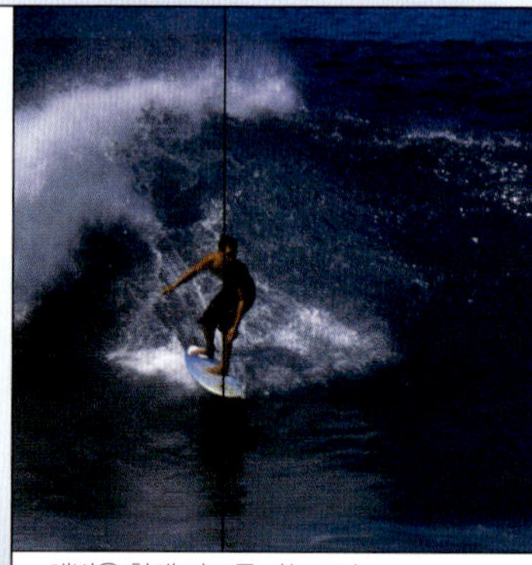

해변을 향해 파도를 타는 모습

▶ 완벽한 유선형의 세일 로켓은 조종사가 탄 선체와 돛이 달린 플로트가 십자 모양을 이루고 있다. 세일 로켓은 바람의 힘으로만 움직이며, 조종석 안에 편안히 앉은 조종사는 손과 발의 밧줄로 선체를 조종한다.

가벼운 돛은 케블라와 탄소 섬유로 만들어졌다.

가벼운 탄소 화합물로 만든 선체는 낮게 불어오는 바람과 물의 저항을 줄이기 위해 유선형으로 만들어졌다.

8.3미터의 대들보가 돛과 선체를 연결해 준다.

▶▶ **참고:** 플립호 118쪽, 제트 스키® 120쪽, 케블라® 222쪽

>> 세일 로켓이 움직이는 원리

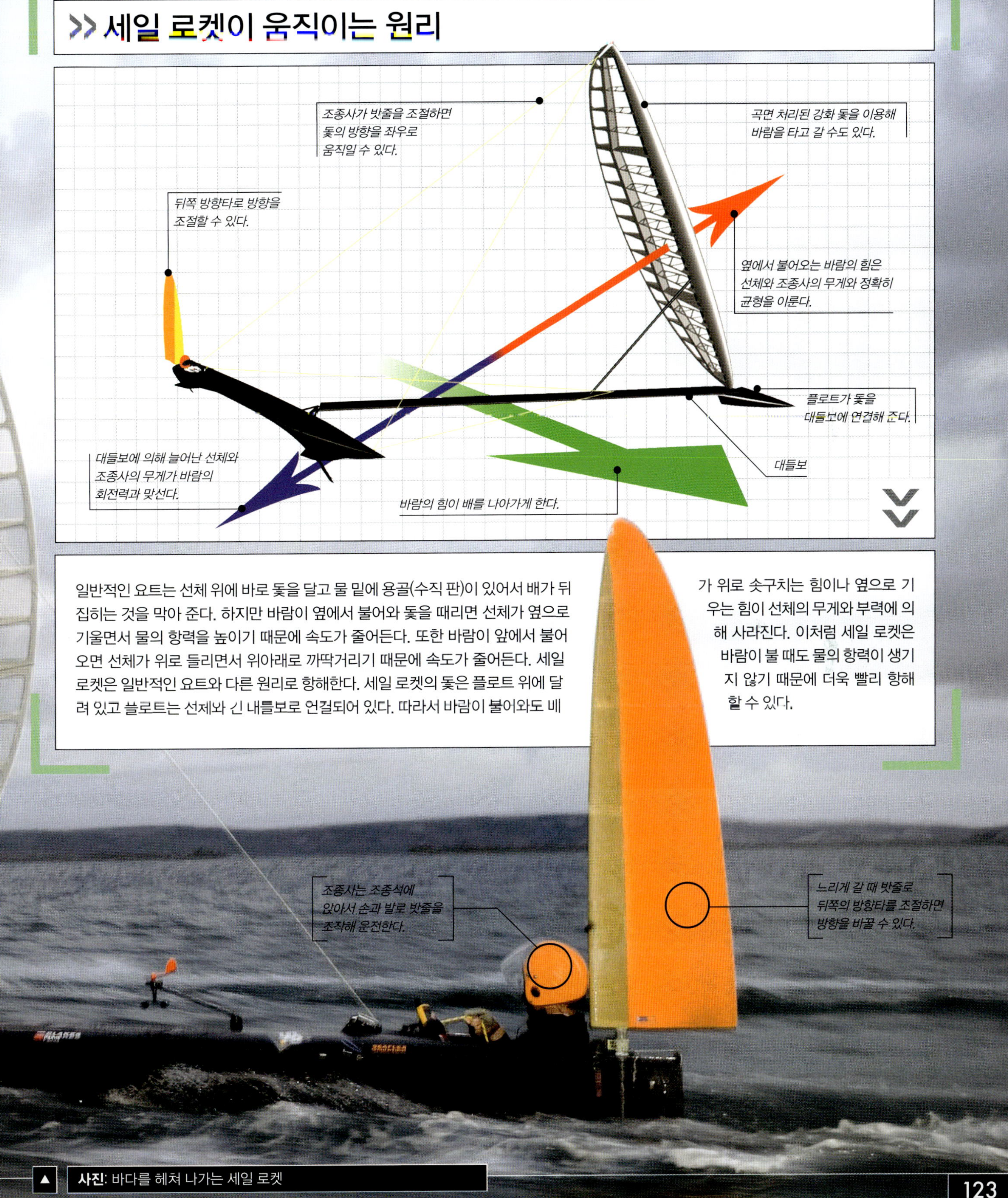

조종사가 밧줄을 조절하면 돛의 방향을 좌우로 움직일 수 있다.
곡면 처리된 강화 돛을 이용해 바람을 타고 갈 수도 있다.
뒤쪽 방향타로 방향을 조절할 수 있다.
옆에서 불어오는 바람의 힘은 선체와 조종사의 무게와 정확히 균형을 이룬다.
플로트가 돛을 대들보에 연결해 준다.
대들보
대들보에 의해 늘어난 선체와 조종사의 무게가 바람의 회전력과 맞선다.
바람의 힘이 배를 나아가게 한다.
조종사는 조종석에 앉아서 손과 발로 밧줄을 조작해 운전한다.
느리게 갈 때 밧줄로 뒤쪽의 방향타를 조절하면 방향을 바꿀 수 있다.

일반적인 요트는 선체 위에 바로 돛을 달고 물 밑에 용골(수직 판)이 있어서 배가 뒤집히는 것을 막아 준다. 하지만 바람이 옆에서 불어와 돛을 때리면 선체가 옆으로 기울면서 물의 항력을 높이기 때문에 속도가 줄어든다. 또한 바람이 앞에서 불어오면 선체가 위로 들리면서 위아래로 까딱거리기 때문에 속도가 줄어든다. 세일 로켓은 일반적인 요트와 다른 원리로 항해한다. 세일 로켓의 돛은 플로트 위에 달려 있고 플로트는 선체와 긴 대들보로 연결되어 있다. 따라서 바람이 불어와도 배가 위로 솟구치는 힘이나 옆으로 기우는 힘이 선체의 무게와 부력에 의해 사라진다. 이처럼 세일 로켓은 바람이 불 때도 물의 항력이 생기지 않기 때문에 더욱 빨리 항해할 수 있다.

▲ **사진:** 바다를 헤쳐 나가는 세일 로켓

글라이더

▶▶ 새처럼 기류를 타고 공중에서 맴돌거나 산마루 위를 솟구치며 하루에 3000킬로미터를 쉬지 않고 나는 비행기를 상상해 보라. 현대의 고성능 글라이더는 엔진이 없이도 이와 같은 놀라운 비행이 가능하다.

길고 날씬한 날개가 18미터까지 뻗어 있어 항력(공기를 뚫고 가는 글라이더의 움직임에 저항하는 힘)을 줄여 준다.

▶ 글라이더는 날기 전에 커다란 윈치(감아올리는 장치)로 끌어올리거나 작은 비행기로 끌어줘야 한다. 글라이더에는 추진력을 만들어 주는 엔진이 없기 때문이다. 글라이더 조종사들은 날개의 각도를 아래로 맞추고 상승하는 따뜻한 기류에 올라타는 방법으로 속도를 내고 위로 올라간다.

공기와 마찰을 줄이기 위해 날개 표면에 매끄럽게 광택 처리했다.

글라이더 비행의 신기록

▶ 여객기는 약 1067미터 상공에서 비행한다. 2006년 펄란(Perlan) 글라이더는 두 명의 조종사를 태우고 1만 5447미터까지 올라가는 데 성공했다. 이 높이에서는 우주복을 입고 산소마스크를 써야 한다. 기온이 영하 60도까지 떨어지고 산소가 부족하기 때문이다. 글라이더 조종사는 높은 대기 중에서 움직이는 공기의 파도를 이용해 높이 올라갈 수 있었다. 기류의 상승 면을 서핑 하듯 타고 올라간 것이다.

펄란 글라이더와 조종사들

▲ **사진:** 날고 있는 글라이더의 모습

D-2929
항력을 줄이기 위해
조종석의 높이를 낮추었다.
따라서 조종사는 누워서
조종을 해야 한다.
공중에 떠오른 뒤에는 몸체를 최대한
유선형으로 만들기 위해 바퀴를 집어넣는다.
강하고 가벼운 재질을 사용해
무게를 최소한으로 줄였다.

>> 글라이더가 공중에 떠 있는 원리

구름을 형성한다.
위로 솟아오르는 공기를
바람이 밀면 상승 온난
기류가 한쪽으로 기운다.

타면서 점점 위로 올라가면
비행시간이 길어진다.

올라가기 위해

유선형으로 동체를 설계해도 글라이더가 나는 동안 항력을 받기 때문에 속도는 점점 줄어든다. 다시 속도를 내거나 일정한 속도를 유지하려면 글라이더는 하강해야 한다. 따라서 비행시간을 늘이려면 높은 곳으로 올라가야 한다. 올라가는 방법은 상승 온난 기류에 올라타는 것이다. 자동차 주차장이나 넓은 들판 같은 곳은 공기가 평균 이상으로 따뜻하여 상승 온난 기류가 생긴다. 글라이더가 이 상승 온난 기류 속에 들어가 기류를 타고 돌면 점점 높은 곳으로 올라갈 수 있다.

▶▶ **참고**: 저소음 비행기 126쪽, 곡예비행 128쪽

저소음 비행기

사진: 미래의 저소음 비행기 SAX-40의 그림 ▶

▶▶ 미래의 비행기는 오늘날과는 무척 다른 모습일 것이다. 소음이 거의 없고 연료도 적게 들면서 24시간 내내 쉬지 않고 날 수 있는 꿈의 비행기를 만드는 연구가 한창 진행 중이기 때문이다.

날개 위 엔진에 있는 공기 흡입구에서 소음을 위쪽으로 보낸다. 따라서 땅에서 들리는 소음은 그만큼 줄어든다. 소음을 더 줄이기 위해 엔진을 방음 장치로 감쌌다.

엔진에서 나오는 배기가스의 방향을 비행기가 나는 방향에 맞게 조절한다. 이처럼 배기가스도 추진력으로 사용하기 때문에 비행하는 데 필요한 에너지의 양이 줄어든다.

작은 날개가 날개 끝자락 주변에서 공기가 새 나가는 것을 막아 주기 때문에 항력(비행기가 공기를 뚫고 앞으로 나갈 때 방해가 되는 힘)이 줄어든다.

낮은 속도에서도 착륙할 수 있도록 날개를 설계해 소음이 거의 없다.

▲ 아직 존재하지 않는 이 비행기는 2030년이면 만날 수 있을 것이다. 이 비행기의 등장은 조용하고 효율적인 비행기를 만들기 위한 연구의 결실이 될 것이다. 지금 일체형 모양과 새 엔진 디자인을 바람 터널 실험과 컴퓨터 시뮬레이션을 통해 연구하고 있다. 더불어 비행기가 이착륙할 때 소음을 줄이는 방법도 연구하고 있다.

과거의 '플라잉 윙' 기술

▶ 날개와 동체가 일체형으로 된 '플라이 윙' 비행기를 만들겠다는 생각은 전혀 새로운 게 아니다. 미 공군이 지난 1940년대에 플라잉 윙 폭격기 개발을 시도했었기 때문이다. 이런 모양은 양력은 높이고 항력은 줄여 주기 때문에 무거운 짐을 싣고도 먼 거리를 날 수 있다. 시험 삼아 플라잉 윙 폭격기 몇 대가 실제로 제작됐지만 추락 사고 때문에 모든 계획이 취소되고 말았다.

플라잉 윙 폭격기, 노스롭(Northrop) N-9M의 초기 모습

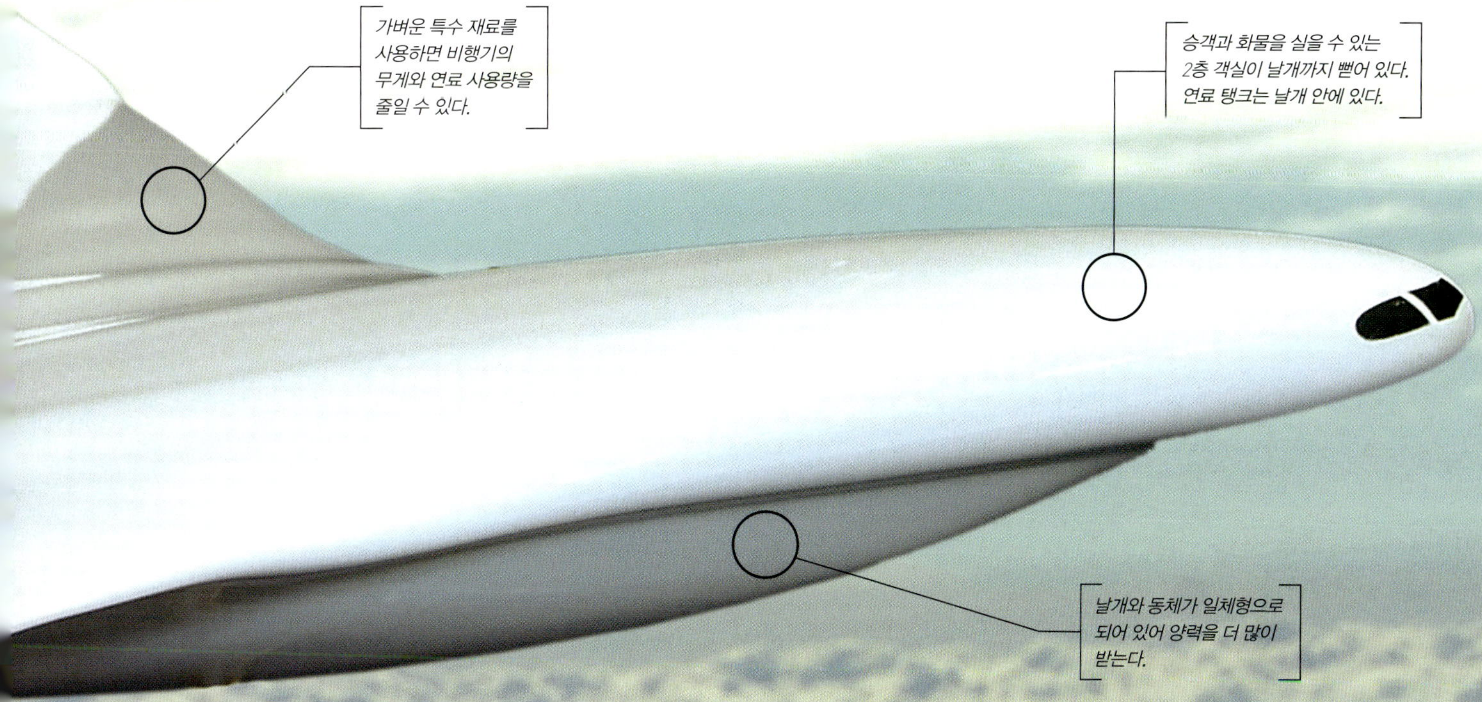

가벼운 특수 재료를 사용하면 비행기의 무게와 연료 사용량을 줄일 수 있다.

승객과 화물을 실을 수 있는 2층 객실이 날개까지 뻗어 있다. 연료 탱크는 날개 안에 있다.

날개와 동체가 일체형으로 되어 있어 양력을 더 많이 받는다.

›› 저소음 비행기의 개발 과정

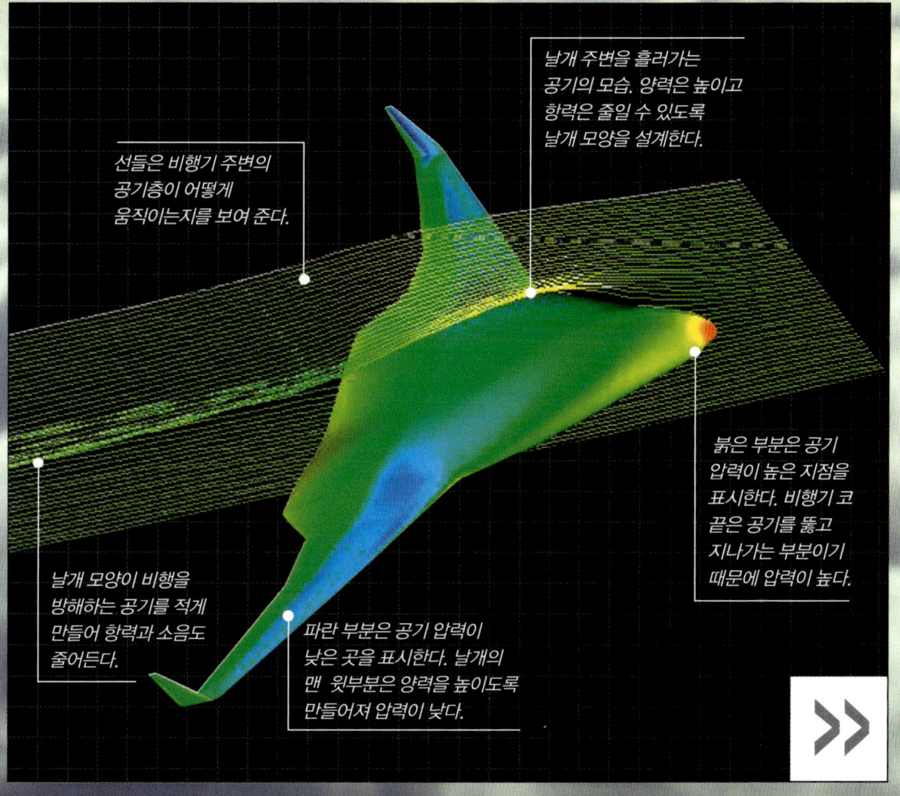

날개 주변을 흘러가는 공기의 모습. 양력은 높이고 항력은 줄일 수 있도록 날개 모양을 설계한다.
선들은 비행기 주변의 공기층이 어떻게 움직이는지를 보여 준다.
붉은 부분은 공기 압력이 높은 지점을 표시한다. 비행기 코끝은 공기를 뚫고 지나가는 부분이기 때문에 압력이 높다.
날개 모양이 비행을 방해하는 공기를 적게 만들어 항력과 소음도 줄어든다.
파란 부분은 공기 압력이 낮은 곳을 표시한다. 날개의 맨 윗부분은 양력을 높이도록 만들어져 압력이 낮다.

비행기를 설계할 때는 컴퓨터 시뮬레이션으로 실험하고 문제점을 고쳐 나간다. 왼쪽 그림은 가상 바람 터널 속의 비행기 모습이다. 비행기가 받는 공기 압력의 크기를 다양한 색깔로 분류해 3차원 입체 디지털 방식으로 나타낸 것이다. 이러한 가상 실험을 통해 연구자들은 다양한 조건에 따라 비행기 주변의 공기가 어떻게 변화하는지를 미리 알 수 있다. 실제 바람 터널에서 새로운 모양의 비행기로 매번 바꿔가며 실험하지 않아도 되기 때문에 비용과 시간이 크게 절약된다. 비행기는 대부분 날개의 양력으로 공중에 뜨지만, 날개와 동체를 하나로 합친 비행기는 날개와 동체 전체에서 양력이 만들어지기 때문에 항력이 줄어든다. 이렇게 되면 연료 사용량과 소음도 줄어든다.

▶▶ **참고**: 바디플라이트 86쪽, 글라이더 124쪽, 곡예비행 128쪽, 헬리콥터 130쪽

사진: 가파르게 수직 상승하고 있는 지브코 에지 540

▶ 지브코 에지 540(Zivko Edge 540)은 곡예비행기다. 동체는 보통 비행기보다 작고 가벼우나 방향을 바꿀 때 사용되는 조종 날개(날개와 꼬리 위에 붙어 있는 보조 날개)는 보통 비행기보다 훨씬 크다. 조종 날개가 재빨리 방향을 바꿀 수 있도록 해 주기 때문에 쉽게 곡예비행을 할 수 있다. 1초도 안 되는 시간에 날개를 360도 회전시킬 수도 있다.

바퀴는 유선형으로 된 엔진 커버 속에 들어 있어 항력이 줄어든다.

강력한 엔진으로 돌아가는 프로펠러는 비행기가 어느 방향으로 가든지 작동한다.

조종사는 기울어 있는 좌석에 앉아서 비행을 함으로써 몸에 작용하는 지포스의 힘을 줄인다.

▶▶ 현대의 곡예비행기는 아늑한 조종석에 앉아 짜릿한 비행을 경험하게 해 준다. 하늘 위에서 이리저리 방향을 바꿔 가며 곡예비행을 하는 동안 조종사의 몸에는 엄청난 힘이 가해진다. 이 힘으로 머리에서 몸 쪽으로 피가 몰리기 때문에 의식을 잃지 않도록 조심해야 한다.

곡예비행

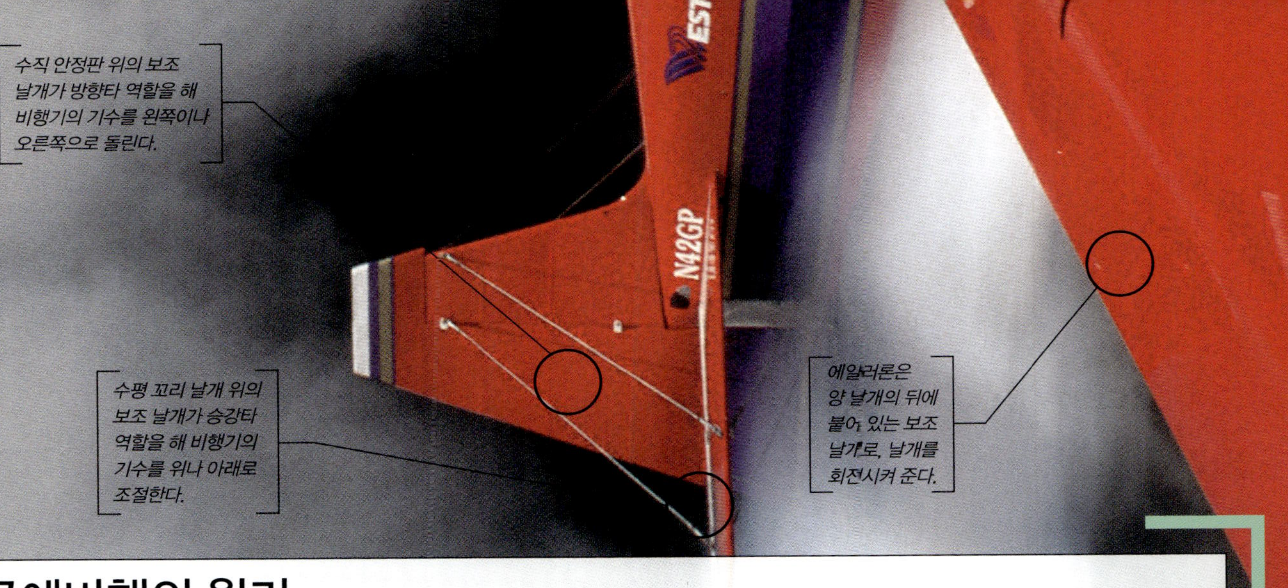

수직 안정판 위의 보조 날개가 방향타 역할을 해 비행기의 기수를 왼쪽이나 오른쪽으로 돌린다.
수평 꼬리 날개 위의 보조 날개가 승강타 역할을 해 비행기의 기수를 위나 아래로 조절한다.
에일러론은 양 날개의 뒤에 붙어 있는 보조 날개로, 날개를 회전시켜 준다.
N42GP

>> 곡예비행의 원리

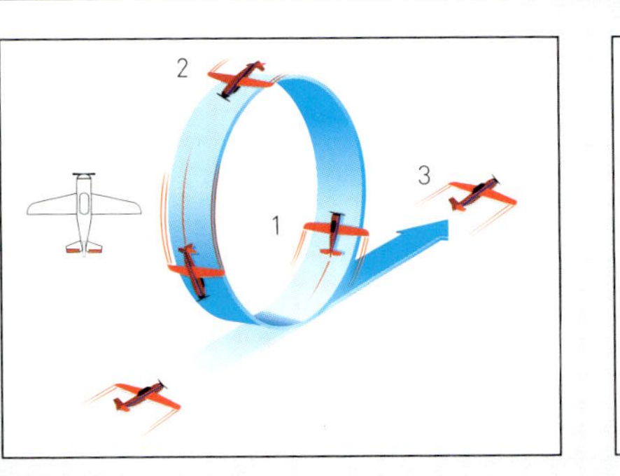

인사이드 루프(Inside loop)

비행기가 가파른 각도로 솟아오른다(1). 위를 향해 수직 자세에 도달한 후에 뒤집혀서 간다(2). 다시 수직으로 내려오다가 결국 수평 자세로 돌아온다(3). 수평 꼬리 날개 위의 보조 날개가 비행기의 기수를 위를 향하도록 조절해 준다.

스톨턴(Stall turn, 일명 망치 머리)

승강타로 비행기의 기수를 들어 올려 비행기를 수직으로 상승시킨다(1). 비행기가 속도를 줄이면서 멈출 듯하다가 방향타로 비행기를 옆으로 튼다(2). 기수가 수직 하강 자세로 바뀌면서 아래로 떨어진다(3). 승강타를 사용해 비행기를 수직 하강 자세에서 풀어 준다.

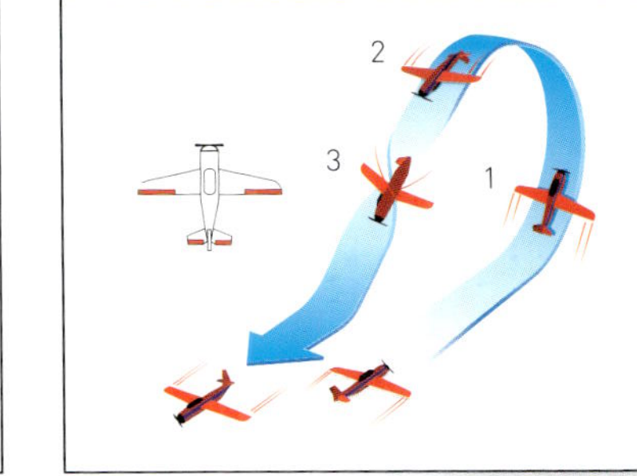

하프 큐번(Half Cuban)

원 모양 비행부터 시작한다(1). 그러다가 비행기가 뒤집히면서 기수가 아래쪽으로 기운다(2). 이 지점에서 조종사가 승강타 적용을 멈추면 비행기는 뒤집힌 채 계속 앞으로 날아간다. 이때 에일러론이 날개를 회전시키면(3), 비행기가 다시 바로 서서 날아간다.

▶▶ **참고**: 포뮬러 1 100쪽, 글라이더 124쪽, 사출 좌석 220쪽

꼬리 날개는 두 개의 짧은 회전 날개로 이루어져 있다. 꼬리 날개로 헬리콥터를 회전시킨다.

네 개의 주 회전 날개가 돌면서 양력을 만든다. 이 양력이 헬리콥터를 공중에 띄운다.

동체 안에 두 개의 엔진이 들어 있다. 비상 시에는 하나만으로도 날 수 있다.

▲ 항공 앰뷸런스는 제자리에서 수직으로 이착륙이 가능한 헬리콥터의 장점을 받아들였다. 수직 이착륙이 가능한 항공 앰뷸런스는 거의 모든 지형에서 부상자를 구조할 수 있다.

눈 덮인 산에서 구조 작업을 벌일 때 스키를 사용하면 바퀴가 눈 속에 파묻힐 염려가 없다.

▶▶ 헬리콥터에는 비행기의 날개와 다른 회전 날개가 있다. 비행기가 날려면 앞으로 움직여 날개에서 양력을 만들어야 한다. 반면 헬리콥터는 회전 날개를 돌려 양력을 만들기 때문에 제자리에서도 날 수 있다.

헬리콥터

▲ **사진**: 스위스 적십자의 항공 앰뷸런스

» 헬리콥터의 주요 특징

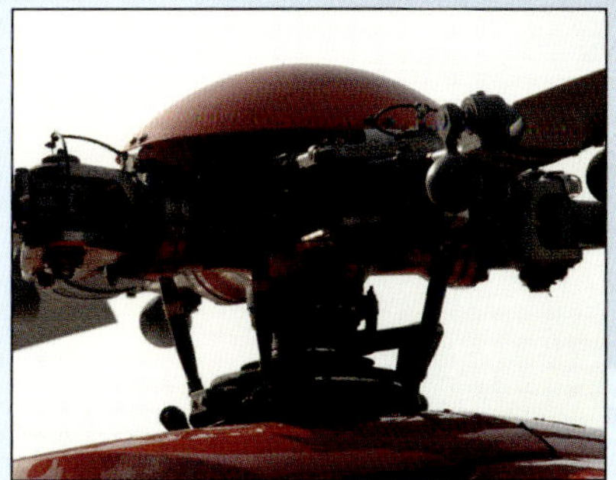

주 회전 날개

주 회전 날개는 헬리콥터가 떠오를 수 있도록 양력을 만들어 준다. 회전 날개의 각도를 조절하면 비행 방향을 바꿀 수 있다. 회전 날개의 각도를 기울이면 동체가 기울어진 쪽으로 움직인다.

꼬리 회전 날개

꼬리 회전 날개가 없다면 동체는 주 회전 날개가 돌아가는 방향의 반대 방향으로 계속 돌기만 할 것이다. 두 개의 짧은 회전 날개로 이루어진 꼬리 회전 날개가 몸체가 돌아가려는 힘에 맞서 앞으로 나가는 추진력을 만든다. 이때 회전 날개의 각도를 바꾸면 동체를 왼쪽이나 오른쪽으로 회전시킬 수 있다.

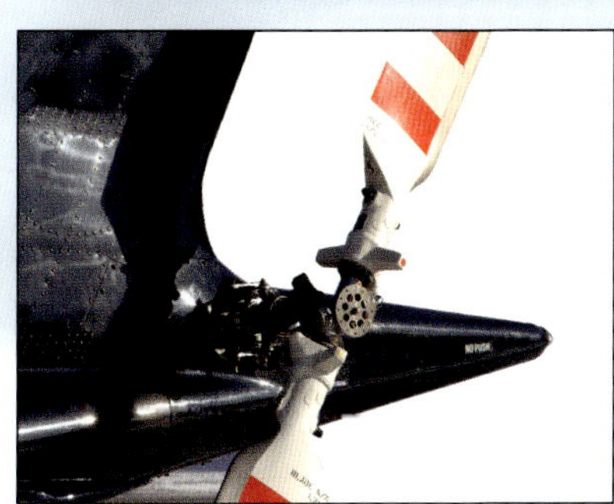

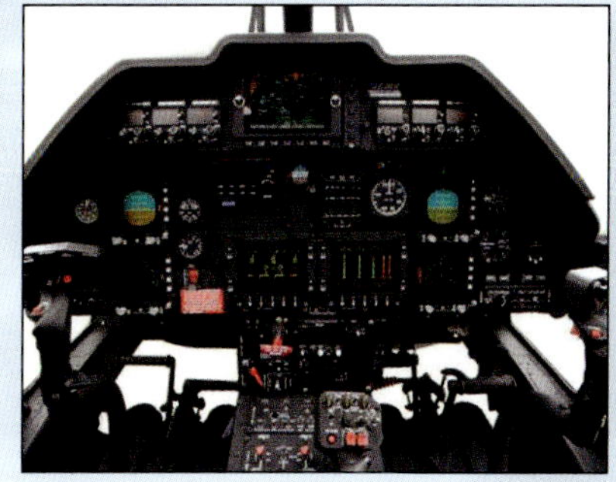

조종기와 페달

조이 스틱으로 주 회전 날개의 각도를 조절한다. 페달로 꼬리 회전 날개의 각도를 조절하면 방향을 바꾸지 않고도 동체의 자세를 조절할 수 있다. 중간에 있는 다른 손잡이로 엔진의 힘을 조절해 양력을 조절할 수 있다. 엔진의 힘으로 회전 날개가 빨리 돌수록 양력이 많이 생기기 때문이다.

커다란 창을 통해 모든 방향을 볼 수 있어 탐색과 구조 작업에 유리하다.

하이브리드 날개

▶ 카터콥터(CarterCopter)는 비행기와 헬리콥터의 혼합 형태이다. 카터콥터는 헬리콥터처럼 수직으로 이륙한 다음, 비행기처럼 빠르게 날아가는 탈것을 만들기 위해 제작되었다. 비행기와 헬리콥터의 기술이 제대로 결합된다면 회전 날개로 속도를 줄이고 고정 날개로 비행기를 높은 곳까지 올려 주는 양력을 만들 수 있을 것이다.

카터콥터 모형

▶▶ **참고**: 글라이더 124쪽, 곡예비행 128쪽

운동화

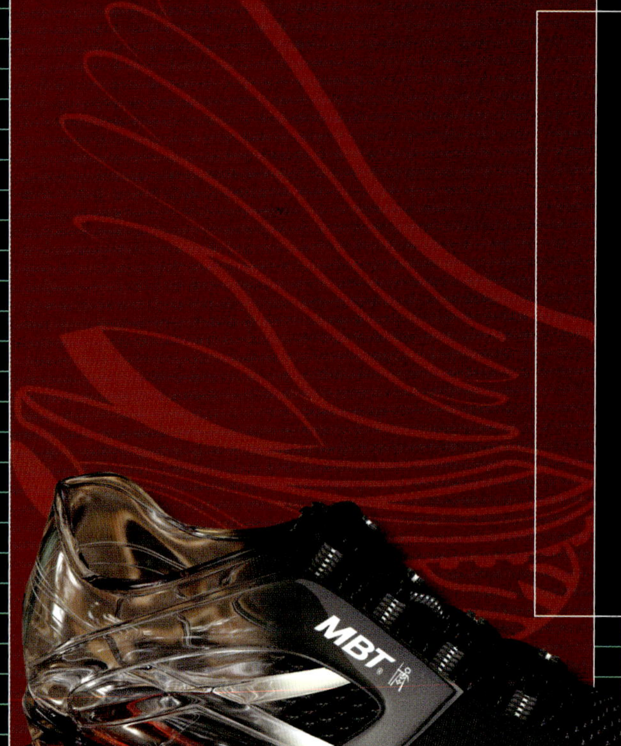

어느 부족의 영향력

마사이 족이 걷는 법(Masai Barefoot Technology, MBT®)을 적용해 개발한 이 운동화를 신으면 맨발로 걷는 동아프리카의 마사이 족처럼 걸을 수 있다. 근육과 관절을 강화시켜 주는, 마사이 족이 걷는 법을 따라 하기 위해 신발의 뒤꿈치가 굽어 있다. 이 불안정한 신발을 신고 걸으면 균형을 잡기 위해 몸이 끊임없이 미세한 조정을 해야 한다. 그래서 근육이 조화롭게 발달하고 칼로리 소모량도 많아진다.

자벌레 운동화

발이 빨리 자라는 아이들을 위해 신발의 크기를 늘릴 수 있는 자벌레(Inchworm) 운동화가 개발되었다. 옆에 달린 단추를 누른 상태에서 발끝을 잡아당기면 반 사이즈씩 늘어난다. 조그만 창에는 현재 신발 사이즈가 표시된다.

요즘 발을 보호해 주는 것 이상의 기능을 갖춘 재미있는 운동화들이 크게 주목받고 있다. 과학과 기술이 결합한 전문가용 스포츠 운동화, 건강을 지켜 주는 운동화, 크기를 늘릴 수 있는 운동화, 바퀴가 달린 운동화, 환경을 살리는 운동화 등이 그것이다.

바퀴 신발, 힐리스

이 힐리스(Heelys®)만 있으면 스케이트보드가 필요 없다. 운동화 굽에 바퀴가 숨어 있기 때문이다. 뒤꿈치에 무게를 싣고 굴려 주면 부드럽게 앞으로 나가고 발바닥을 땅에 붙이면 멈춘다.

야간용 신발

브라이트워크 2(BrightWalk 2)는 야간에 걷거나 뛰기 위해 개발되었다. 걸을 때 신발에 가해지는 충격을 전기 에너지로 바꾼 다음 이 전기 에너지를 특수 폴리머 판에 보내 불빛을 낸다. 불빛으로 앞을 비춰, 다가오는 자동차에게 자신의 위치를 알릴 수 있다.

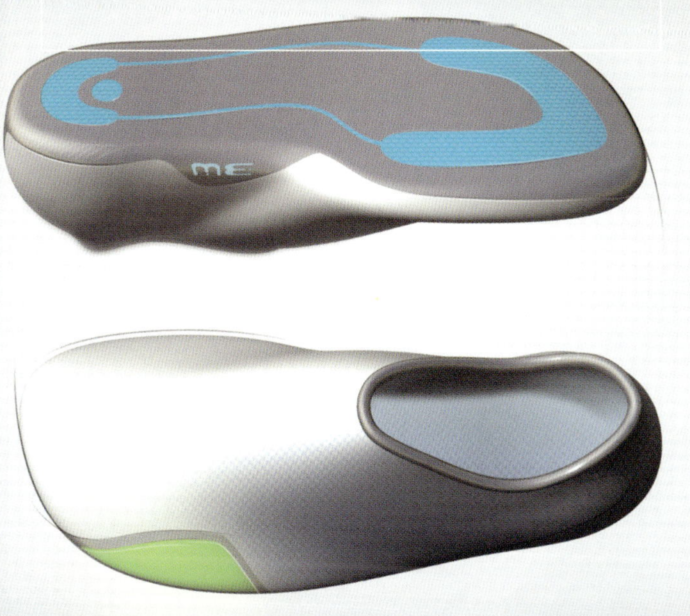

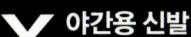

재활용 운동화

'다시 신는 운동화(Worn Again trainer)'는 자동차 좌석 폐기물에서 낡은 옷까지 99퍼센트 재활용 물질로 만든다. 운동화를 만들 때 드는 연료를 최소화하기 위해 공장에서 찾아낸 불량품을 모아 사용한다. 또한 운동화를 만들 때 나오는 이산화탄소를 흡수할 만큼 식물을 키우고, 환경 보호 사업에도 참여한다.

▶▶ **참고:** 익스트림 스포츠 80쪽, 플라이바® 82쪽, 게코매트 84쪽

손잡이는 계단과 정확히
같은 속도로 움직인다.
계단은 하루에 30000번
이상 궤도를 돈다.

▼ **사진** : 쇼핑센터에 있는 다양한 에스컬레이터들

에스컬레이터

▶▶ 에스컬레이터는 효율적인 이동 장치이다. 엘리베이터는 한 번에 몇 사람밖에 이동시키지 못하지만 에스컬레이터는 계속해서 사람을 이동시킬 수 있기 때문이다. 누군가는 발을 올려놓고 누군가는 위를 향해 올라가고 다른 누군가는 발을 떼는 일이 에스컬레이터에서는 동시에 일어난다.

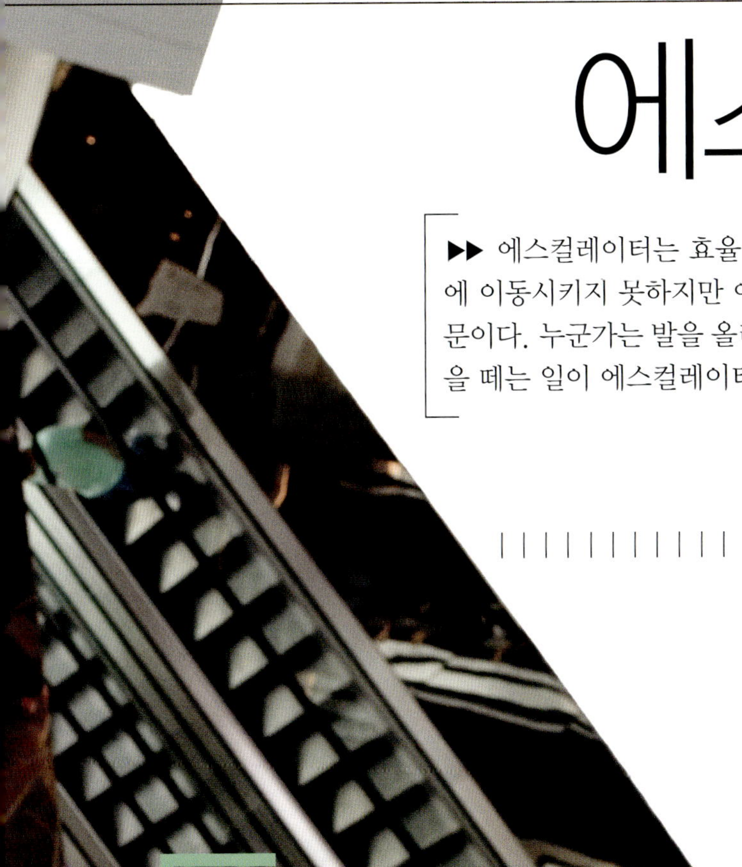

▲ 쇼핑센터의 에스컬레이터들은 대부분 사람들이 가려는 곳을 덜리 돌아가도록 복잡하게 배치되어 있다. 이렇게 하면 고객이 이동 중에 상품을 발견하고 살 확률을 높일 수 있다.

>> 에스컬레이터의 원리

5. 안쪽 궤도와 바깥 궤도가 가까이 붙어 있기 때문에 계단이 접혀 있다.
6. 안쪽 궤도와 바깥 궤도가 멀리 떨어져 있기 때문에 계단이 펼쳐져 있다.
손잡이
4. 양쪽 끝에 위치한 바퀴가 계단을 접거나 펴 준다.
전기 모터
1. 바깥 롤러(빨간색)는 바깥 궤도(검은색) 위를 굴러 간다.
2. 안쪽 롤러(밝은 파란색)는 안쪽 궤도(초록색) 위를 굴러 간다.
3. 체인(자주색)이 계단들을 엮어 함께 움직이게 한다.

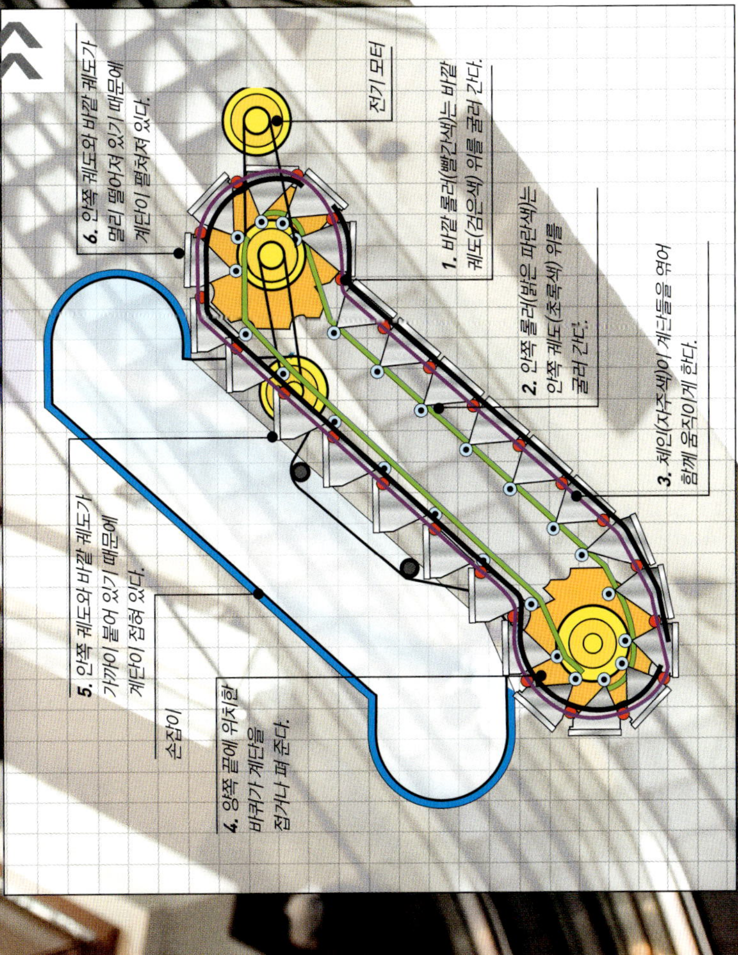

에스컬레이터의 계단은 접히면서 사람들이 서 있는 면을 위로 하고 움직인다. 이동이 끝나면 계단은 펼쳐져 에스컬레이터 밑으로 들어간다. 계단ㅁ·다 두 개의 롤러가 달려 있어 움직임에 따라 펼쳐지기도 하고 접히기도 한다. 롤러 하나는 계단의 위쪽에 붙어 있고 다른 하나는 바닥에 붙어 있다. 이 두 롤러가 각자의 궤도 위를 움직이고 있는 것이다. 우리 눈에 보이는 에스컬레이터의 윗부분은 두 개의 궤도가 가깝게 모여 계단이 접혀 나오는 곳이고, 반대로 에스컬레이터의 안쪽은 두 개의 궤도가 서로 멀어지면서 계단이 펼쳐져 들어가는 곳이다. 에스컬레이터의 맨 윗부분과 맨 아랫부분에서는 두 궤도가 멀어지면서 계단이 펼쳐지기 때문에 내리기 쉽다.

▶▶ **참고**: 롤러코스터 78쪽, 울트라® 114쪽

>> 탐험

무중력 비행기 >> 화성 탐사 로봇 >> 우주 탐사선 >> 태양 돛 >> 우주 비행선 >> 망원경 >> 우주 정거장 >> 탐험가 >> 석유 굴착기 >> 쌍안경 >> 야간 투시 카메라 >> 현미경 >> 기상 관측용 풍선 >> 아틀라스 >> 중성미자 관측기 >> 핵융합로

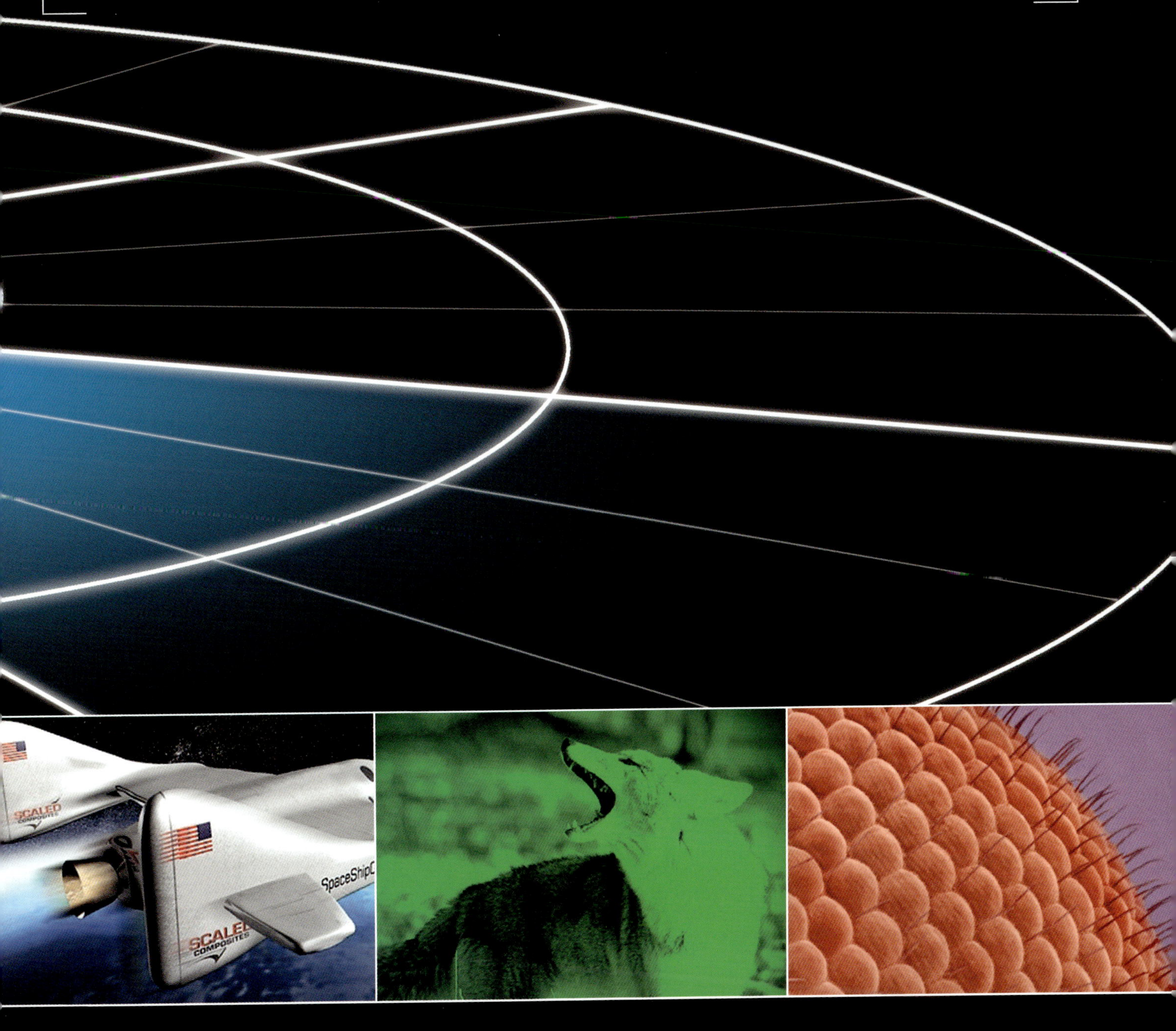

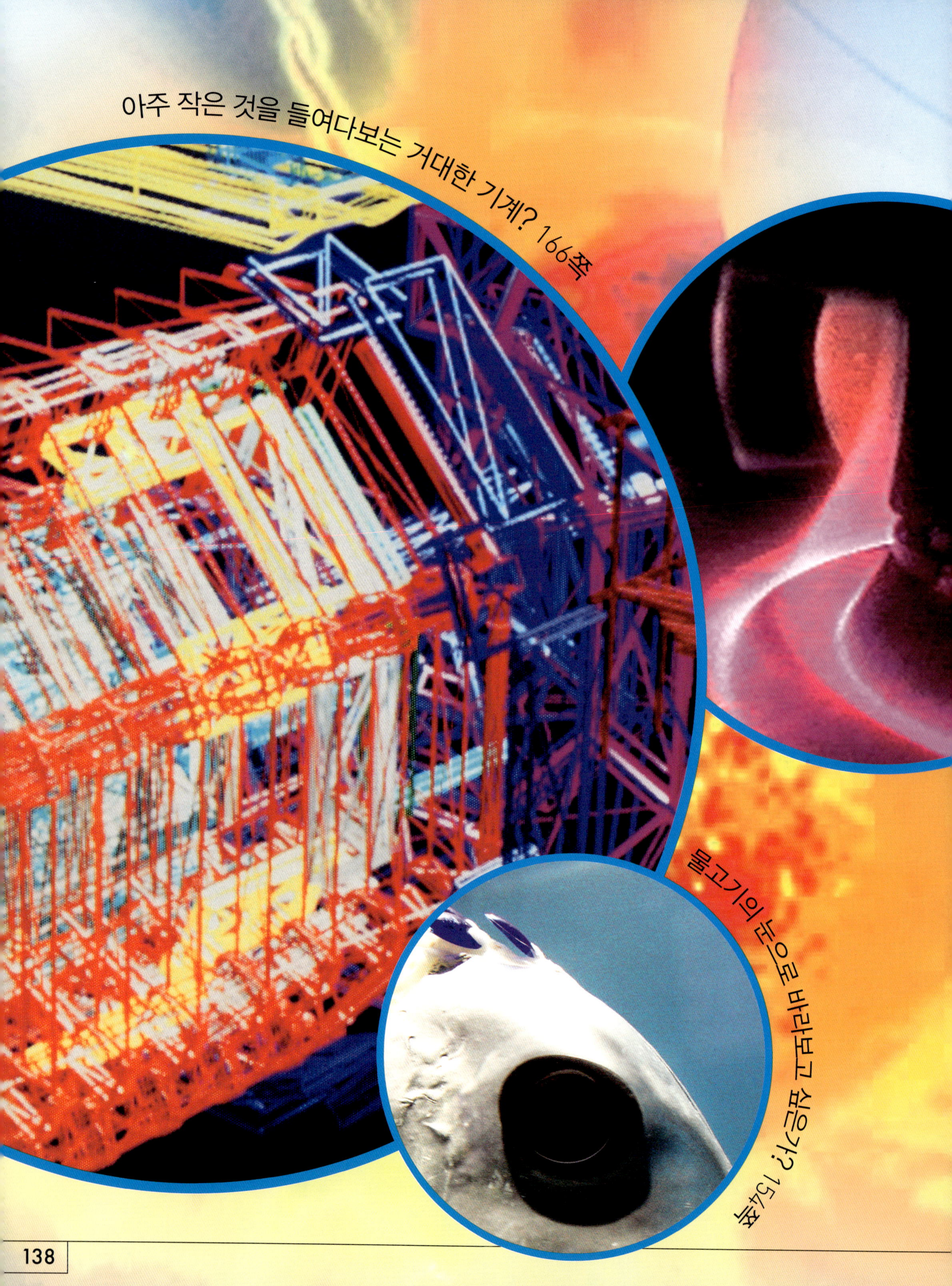
아주 작은 것을 들여다보는 거대한 기계? 166쪽
물고기의 눈으로 바라보고 싶은가? 154쪽

▶▶ 이 세상에는 우리가 알아내고 탐험해야 할 것이 많이 남아 있다. 과학자와 기술자들은 좀처럼 가기 어려운 곳을 탐험하기 위해 다양한 장치를 개발하고 있다. 대기 위로 띄워 올리는 기상 관측용 풍선, 태양 빛의 힘으로 태양계를 탐험하는 우주선, 바다 깊은 곳을 탐사하는 로봇 같은 장치들이 그것이다. 또 물체를 수천 배 확대해서 볼 수 있는 현미경으로 생명의 신비를 파헤치고 있으며 거대한 기계 장치로 원자보다 훨씬 작은 소립자를 연구하고 있다.

태양의 에너지 생성 방식을 흉내 내는 이것은? 170쪽

바람 없이도 항해할 수 있는 이곳은 어디일까? 146쪽

무중력 비행기

우주 비행사들이 무중력 상태로 떠 있는 동안 서로 팔짱을 끼고 있다.

▲ 무중력 비행기가 특별한 비행경로를 따라 나는 동안 무중력 상태가 25초 지속된다. 무중력 상태에서는 우주 비행사들이 공중에 둥둥 떠 있게 된다. 물건을 떨어뜨려 봐도 바닥에 떨어지지 않고 어느 한 지점에 떠 있다.

▶▶ 우주에 있는 것 같은 느낌을 받고 싶다면? '멀미 혜성'이라는 독특한 별명을 가진 무중력 비행기를 타면 무중력 상태를 경험할 수 있다. 우주 비행사들은 우주 임무를 수행하기 전에 무중력 비행기를 타고 완벽한 무중력 상태를 미리 경험한다.

▲ **사진**: 무중력 비행기 안에서 우주 비행사들이 무중력 상태를 경험하고 있다.

▶▶ **참고**: 롤러코스터 78쪽, 바디플라이트 86쪽, 우주 비행선 148쪽

>> 무중력 비행기의 원리

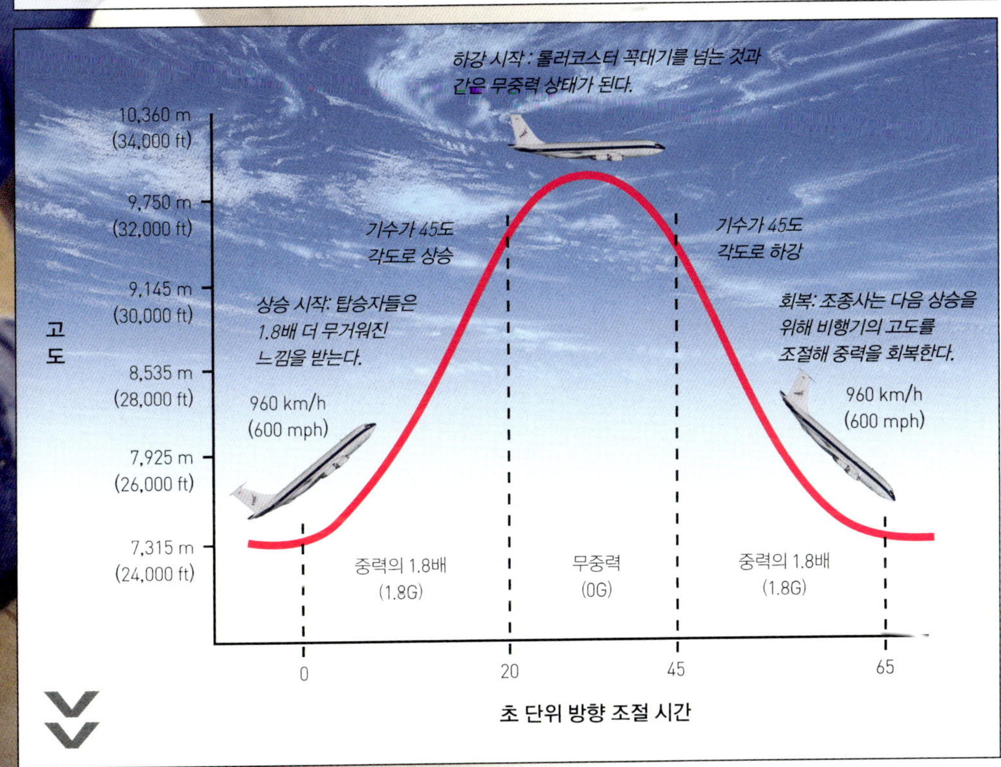

무중력 비행기가 수평으로 날아갈 때는 땅 위에 있을 때와 똑같은 중력을 받는다. 비행기가 45도 각도로 상승하면 우주 비행사들은 앉은 자리에서 압력을 받아 몸무게가 늘어난 느낌을 받는다. 이를 양의 중력(positive G)라고 한다. 그 후 조종사가 비행기 방향을 천천히 아래쪽으로 기울이면 포물선 운동을 하게 된다. 돌을 던졌을 때 맨 위에 도날했다가 다시 내려가기 시작하는 점이 바로 포물선 운동이 시작되는 점이다. 이때부터 약 25초 동안 비행기는 우주 비행사들이 아래로 떨어지는 속도와 정확히 같은 속도로 떨어진다. 이때 우주 비행사들은 비행기 속에서 떠 있는 것처럼 느끼게 된다. 이러한 상태를 무중력 상태라고 한다.

우주 비행사들이 바닥에서 천창으로 떠오르기 위해 출발하고 있다.

물탱크 속 훈련

▶ 무중력 비행기는 무중력 상태를 경험할 수 있는 시간이 짧고 공간 역시 비행기의 크기에 제한을 받는다. 우주 비행사들은 허블 망원경을 수리할 때 오랜 시간 동안 우주에 있어야 한다. 그래서 우주 비행사들은 우주로 떠나기 전에 물탱크 속에서 훈련을 받는다. 무거운 우주복을 입고 물탱크 속에 들어가 우주 유영 훈련을 하는 것이다. 그러나 물속에서 움직이는 것과 우주에서 움직이는 것은 똑같지 않다. 물속에서 움직이는 게 더 힘들다.

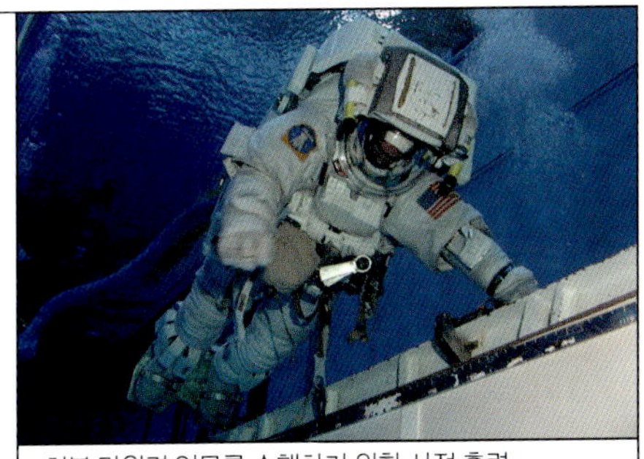
허블 망원경 임무를 수행하기 위한 사전 훈련

화성 탐사 로봇

▶▶ 2004년 1월부터 두 대의 화성 탐사 로봇, 스피릿호(Spirit)와 오퍼튜니티호(Opportunity)가 화성 표면을 탐사하고 있다. 이 탐사 로봇들은 지질학자처럼 화성의 물과 생명의 흔적을 찾아 스스로 움직일 수 있다.

▶ 화성 탐사 로봇은 스스로 동력을 발전시켜 거친 지형을 헤쳐 나가고 실험을 수행하며 지구와 교신하는 데 필요한 에너지를 얻는다. 두 대의 화성 탐사 로봇은 화성의 정반대 쪽에 착륙했기 때문에 절대로 만날 일이 없다. 화성 탐사 로봇들의 활약으로 먼 옛날 화성에 액체 상태의 물이 흘렀다는 증거를 찾아냈다.

태양 전지판이 태양 에너지를 전기 에너지로 바꿔 로봇에 전원을 공급한다.

위험 회피 카메라

로봇 팔이 과학 장비를 조종한다.

≫ 화성 탐사 로봇의 이동 원리

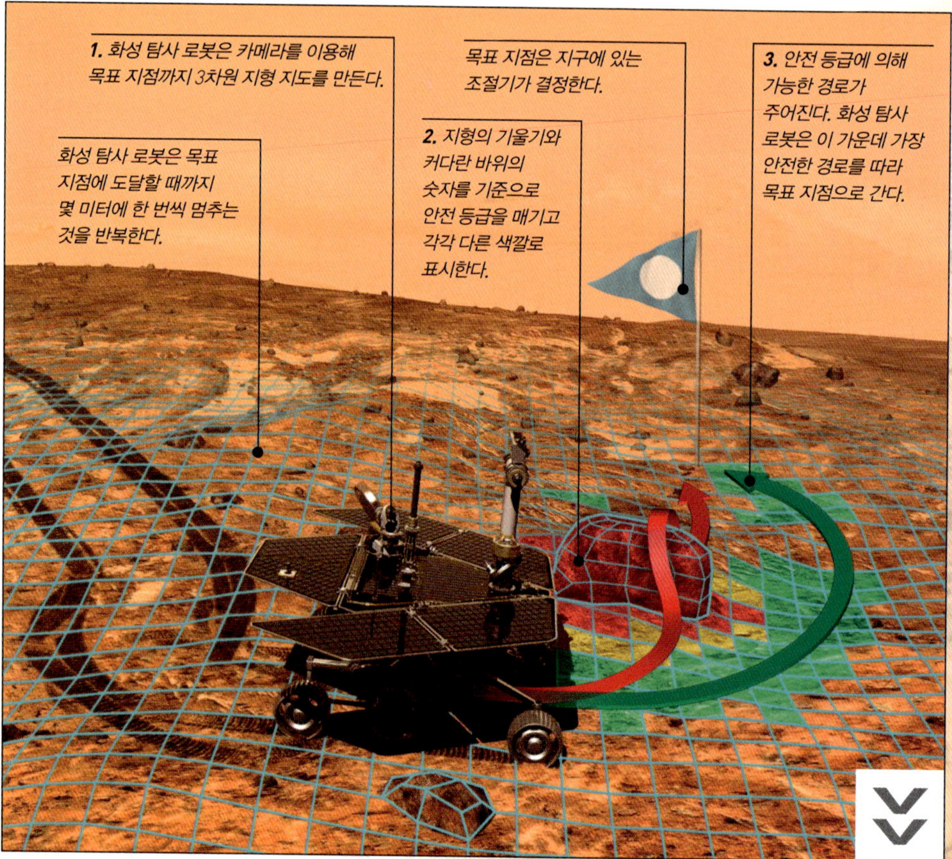

1. 화성 탐사 로봇은 카메라를 이용해 목표 지점까지 3차원 지형 지도를 만든다.
목표 지점은 지구에 있는 조절기가 결정한다.
3. 안전 등급에 의해 가능한 경로가 주어진다. 화성 탐사 로봇은 이 가운데 가장 안전한 경로를 따라 목표 지점으로 간다.
화성 탐사 로봇은 목표 지점에 도달할 때까지 몇 미터에 한 번씩 멈추는 것을 반복한다.
2. 지형의 기울기와 커다란 바위의 숫자를 기준으로 안전 등급을 매기고 각각 다른 색깔로 표시한다.

지구와 화성 사이에 신호가 오가는 데는 몇 분 정도가 걸린다. 따라서 지구에서 실시간으로 화성에 있는 로봇을 제어할 수 없다. 로봇은 스스로 안전한 경로를 선택해 거친 지형을 헤쳐 나가야 한다. 지구에서 목표 지점을 정해 주면 로봇은 카메라가 찍은 영상을 이용해 컴퓨터로 3차원 지형 지도를 그린다. 지도가 완성되면 목표 지점까지 가는 가장 안전한 경로를 선택한다. 로봇은 2미터 전진할 때마다 멈춰서 경로를 확인한다. 로봇은 추가 안내 없이 목표 지점에서 1킬로미터 이상 떨어진 곳에 도착한다.

▶▶ **참고**: 우주 탐사선 144쪽, 우주 비행선 148쪽, 우주 정거장 152쪽

입체경(3D) 카메라 – 두 대 중 하나는 경로를 탐색하고, 나머지 하나는 과학 영상을 만든다.
회전식 기둥이 카메라를 높이 올려 먼 곳까지 잘 보이도록 한다.
저속 안테나가 지구와 궤도를 돌고 있는 우주선에 자료를 보낸다.
고속 안테나가 지구와 메시지를 주고받는다.
강한 외관이 컴퓨터와 전자 부품을 보호한다.
특수 서스펜션이 바퀴를 조절해 커다란 장애물도 넘어갈 수 있게 해 준다.
과학 장비가 바위와 토양의 성분을 분석한다.

화성의 표면

2006년 10월 4일에 오퍼튜니티호가 찍은 화성 표면의 파노라마 사진

▲ 화성 탐사 로봇의 파노라마 카메라는 화성 표면을 360도 3차원으로 찍을 수 있다. 이 카메라는 인간의 눈과 비슷하게 작동하기 때문에 지구에 있는 과학자들은 화성 표면 위에 서 있는 느낌을 받게 된다.

사진: 화성 탐사 로봇의 상상도

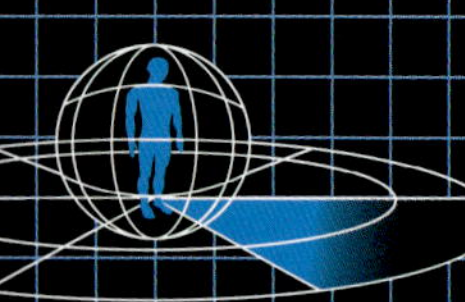

우주 탐사선

지금까지 인간이 도달한 가장 먼 곳은 달이다. 과학자들은 보다 먼 곳을 탐사하기 위해 우주 탐사선을 우주로 보내고 있다. 행성, 위성, 혜성을 촬영하고 과학적인 자료를 수집하는 우주 탐사선이 있고, 직접 외계의 토양과 대기를 분석하기 위해 행성에 착륙을 시도하는 우주 탐사선도 있다. 가장 야심찬 우주 탐사선은 기체나 바위 표본을 채취해 지구로 보내기도 한다.

보이저호

1977년에 미항공우주국(NASA)은 목성, 토성, 천왕성, 해왕성을 탐사하기 위해 두 대의 보이저(Voyager)호를 쏘아 올렸다. 보이저 1호는 현재 태양계의 끝을 탐험하고 있다. 보이저 1호는 하루에 150만 킬로미터씩 지구로부터 멀어져 가고 있다. 보이저 1호는 인간이 만든 물체 가운데 지구에서 가장 멀리 나가 있다.

태양 탐사선

태양은 아직도 수많은 신비를 간직하고 있다. 과학자들은 태양에 대해 더 많이 알고 싶어 한다. 미항공우주국은 태양의 코로나(태양 대기의 맨 바깥층)를 향해 떠날 태양 탐사선을 개발하고 있다. 이 태양 탐사선에는 뜨거운 태양열에 구조나 시스템이 녹지 않도록 정교한 열 방패가 장착될 것이다.

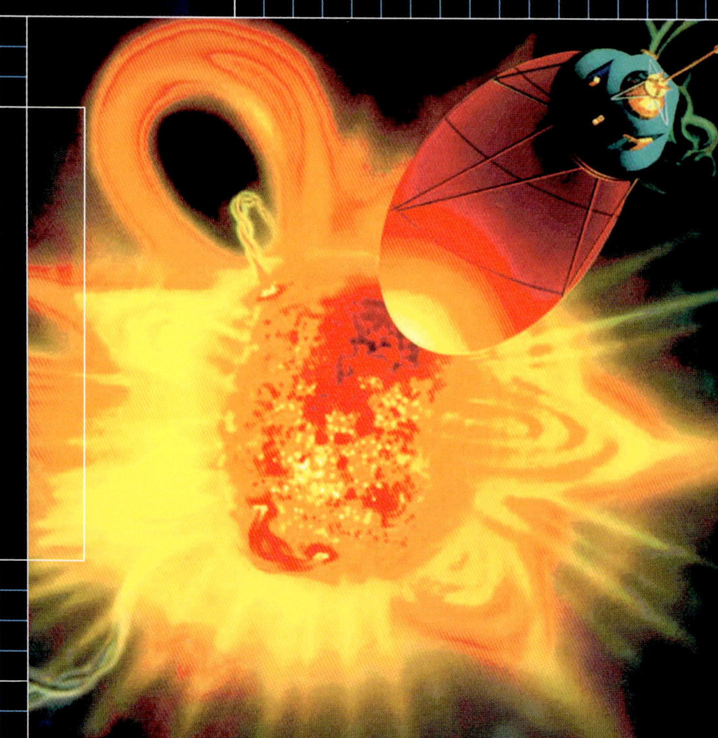

호이겐스 탐사선

호이겐스(Huygens)는 지난 2005년 카시니 우주선의 도움으로 토성 궤도 속으로 들어갔다. 이 탐사선은 토성의 가장 큰 위성 타이탄으로 낙하산을 타고 내려가 얼음 알갱이로 이루어진 모래 재질 토양 위에 착륙했다. 그 후 호이겐스는 타이탄에 차가운 액체 상태의 메탄 비가 내렸다는 증거를 찾아냈다.

클러스터 탐사 계획

네 대의 클러스터(Cluster) 탐사선이 지구 궤도를 돌면서 태양과 지구의 관계를 탐색하고 있다. 태양은 태양풍이라 불리는 분자의 물결을 방출한다. 태양풍은 지구 자기장과 상호 작용을 한다. 과학자들은 탐사선에서 얻은 정보로 태양풍 활동을 표현한 3차원 입체 영상을 만들어 냈다.

하야부사 탐사선

하야부사(Hayabusa)는 일본의 우주항공연구개발기구가 쏘아 올린 우주 탐사선으로 지난 2005년 11월에 약 30분에 걸쳐 어느 소행성 위에 착륙했다. 하야부사의 목적은 소행성의 표본을 채취한 뒤 캡슐을 이용해 2010년까지 지구로 보내는 것이다. 하지만 소행성에 착륙할 때 문제가 생겨 표본을 제대로 채취했는지 확신할 수 없다.

▶▶ **참고**: 화성 탐사 로봇 142쪽, 태양 돛 146쪽

태양 돛

▶▶ 태양 돛은 태양이 뿜어내는 빛을 이용해 우주선을 움직인다. 태양 돛은 다른 연료는 사용하지 않는다. 태양 돛이 실제로 성공한다면 태양계를 탐험하는 방식이 크게 바뀔 것이며 아주 멀리 떨어진 별까지 여행할 수 있을 것이다.

▶ 태양 돛, 코스모스 1호(The Cosmos 1)는 지구 궤도를 돌도록 만들어졌다. 테니스 경기장 세 개를 합해 놓은 크기의 거울 돛이 접힌 상태로 발사된다. 태양 돛은 거울에 반사되는 태양 빛으로 우주선을 움직인다. 하지만 불행히도 코스모스 1호는 발사 로켓에 문제가 발생해 실험이 무산되었다.

팽창식 플라스틱 튜브가 돛을 활짝 펴서 편평하게 해 준다.

초경량 플라스틱에 금속을 코팅한 구조

>> 태양 돛의 원리

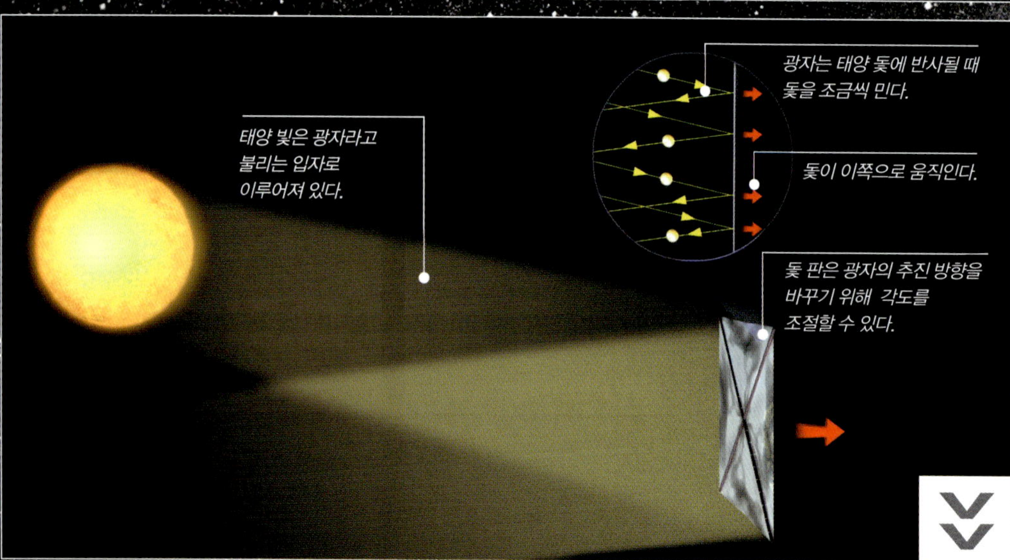

태양 빛은 광자라고 불리는 입자로 이루어져 있다.
광자는 태양 돛에 반사될 때 돛을 조금씩 민다.
돛이 이쪽으로 움직인다.
돛 판은 광자의 추진 방향을 바꾸기 위해 각도를 조절할 수 있다.

빛은 광자라고 불리는 입자로 구성되어 있다. 광자가 거울 돛에 반사될 때 돛을 조금씩 민다. 광자가 돛에 부딪힐 때의 충격과 반동이 한데 모여 돛을 미는 힘을 만든다. 커다란 태양 돛에 엄청나게 많은 광자가 부딪히기 때문에 돛을 밀 수 있는 것이다. 돛의 면적이 넓고 전체 무게가 가벼울수록 큰 추진력을 낼 수 있다. 우주는 진공 상태이기 때문에 공기의 저항을 받지 않는다. 따라서 조금만 밀어 주어도 느리지만 앞으로 나갈 수 있다. 이때 태양 돛의 기울기를 조절하면 우주선의 방향을 바꿀 수 있다.

▲ **사진**: 우주에 나가 있는 코스모스 1호의 상상도

▶▶ **참고**: 화성 탐사 로봇 142쪽, 우주 탐사선 144쪽, 우주 비행선 148쪽

컴퓨터, 센서, 돛의 기울기를 바꾸는 모터 등을 탑재한 부분.

태양 돛 실험

과학자들이 모형을 만들어 실험하고 있다.

▲ 코스모스 1호보다 작게 만든 태양 돛 모형이 우주 환경 시뮬레이션 안에서 날개를 펼쳤다. 우주의 상황을 그대로 재현한 시뮬레이션 안에서 태양 돛의 안정성, 조절 시스템 등을 실험한다.

우주 비행선

▶▶ 수천 년 동안 인간은 우주여행을 꿈꿔 왔다. 1961년 러시아의 우주 비행사 유리 가가린(Yuri Gagarin)은 그 꿈을 최초로 실현하였다. 오늘날에는 수백만 달러를 내면 국제우주정거장까지 우주여행을 할 수 있다. 멀지 않은 미래에는 많은 사람들이 스페이스십원(SpaceShipOne)과 같은 우주 비행선을 타고 우주여행을 할 수 있을 것이다.

▼ **사진:** 우주여행 중인 스페이스십원의 상상도

›› 스페이스십원의 비행 원리

스페이스십원은 운반선 화이트나이트호(White Knight)에 실려 이륙한다. 이 운반선은 1만 5240미터 상공에서 스페이스십원을 분리시킨다. 분리된 스페이스십원은 로켓 엔진을 점화시켜 음속의 세 배가 넘는 빠른 속도로 상승하기 시작한다. 연료를 다 소모한 후에도 스페이스십원은 관성에 의해 계속 위로 올라간다. 이때 일시적인 무중력 상태를 경험하게 된다. 비행경로의 맨 위에서 잠시 동안 우주 공간에 진입한다. 이후 날개가 위로 접히고 안정성을 확보한 상태에서 하강한다. 대기권에 들어오면 날개가 원래대로 펼쳐지고 마치 글라이더처럼 미끄러지듯이 날아 활주로에 안전하게 착륙한다.

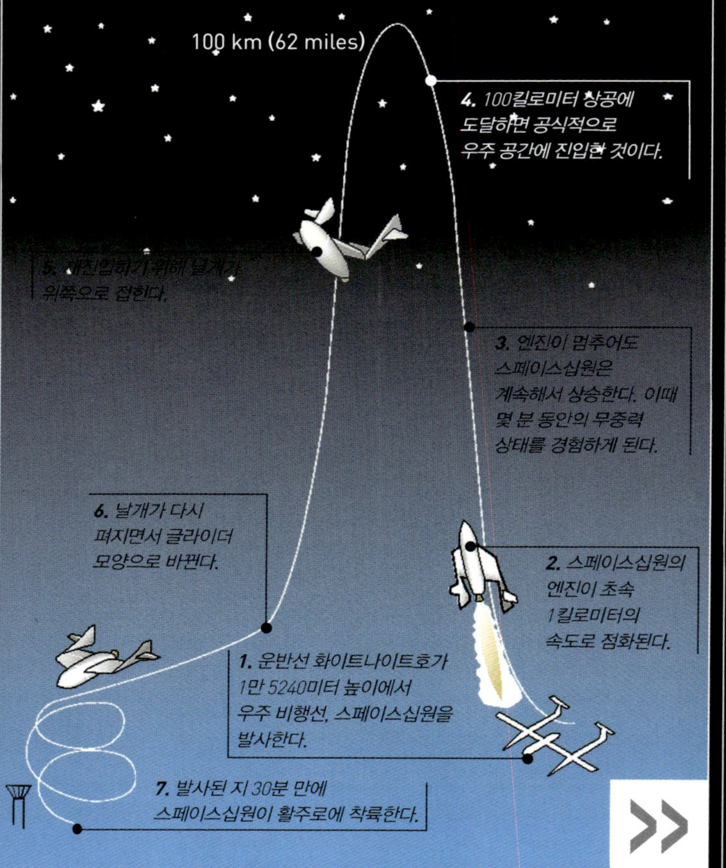

100 km (62 miles)
1. 운반선 화이트나이트호가 1만 5240미터 높이에서 우주 비행선, 스페이스십원을 발사한다.
2. 스페이스십원의 엔진이 초속 1킬로미터의 속도로 점화된다.
3. 엔진이 멈추어도 스페이스십원은 계속해서 상승한다. 이때 몇 분 동안의 무중력 상태를 경험하게 된다.
4. 100킬로미터 상공에 도달하면 공식적으로 우주 공간에 진입한 것이다.
5. 재진입하기 위해 날개가 위쪽으로 접힌다.
6. 날개가 다시 펴지면서 글라이더 모양으로 바뀐다.
7. 발사된 지 30분 만에 스페이스십원이 활주로에 착륙한다.

▶ 날개를 위로 들면 높은 항력이 생겨 안전하게 대기권에 진입할 수 있다.

▶ 작고 둥근 창이 많아 바깥을 보기 좋다. 커다란 창 대신 작은 창을 많이 뚫은 이유는 동체가 약해지는 것을 막기 위해서이다. 선실에는 최대 세 명까지 탑승할 수 있으며 우주복을 따로 입지 않아도 된다.

SCALED COMPOSITES
SpaceShipOne
SCALED COMPOSITES
로켓 엔진은 고무와 산화질소 화합물을 연소시킨다.
비행기 모양의 날개는 대기권에서 날 때 사용하기 위한 것이고 가스 추진 장치는 우주에서 날 때 사용하기 위한 것이다.

▲ 스페이스십원은 2주일에 두 번 최대 3명을 태우고 우주로 가는 최초의 민간 우주 비행선으로 안사리 엑스프라이즈(Ansari X-prize)의 상금 1000만 달러(약 100억 원)를 받았다. 가벼운 합성 물질로 만든 스페이스십원은 보통 우주 비행선보다 훨씬 저렴한 비용으로 제작되었다.

스페이스십투(SpaceShipTwo)

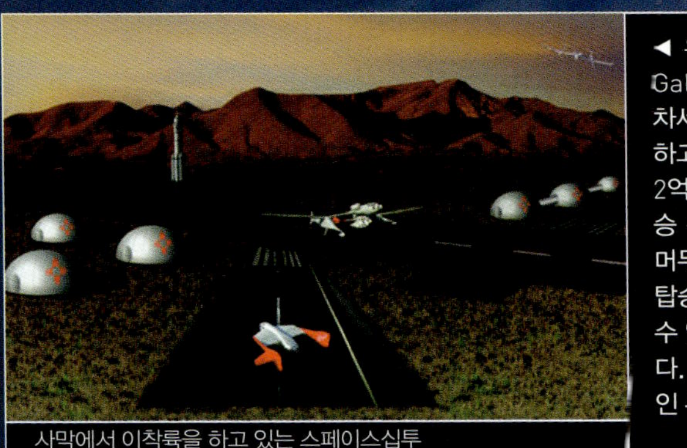
사막에서 이착륙을 하고 있는 스페이스십투

◀ 우주여행 전문 회사 버진 갤럭틱(Virgin Galactic)사는 승객들을 우주로 실어 나를 차세대 우주 비행선, 스페이스십투를 계획하고 있다. 스페이스십투에 탑승하기 위해 2억 원이나 내야 하지만 벌써 수천 명이 탑승 신청을 마쳤다. 100킬로미터 상공 위에 머무는 시간은 겨우 몇 분밖에 되지 않지만 탑승객들은 잠시나마 무중력 상태를 경험할 수 있고, 공식적으로 우주 공간에 나가게 된다. 옆의 그림은 미국 뉴멕시코 주에 계획 중인 우주 비행선 정거장을 상상한 모습이다.

▶▶ **참고**: 세티앳홈 62쪽, 무중력 비행기 140쪽, 우주 정거장 152쪽

▼ 켁 1과 켁 2는 미국 하와이의 높은 화산 위에 있다. 이곳은 구름이 없고 공기도 맑아 별을 보기 그만이다. 망원경은 렌즈 대신 거울을 사용한다. 켁 거울의 지름은 10미터로 세계에서 가장 크다. 켁은 새 행성과 항성을 발견하고 은하가 언제 어떻게 형성되는지 알아내는 연구에 사용되고 있다.

천왕성 위의 구름

켁 망원경으로 본 천왕성

◀ 켁 망원경(the Keck telescope)이 적외선으로 촬영한 천왕성 영상에 색을 입힌 모습이다. 오늘날 망원경은 과거에는 볼 수 없었던 자세한 모습까지 보여 줌으로써 태양계의 신비를 밝히려고 하는 과학자들을 도와주고 있다. 사진 속의 밝은 점은 천왕성의 높은 대기 속에서 빠르게 움직이는 구름이다. 희미한 고리 모양도 확인할 수 있다.

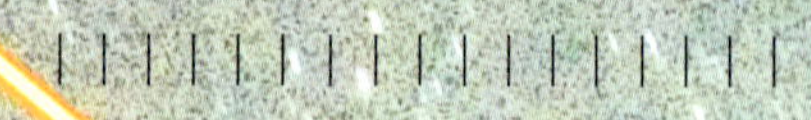

레이저 빔을 대기에 쏘아 가짜 별을 만든다. 과학자들은 가짜 별의 위치를 추적해 정교한 천체 지도를 만들 수 있다.

망원경

▶▶ 거대한 곡면 거울을 사용한 망원경으로 우주 멀리까지 내다보고 희미하게만 보였던 천체를 매우 자세히 살펴볼 수 있다. 어떤 망원경은 시력을 향상시키기 위해 높은 대기 속으로 레이저를 발사하기도 한다.

10층 건물 높이만큼 커다란 돔이 다양한 거친 날씨로부터 망원경을 보호해 준다.

▲ 각 망원경의 무게는 300톤 정도로 매우 무겁다. 하지만 망원경은 밤하늘의 일정한 지점을 따라가기 위해 무거운 몸체를 정교하게 움직일 수 있다. 두 개의 쌍둥이 망원경은 하나의 커다란 망원경처럼 협동할 수도 있다.

켁 망원경의 원리

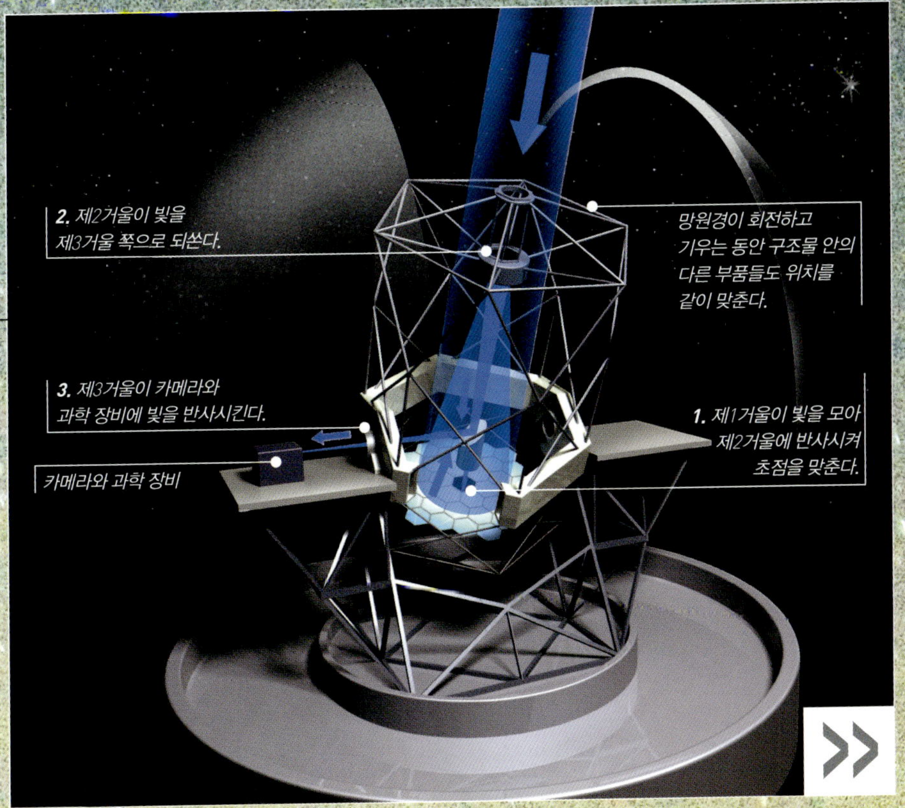

2. 제2거울이 빛을 제3거울 쪽으로 되쏜다.
망원경이 회전하고 기우는 동안 구조물 안의 다른 부품들도 위치를 같이 맞춘다.
3. 제3거울이 카메라와 과학 장비에 빛을 반사시킨다.
1. 제1거울이 빛을 모아 제2거울에 반사시켜 초점을 맞춘다.
카메라와 과학 장비

강력한 대형 망원경은 렌즈 대신 큰 거울을 사용한다. 거울이 렌즈보다 가볍고 움직이기도 쉬우며 정확하기 때문이다. 두 개의 켁 망원경은 모두 희미한 우주 물체에서 오는 빛을 잡아내 초점을 맞추는 제1거울을 가지고 있다. 제1거울은 36개의 작은 육면체 거울로 이루어져 있다. 컴퓨터가 1초에 두 번 육면체 거울을 머리카락보다 2만 5000배 작은 정밀도로 조정하면 거울 조각들이 놀랍도록 정교하게 빛을 반사해 낸다. 각 거울은 아주 매끄러운 광택이 나 있어 종이 한 장의 1000분의 1 두께의 흔적도 생기지 않는다. 거울은 상을 만들어 낼 뿐만 아니라 과학 장비에 빛을 비춰 준다. 과학 장비는 이 빛을 분석해 먼 곳에 있는 천체가 어떤 물질로 구성되어 있는지를 알아낸다.

낮 동안에는 높은 열에 의해 거울이 뒤틀리지 않도록 내부를 차갑게 한다.

문이 열리면 빛이 망원경 안으로 들어올 수 있고, 조준점을 다른 방향으로 바꿀 수도 있다.

▶▶ **참고**: 세티앳홈 62쪽, 우주 탐사선 144쪽, 우주 비행선 148쪽

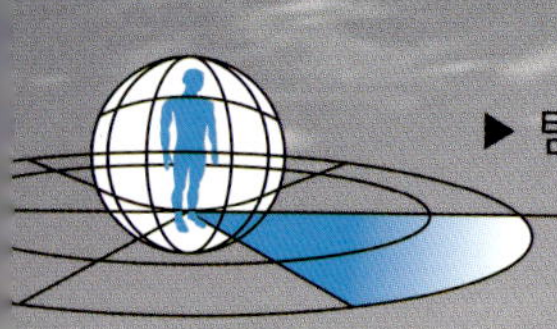

우주 정거장

▶▶ 국제우주정거장(The International Space Station)은 지구와 300킬로미터 이상 떨어진 우주에서 지구 궤도를 돌고 있는 연구 시설이다. 2010년 완공될 예정인 국제우주정거장은 10여 개 이상의 국가가 함께 참여해 국제 화합의 상징이 되었다.

▶ 우주 정거장의 완공 모습이다. 지구에서 모듈을 만들어 우주 정거장으로 보낸다. 모듈은 지구 궤도 위에서 하나씩 조립된다. 모듈은 거주 공간, 연구실, 접합 시설 등 각각 다른 기능을 지니고 있다.

캐나담 2(Canadarm2)는 새로 도착한 모듈을 우주 정거장에 전해 주는 로봇 팔이다.

완공된 우주 정거장은 몇 개의 연구 지역으로 구성될 것이다.

사진 국제우주정거장의 상상도

태양 전지판이 태양 에너지를 전기 에너지로 바꿔 우주 정거장에 전원을 공급한다.

탑승 생활

▶ 국제우주정거장은 지구 궤도를 90분에 한 번씩 돈다. 그래서 우주 정거장에는 하루에 해가 15번 뜨고 진다. 우주인들은 해가 뜨고 지는 것에 상관없이 지구에서처럼 하루 24시간의 일정에 따라 규칙적으로 잠을 자고 밥을 먹어야 한다. 또 무중력 상태 속에서 근육과 뼈가 약해지는 것을 막기 위해 운동을 해야 한다. 이때는 공중에 뜨지 않도록 줄로 몸을 고정시켜야 한다.

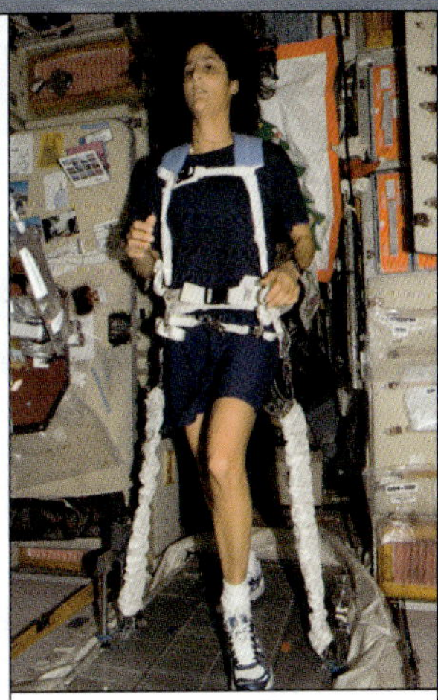

운동하고 있는 우주인

우주 정거장에서는 무슨 일이 벌어질까?

실험

우주 정거장에서는 무중력 상태에서 실험을 할 수 있다. 무중력 상태에서 신체가 어떻게 반응하는지 알아내는 실험은 먼 미래에 달이나 화성에서 살기 원하는 사람을 위해 반드시 필요한 준비 과정이다.

캐나담 2

한 우주인이 우주 왕복선에 밧줄로 매달린 채 로봇 팔 캐나담 2에서 작업하고 있다. 로봇 팔은 우주 정거장 구석구석으로 뻗을 수 있기 때문에 어디에서도 작업이 가능하다. 로봇 팔 덕분에 우주인들은 우주 유영을 하지 않고서도 우주 정거장 밖의 일을 처리할 수 있다.

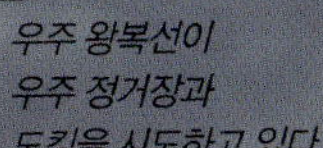

우주 왕복선이 우주 정거장과 도킹을 시도하고 있다.

▶▶ **참고**: 무중력 비행기 140쪽, 화성 탐사 로봇 142쪽, 우주 탐사선 144쪽, 태양 돛 146쪽

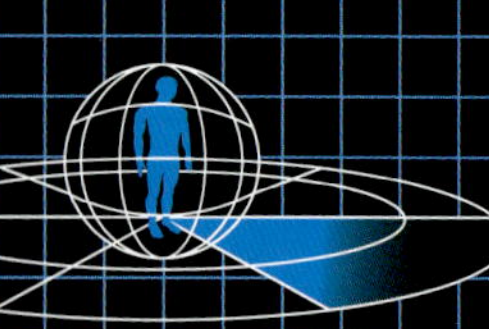

탐험가

와스프 잠수복
반은 잠수복, 반은 소형 잠수함인 와스프(WASP) 잠수복은 물속 파이프를 고치기 위해 개발했다. 이 잠수복을 입으면 600미터 아래까지 잠수할 수 있다. 유연한 알루미늄 튜브 속으로 팔을 넣은 다음, 손으로 집게를 움직일 수 있다. 발로 분사 장치를 작동시키면 추진력이 생겨 앞으로 갈 수 있다.

풍선 캠핑 텐트
이 2인용 텐트는 자동차 뒤에 고리로 연결하고 잠을 잘 수 있도록 캠핑용으로 개발되었다. 풍선처럼 바람을 불어넣어 팽창시키는 구조이다. 자동차 안에 있는 전기 소켓으로 팬을 연결하면 저절로 부풀어 오른다.

탐험을 하려면 여러 가지 잠재적인 위험에 대해 마음의 준비를 단단히 해야 한다. 또한 반드시 최첨단 장비를 갖춰야 한다. 여기에서 소개하는 장비들은 앞으로 인간의 손이 닿기 어려웠던 곳을 정복하고 그곳에서 살아남는 데 큰 도움을 줄 것이다.

로봇 잉어

깊고 어둡고 위험한 곳에는 로봇 잉어를 대신 보내자. 로봇 잉어는 내장된 센서로 장애물을 피해 기며 길을 찾아간다. 물속의 환경이 변하면 스스로 판단해 대처한다. 로봇 잉어는 바다의 밑바닥을 탐색하고 송유관이 새는 곳을 찾아내는 데 유용하게 쓸 수 있다.

프로메테우스 1

직경 1.3미터의 반사경만 펼치면 연료 없이 요리할 수 있다. 장비가 태양열을 한가운데 있는 팬에 집중시켜 온도를 섭씨 250도까지 높이기 때문이다.

패러모터

아주 먼 곳을 여행하는 가장 좋은 방법은 패러모터, 즉 동력을 가진 패러글라이더를 타는 것이다. 패러모터는 날개 모양으로 부풀어 오르는 낙하산과 패러글라이더, 잔디 깎기 기계를 돌리는 엔진과 비슷한 커다란 팬으로 구성되어 있다. 패러모터를 타면 어디서나 이착륙이 가능하고 원하는 높이로 날 수 있다.

▶▶ **참고**: 로봇 90쪽, 로봇 자동차 104쪽, 화성 탐사 로봇 142쪽, 우주 탐사선 144쪽

석유 굴착기

▶▶ 지구는 1조 배럴 이상의 석유가 매장된 거대한 주유소이다. 그러나 석유의 상당량이 바다 밑에 묻혀 있다. 이곳에서 석유를 뽑아내려면 지각을 뚫을 수 있는 거대한 드릴이 있어야 한다.

▶ 이런 형태의 석유 굴착기를 해저 유전 굴착용 작업대라고 한다. 이 장치는 얕은 물에서 석유를 뽑아내기 위해 개발되었다. 굴착기가 위치를 잡으면 다리가 바다 밑바닥으로 내려가 굴착기를 단단히 고정시킨다. 석유가 더 이상 없으면 다리를 들어 올리고 다음 장소로 이동한다.

강철 파이프로 만든 다리가 물속 150미터 아래 깊은 곳까지 내려가 굴착기를 고정시킨다.

크레인이 배에서 보급품을 들어 올리고, 드릴 파이프를 제자리로 옮겨 준다.

헬리콥터 이착륙장

▲ **사진:** 지중해에 위치한 로저 W 모웰 해저 석유 굴착기

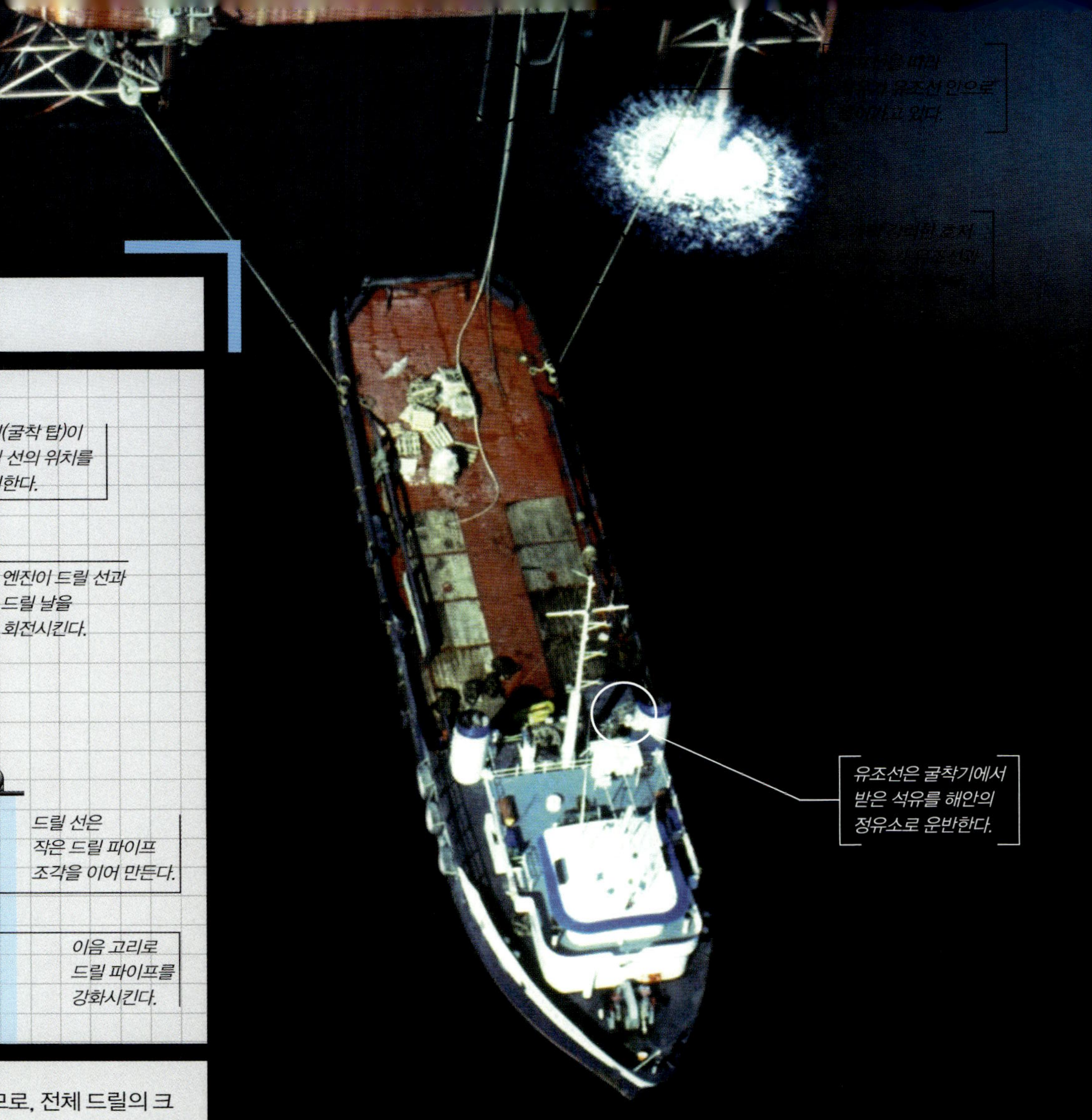
유조선은 굴착기에서
받은 석유를 해안의
정유소로 운반한다.

>> 석유 굴착 방법

크레인이 드릴 선 끝에 새로운 파이프 조각을 붙인다.

데릭(굴착 탑)이 드릴 선의 위치를 제어한다.

엔진이 드릴 선과 드릴 날을 회전시킨다.

드릴 날이 바위를 뚫어 부순다.

드릴 선은 작은 드릴 파이프 조각을 이어 만든다.

이음 고리로 드릴 파이프를 강화시킨다.

석유 굴착기의 맨 위에 있는 엔진이 드릴 선이라고 부르는 긴 파이프를 돌려 맨 밑에 있는 드릴 날(절단 기구)을 회전시킨다. 드릴 선은 수백 개의 파이프 조각을 조립해 만든 것이다. 파이프 조각 하나가 대략 10미터 정도 되므로, 전체 드릴의 크기는 10킬로미터까지 커진다. 구멍 아래로 진흙을 퍼 드릴 날을 씻고 깨진 바위 조각을 제거한다. 구멍을 다 뚫은 다음, 드릴을 치우고 석유를 펌프로 끌어올린다.

▶▶ **참고**: 대형 건축물 192쪽, 진동 저감 장치 194쪽, 태양 에너지 발전소 196쪽

쌍안경

▶▶ 쌍안경은 같은 방향을 향해 초점을 맞추도록 나란히 붙어 있는 두 개의 쌍둥이 망원경을 말한다. 양쪽 눈으로 똑같이 확대된 물체의 상을 보면 뇌가 두 개의 상을 합해 입체 그림으로 완성한다.

▶ 색을 입힌 이 엑스선 사진은 쌍안경의 내부 모습을 보여 준다. 쌍안경의 양쪽 망원경은 쌍둥이처럼 똑같이 생겼다. 접안렌즈와 대물렌즈가 함께 멀리 떨어져 있는 물체를 확대시켜 보여 준다. 확대 배율이 클수록 물체가 더 크게 보인다.

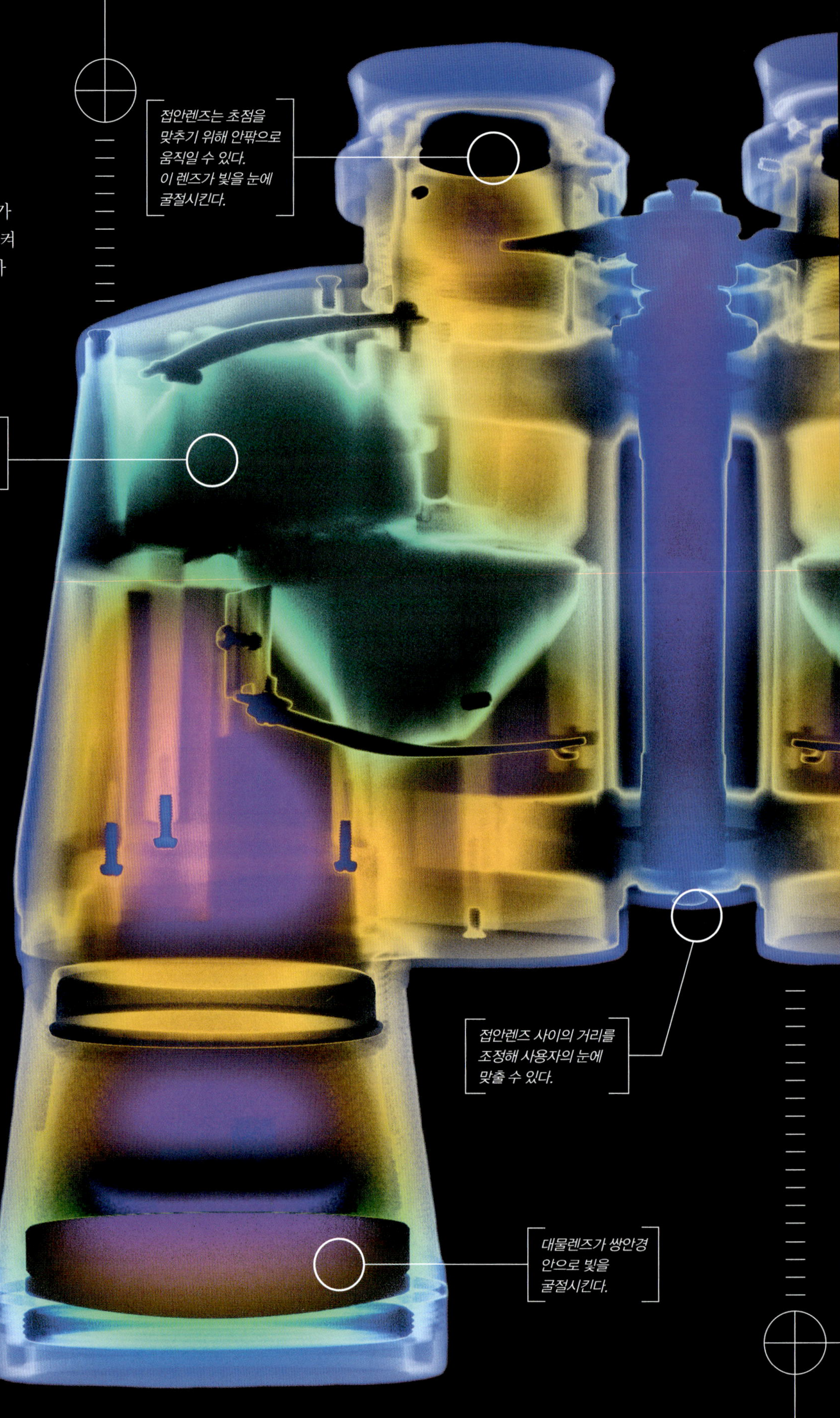

접안렌즈는 초점을 맞추기 위해 안팎으로 움직일 수 있다. 이 렌즈가 빛을 눈에 굴절시킨다.
프리즘이 빛을 반사시키고 렌즈에 맺힌 거꾸로 된 상을 바로잡아 준다.
접안렌즈 사이의 거리를 조정해 사용자의 눈에 맞출 수 있다.
대물렌즈가 쌍안경 안으로 빛을 굴절시킨다.

▲ **사진:** 쌍안경을 엑스선으로 찍은 사진에 색을 입힌 모습

▶▶ **참고**: 망원경 150쪽, 등대 236쪽

외부의 모든 부품을 단단히 고정시켜 부품들은 언제나 정확하게 배열되어 있다.

>> 쌍안경의 원리

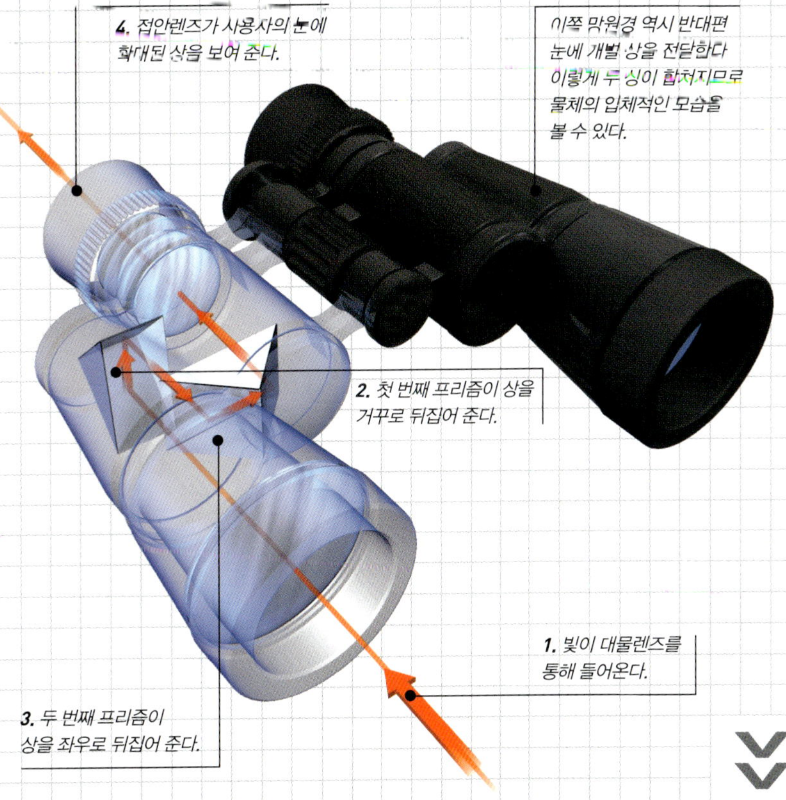

4. 접안렌즈가 사용자의 눈에 확대된 상을 보여 준다.
이쪽 망원경 역시 반대편 눈에 개별 상을 전달한다. 이렇게 두 상이 합쳐지므로 물체의 입체적인 모습을 볼 수 있다.
2. 첫 번째 프리즘이 상을 거꾸로 뒤집어 준다.
1. 빛이 대물렌즈를 통해 들어온다.
3. 두 번째 프리즘이 상을 좌우로 뒤집어 준다.

쌍안경은 멀리 있는 물체를 크게 보기 위해 렌즈(표면이 굽은 유리)를 사용한다. 앞쪽의 커다란 대물렌즈와 뒤쪽의 작은 접안렌즈가 사용자가 바라보고 있는 물체로부터 나오는 빛을 눈으로 굴절시켜 선명하게 확대된 상을 만들어 보여 준다. 그러나 두 렌즈는 상을 위아래와 앞뒤로 뒤집기 때문에 사이에 두 개의 프리즘을 두어 상의 방향을 바로잡아야 한다.

해군 쌍안경

▶ 이 고배율의 쌍안경은 군사 작전에 쓰인다. 렌즈 지름이 15센티미터로 무척 무겁다. 따라서 상이 흔들리지 않도록 받침대로 쌍안경을 고정해야 한다. 이 쌍안경은 상을 25배까지 확대시킬 수 있다.

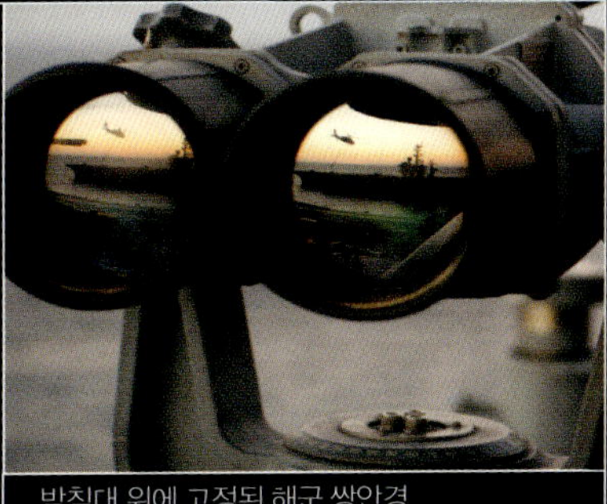
받침대 위에 고정된 해군 쌍안경

야간 투시 카메라의 원리

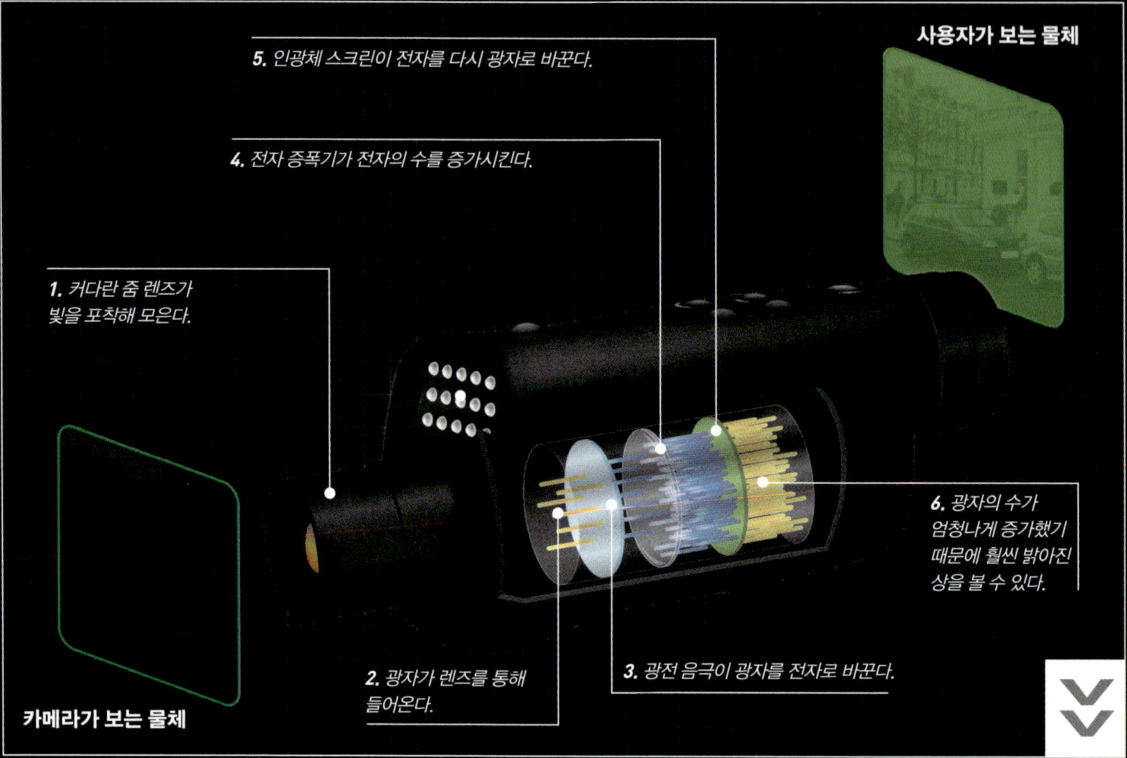

사용자가 보는 물체

5. 인광체 스크린이 전자를 다시 광자로 바꾼다.

4. 전자 증폭기가 전자의 수를 증가시킨다.

1. 커다란 줌 렌즈가 빛을 포착해 모은다.

6. 광자의 수가 엄청나게 증가했기 때문에 훨씬 밝아진 상을 볼 수 있다.

2. 광자가 렌즈를 통해 들어온다.

3. 광전 음극이 광자를 전자로 바꾼다.

카메라가 보는 물체

야간 투시 카메라는 어두운 곳에서 희미한 빛을 포착해 물체를 잘 볼 수 있게 해 주는 장치이다. 빛을 전기로 바꾸어 증폭시킨 다음, 다시 빛으로 바꿔 보여 주는 것이다. 야간 투시 카메라의 앞부분에는 일반 카메라처럼 광자를 모으는 렌즈가 있다. 렌즈를 통과한 광자는 광전 음극에서 전기를 발생시키는 조그만 입자인 전자로 바뀐다. 광자가 전자로 바뀔 때는 광자가 가지고 있던 색을 잃는다. 그 다음 전자 증폭기가 소량의 전자 흐름을 엄청난 양의 흐름으로 증폭시킨다. 엄청나게 증가한 전자가 인광체를 입혀 놓은 유리판에 부딪히면서 광자로 다시 바뀐다. 이런 과정을 통해 광자의 양이 전보다 훨씬 더 많아져 물체를 더 잘 볼 수 있게 된다.

▶▶ 우리 눈에는 1억 2600만 개의 빛을 감지하는 시세포가 있다. 낮에는 시세포를 통해 형형색색의 화려한 광경을 볼 수 있다. 반면, 밤에는 눈의 기능이 크게 떨어지기 때문에 사물을 잘 볼 수 없다. 따라서 밤에는 극소량의 빛을 극대화시켜 주는 야간 투시 카메라를 사용해야 한다.

간상세포와 원추 세포

눈의 망막에는 막대기 모양의 간상세포와 고깔 모양의 원추 세포가 있다. 초록색을 띠는 간상세포의 수는 1억 2000만 개, 파란색을 띠는 원추 세포의 수는 600만 개 정도 된다. 간상세포가 원추 세포보다 민감해 희미한 빛과 움직임을 감지할 수 있다. 원추 세포에는 붉은색, 파란색, 초록색을 감지하는 세 가지 종류가 있다.

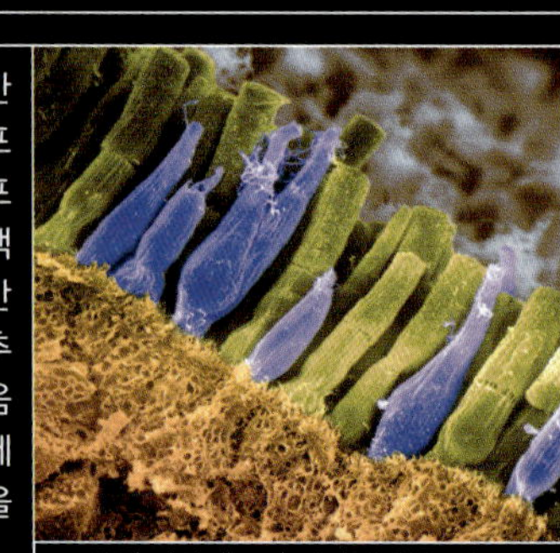

초록색 간상세포와 파란색 원추 세포

인광체 판이 초록색인 이유는 사람의 눈이 다른 색깔보다 초록색의 음영을 더 잘 보기 때문이다.

▲ 깜깜한 밤에 야간 투시 카메라를 사용하면 140미터나 떨어져 있는 여우를 볼 수 있다. 야간 투시 카메라는 물체를 훨씬 더 밝게 만들어 주지만 일부 세부 모습과 원래 색깔은 볼 수 없다. 광자를 증폭시키는 과정에서 정보가 사라지기 때문이다.

▶▶ **참고**: 캐츠아이® 108쪽, 쌍안경 158쪽, 스파이 214쪽

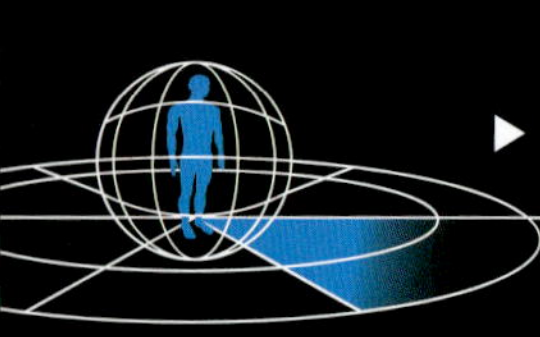

주사 전자 현미경의 원리

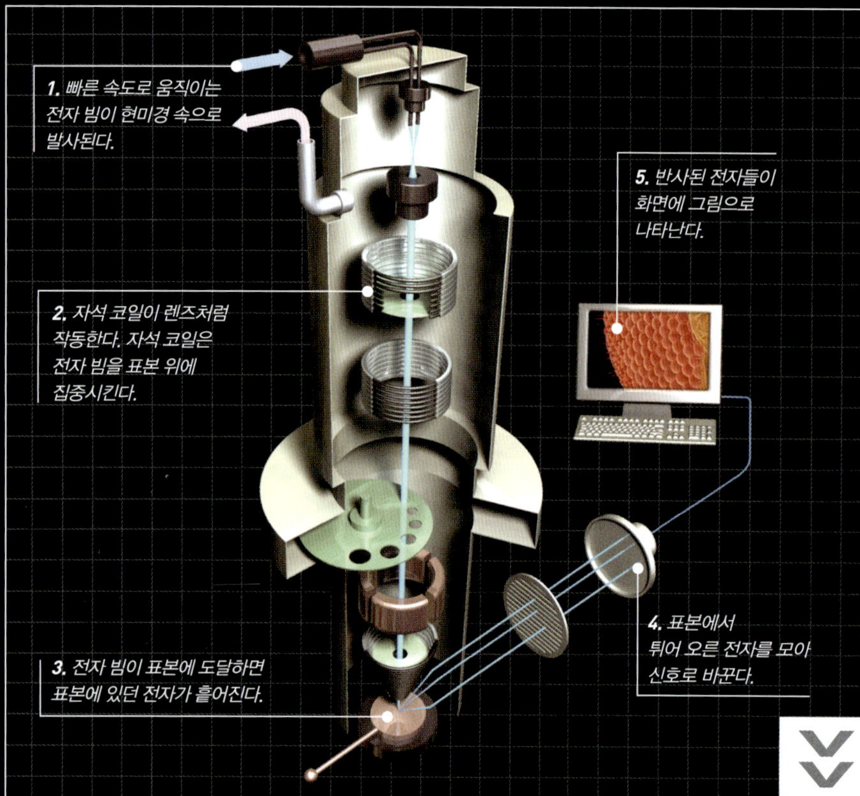

1. 빠른 속도로 움직이는 전자 빔이 현미경 속으로 발사된다.
2. 자석 코일이 렌즈처럼 작동한다. 자석 코일은 전자 빔을 표본 위에 집중시킨다.
3. 전자 빔이 표본에 도달하면 표본에 있던 전자가 흩어진다.
4. 표본에서 튀어 오른 전자를 모아 신호로 바꾼다.
5. 반사된 전자들이 화면에 그림으로 나타난다.

일반적인 광학 현미경은 렌즈로 광선을 모아 상을 확대시켜 작은 물체를 크게 보는 원리를 이용한다. 광선은 머리카락보다 200배는 더 가느다란 광자의 흐름으로 구성되어 있다. 이보다 더 작은 물질을 보려면 전자 현미경을 사용해야 한다. 전자 현미경은 광자보다 훨씬 작은 전자의 흐름을 이용한다. 전자 현미경은 광학 현미경보다 500~1000배는 더 작은 물질을 자세히 볼 수 있다.

미세한 털로 공기의 진동을 감지해 비행 속도와 움직임을 조절한다.

▲ 집파리는 사방에서 다가오는 위협을 감지할 수 있다. 눈으로는 집파리가 어떻게 알아차리는지 알 수 없지만, 전자 현미경으로는 집파리의 놀라운 능력의 비밀을 엿볼 수 있다.

현미경

▶▶ 마이크로칩의 복잡한 전자 회로나 살아 있는 세포를 주사 전자 현미경(SEM)으로 보면 놀라운 세상이 펼쳐진다. 전자 현미경으로 머리카락보다 10만 배나 작은 물체도 볼 수 있다.

▶ 집파리의 겹눈을 주사 전자 현미경으로 2000배 확대해서 보면 약 6000개의 낱눈으로 이루어져 있다는 것을 알 수 있다. 집파리는 수많은 낱눈으로 360도 방향을 한꺼번에 볼 수 있기 때문에 위험을 재빨리 알아차릴 수 있다.

▶▶ **참고**: 망원경 150쪽, 쌍안경 158쪽, 야간 투시 카메라 160쪽

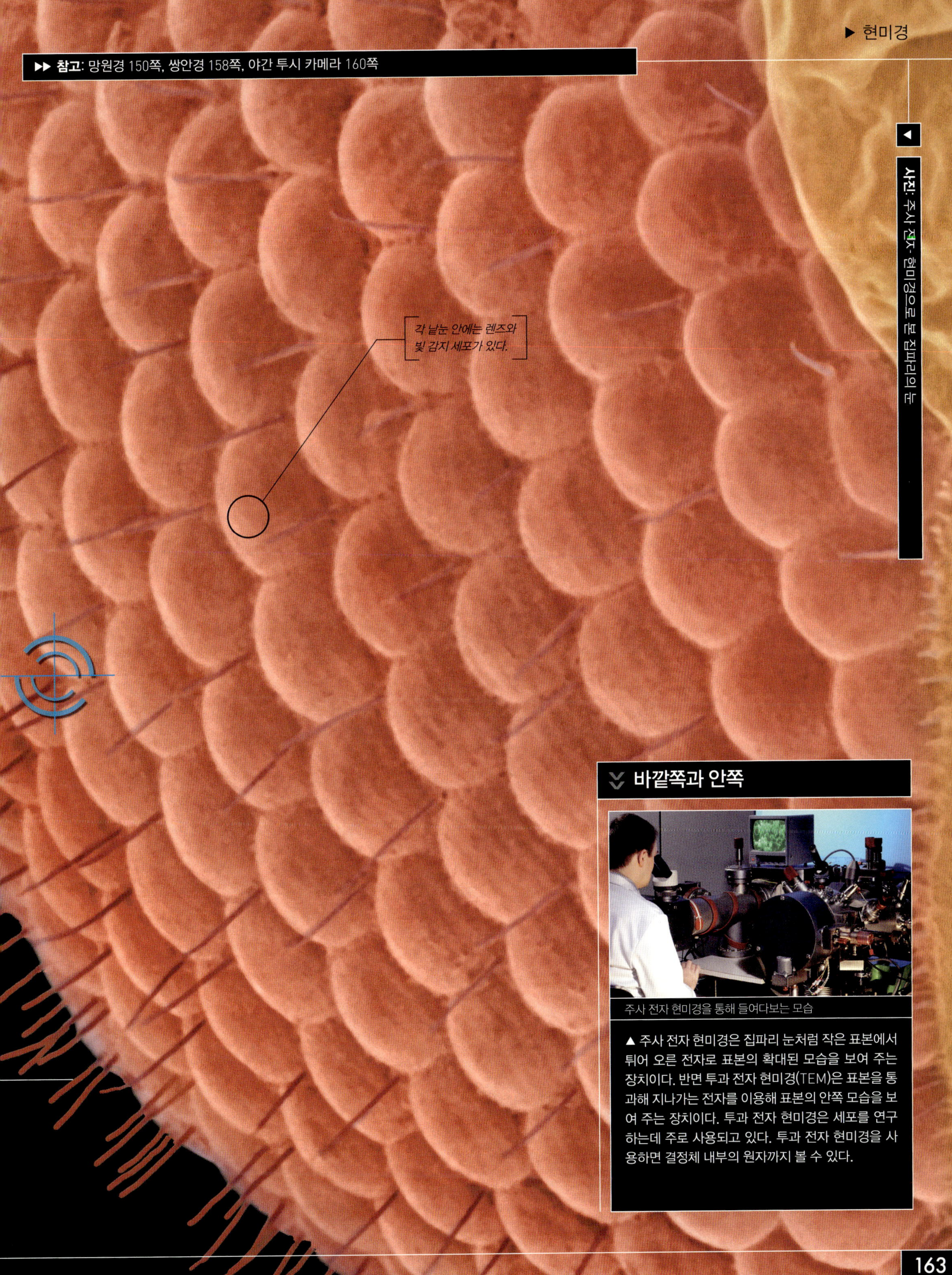

▼ **사진**: 주사 전자 현미경으로 본 집파리의 눈

바깥쪽과 안쪽

주사 전자 현미경을 통해 들여다보는 모습

▲ 주사 전자 현미경은 집파리 눈처럼 작은 표본에서 튀어 오른 전자로 표본의 확대된 모습을 보여 주는 장치이다. 반면 투과 전자 현미경(TEM)은 표본을 통과해 지나가는 전자를 이용해 표본의 안쪽 모습을 보여 주는 장치이다. 투과 전자 현미경은 세포를 연구하는데 주로 사용되고 있다. 투과 전자 현미경을 사용하면 결정체 내부의 원자까지 볼 수 있다.

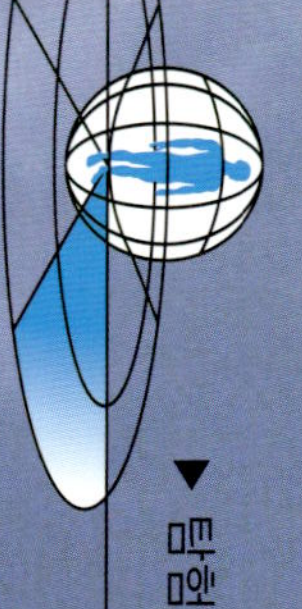

기상 관측용 풍선

▶▶ 매일 1000개 이상의 기상 관측용 풍선이 세계 곳곳에 떠오르고 있다. 이 풍선들은 대기 높은 곳에서 기상 관측소의 역할을 톡톡히 하고 있다. 공기보다 더 가벼운 수소 가스를 채운 풍선은 고도 40킬로미터까지 올라갈 수 있다.

우주의 기상 관측기

기상 관측용 위성

◀ 기상 관측용 위성은 우주에서 지구를 관측한다. 한 지점에 머물러 있는 위성도 있고 지구 궤도를 빠르게 도는 위성도 있다. 관측 위성은 내장된 카메라로 구름과 기상 사진을 찍고 센서로 육지와 바다의 온도를 측정하고 오염 정도를 점검한다. 관측 위성이 수집한 정보를 컴퓨터 모델에 적용하면 좀 더 정확한 일기 예보를 할 수 있다. 이렇듯 위성은 기상을 관측하는 유용한 도구지만, 대기의 3차원 구조나 바람까지 관측할 수는 없다. 이를 보완하기 위해 기상 관측용 풍선이 필요한 것이다.

라텍스 재질의 풍선이 팽창하면서 떠오른다. 부푼 풍선의 지름은 8미터이다.

기상 관측용 풍선은 대부분 손으로 직접 띄워 올린다.

사진: 기상 관측용 풍선과 간이 기상 관측소 라디오존데

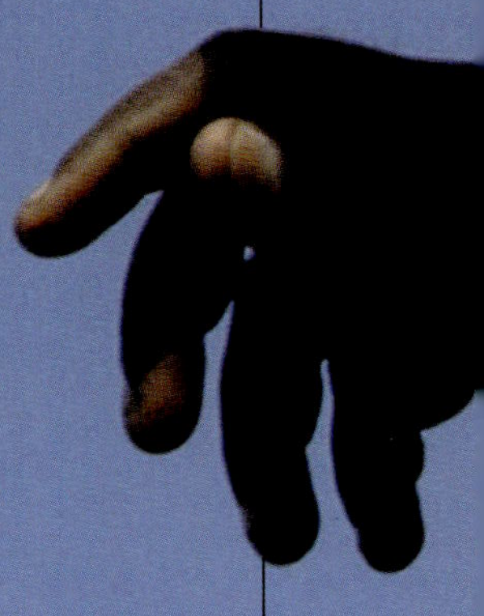

간이 기상 관측소인 라디오존데는 풍선이 터지면 지상으로 떨어진다.

◀ 인도 뭄바이에서 기상 관측용 풍선이 떠오르고 있다. 곧 풍선에 달린 간이 기상 관측소, 라디오존데에서 기상 측정 자료를 보내올 것이다. 인도에서 기상 관측용 풍선은 해마다 찾아오는 몬순(우기)을 추적하기 위해 반드시 필요한 장치이다. 몬순은 인도의 수백만 농민들의 삶에 커다란 영향을 끼치기 때문이다.

>> 라디오존데의 주요 특징

가벼운 폴리스틸렌 외관은 값이 싸고 땅에 떨어질 때 충격도 줄여 준다.

센서가 달린 팔이 밖으로 나와 있어 보다 정밀하게 온도와 습도를 측정할 수 있다.

GPS 안테나가 현 위치를 계산한다.

압력 센서는 외관 안쪽에 있어 바람에 영향을 받지 않는다.

전자 부품들이 각 센서에서 수집한 정보를 처리해 암호화된 전파 신호로 바꾼다.

전송 안테나가 수집한 자료를 지면의 기상 관측소로 보낸다.

라디오존데는 손안에 쥘 수 있을 만큼 작고 무게도 250그램밖에 안 된다. 라디오존데는 기상 관측용 풍선에 매달려 대기로 올라간다. 라디오존데는 대기의 온도와 습도 등을 측정해 전파 송신기로 지면의 기상 관측소에 보낸다. 또 GPS 안테나가 달려 있어 풍선의 위치를 추적할 수 있다. 풍선이 바람을 타고 날아가는 동안에는 바람의 속도와 방향을 측정할 수 있다. 기상 관측용 풍선은 지상을 떠난 지 약 두 시간 후면 섭씨 영하 90도의 200킬로미터 상공에 도달한다. 너무 높이 올라가 풍선이 터지면 라디오존데는 땅에 떨어진다.

▶▶ **참고**: 풍력 발전기 22쪽, 태양 에너지 발전소 196쪽

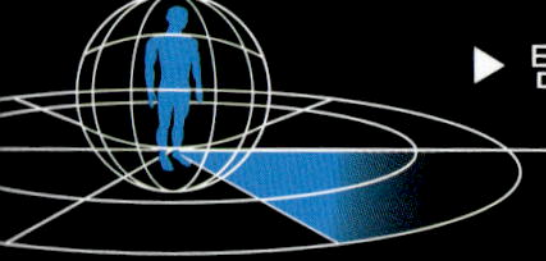

아틀라스

▶▶ 어떤 물질의 원리를 이해하는 방법 중 하나는 물질을 아주 작은 단위로 쪼개 보는 것이다. 스위스의 CERN(고에너지 물리학 연구소)에서 이 실험을 실제로 실시하고 있다. 아틀라스(Atlas)라는 거대한 지하 실험 장치 속에서 원자를 더 작은 입자로 분리하고 있다.

▶ 아틀라스는 소립자끼리 충돌할 때 생기는 새로운 소립자들을 찾아 그들의 정체를 알아낼 것이다. 이 거대한 실험은 긴 관 속에서 이루어진다. 소립자 가속기로 소립자를 관 속으로 쏜다. 그러면 관 속에서 소립자들끼리 서로 충돌하면서 새로운 소립자가 생긴다. 새로 생긴 소립자는 관 밖으로 튀어나가고, 아틀라스 안쪽의 감지기가 이를 감지한다. 과학자들은 이를 분석해 소립자의 정체를 알아낸다.

아틀라스의 원리

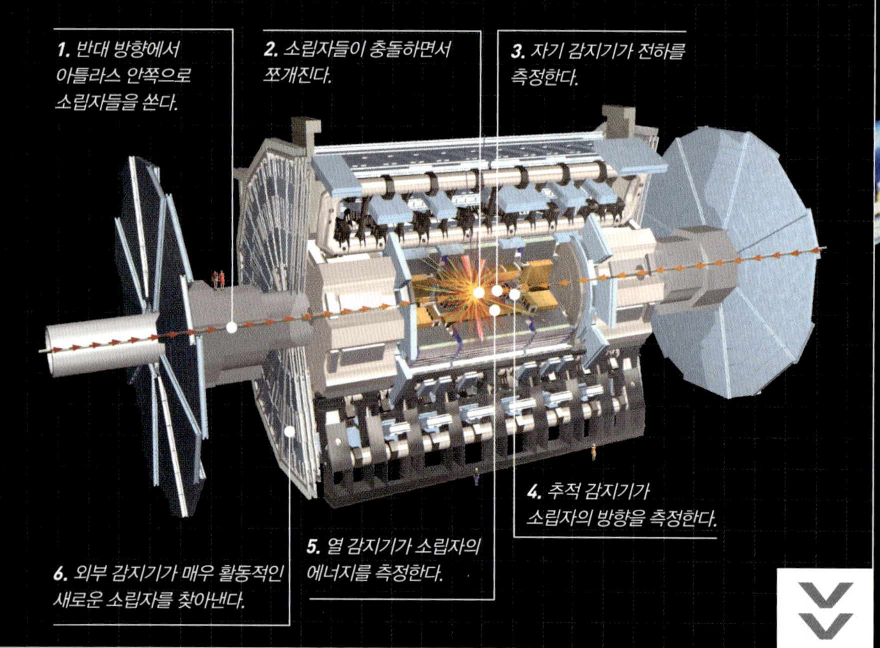

1. 반대 방향에서 아틀라스 안쪽으로 소립자들을 쏜다.
2. 소립자들이 충돌하면서 쪼개진다.
3. 자기 감지기가 전하를 측정한다.
4. 추적 감지기가 소립자의 방향을 측정한다.
5. 열 감지기가 소립자의 에너지를 측정한다.
6. 외부 감지기가 매우 활동적인 새로운 소립자를 찾아낸다.

무척 작은 원자는 더 작은 소립자들로 이루어져 있다. 과학자들은 우주의 작용 원리를 이해하기 위해 아틀라스로 소립자를 연구하고 있다. 아틀라스는 CERN의 소립자 가속기(길고 둥근 파이프로 소립자의 속도를 빛의 속도에 가깝게 증가시키는 장치)를 이용해 지하에서 벌이는 거대한 실험 장치이다. 소립자들은 파이프 안에서 점점 속도가 빨라진다. 소립자들은 충돌하면서 쪼개지고 새로운 소립자들을 만든다. 아틀라스 내부의 감지기가 새로 만들어진 소립자의 질량, 전하, 운동 방향 등을 측정한다. 과학자들은 이 실험을 통해 우주의 생성 원리인 빅뱅의 비밀도 밝혀낼 수 있을 것으로 기대하고 있다.

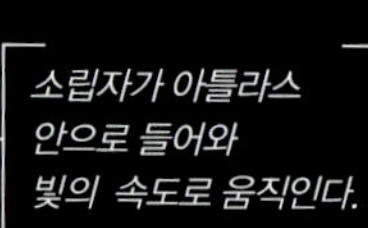

소립자가 아틀라스 안으로 들어와 빛의 속도로 움직인다.

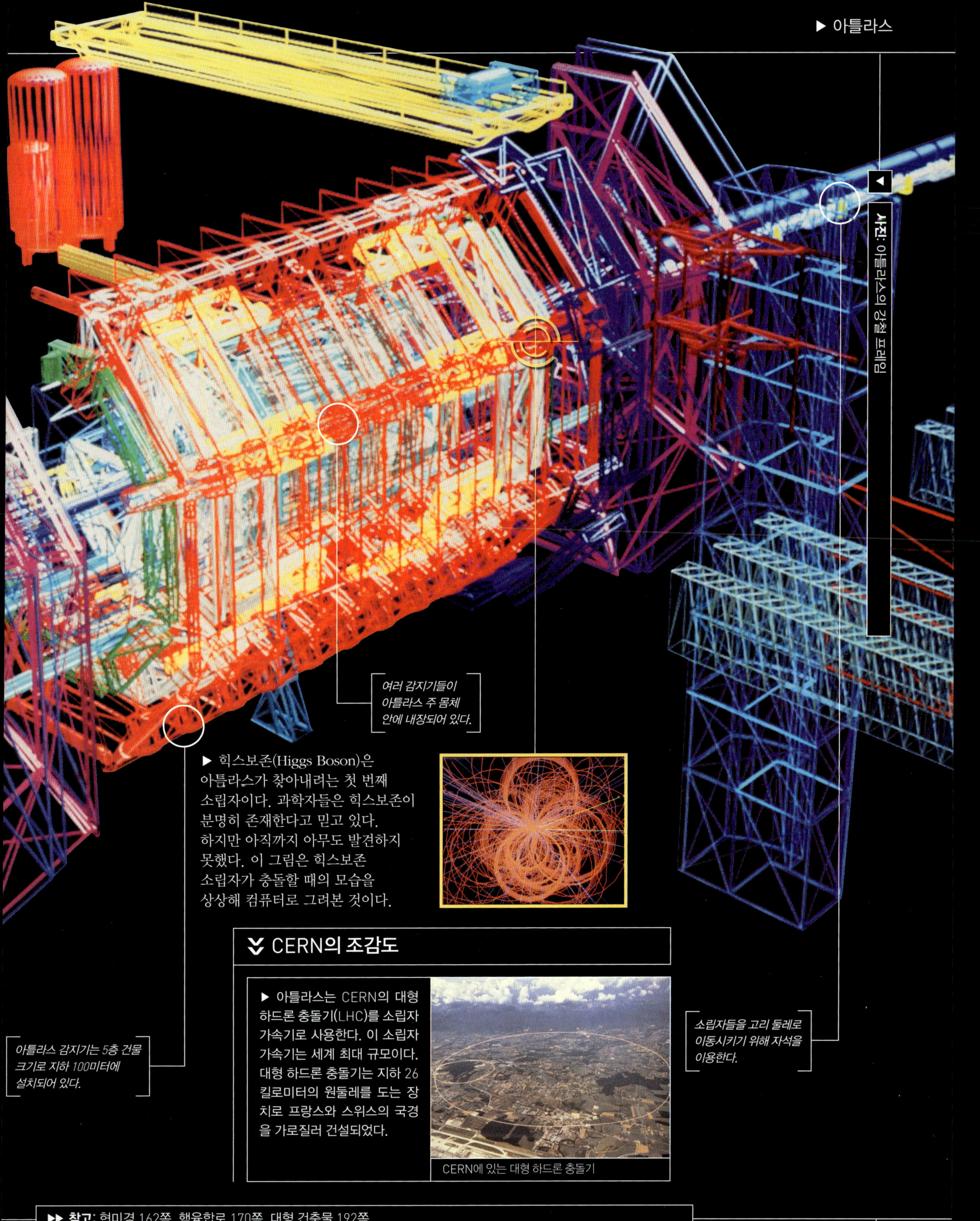

여러 감지기들이 아틀라스 주 몸체 안에 내장되어 있다.

▶ 힉스보존(Higgs Boson)은 아틀라스가 찾아내려는 첫 번째 소립자이다. 과학자들은 힉스보존이 분명히 존재한다고 믿고 있다. 하지만 아직까지 아무도 발견하지 못했다. 이 그림은 힉스보존 소립자가 충돌할 때의 모습을 상상해 컴퓨터로 그려본 것이다.

아틀라스 감지기는 5층 건물 크기로 지하 100미터에 설치되어 있다.

소립자들을 고리 둘레로 이동시키기 위해 자석을 이용한다.

CERN의 조감도

▶ 아틀라스는 CERN의 대형 하드론 충돌기(LHC)를 소립자 가속기로 사용한다. 이 소립자 가속기는 세계 최대 규모이다. 대형 하드론 충돌기는 지하 26 킬로미터의 원둘레를 도는 장치로 프랑스와 스위스의 국경을 가로질러 건설되었다.

CERN에 있는 대형 하드론 충돌기

▶▶ **참고**: 현미경 162쪽, 핵융합로 170쪽, 대형 건축물 192쪽

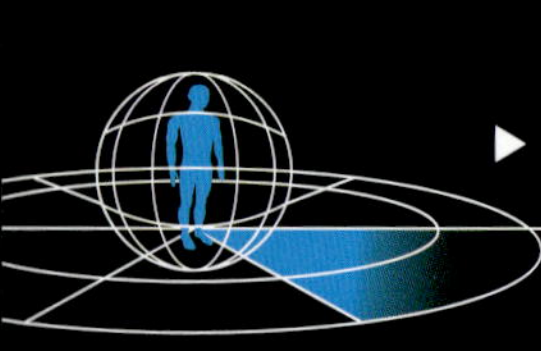

중성미자 관측기

▶▶ 지금 이 순간에도 약 20억 개의 중성미자들이 우리 몸을 통과해 지나가고 있다. 그렇다고 걱정할 필요는 없다. 중성미자는 우리 몸에 아무런 해를 입히지 않기 때문이다. 중성미자는 태양과 같은 별들의 핵반응으로 생기는 소립자이다. 과학자들은 우주의 신비를 알아내기 위해 지하에 설치된 거대 감지기로 중성미자를 연구하고 있다.

▶ 일본에서 건설하고 있는 이 관측기는 다른 소립자들의 방해를 막기 위해 지구 표면에서 1킬로미터 정도 뚫고 들어간 지하에 설치되었다. 관측기 안쪽의 크기는 10층 건물의 크기와 맞먹는다. 작동할 때는 관측기 안에 약 5만 톤의 순수한 물이 채워지고 빛이 전혀 들어오지 않아 매우 어두워진다. 광전자 증배관(photomultiplier tube)이 지나가는 중성미자가 남기는 섬광을 감지한다.

광전자 증배관이라고 부르는 빛 감지기가 중성미자가 남긴 섬광을 찾아낸다.

▲ 1만 개 이상의 광전자 증배관이 각자 하나씩의 광자를 감지할 수 있다. 관측기 안에 물이 차 있기 때문에 관 사이를 이동하려면 배를 타거나 잠수해야 한다.

완공되면 관측기 바닥도 광전자 증배관으로 덮일 것이다.

▲ **사진**: 일본의 슈퍼카미오칸데 관측기

▶▶ **참고**: 망원경 150쪽, 현미경 162쪽, 아틀라스 166쪽

중성미자 관측기의 원리

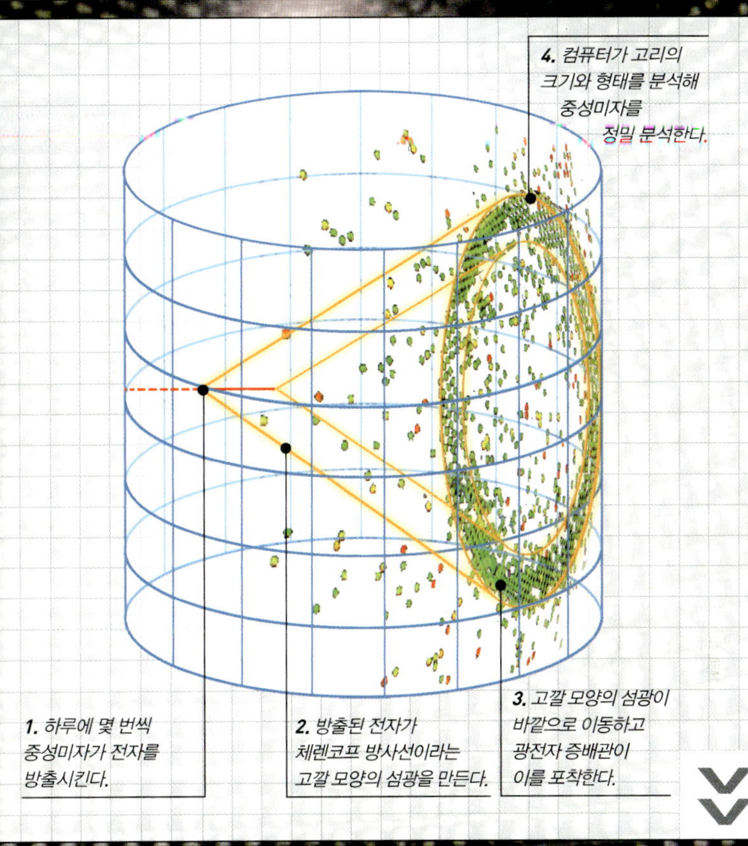

4. 컴퓨터가 고리의 크기와 형태를 분석해 중성미자를 정밀 분석한다.
1. 하루에 몇 번씩 중성미자가 전자를 방출시킨다.
2. 방출된 전자가 체렌코프 방사선이라는 고깔 모양의 섬광을 만든다.
3. 고깔 모양의 섬광이 바깥으로 이동하고 광전자 증배관이 이를 포착한다.

중성미자는 아무런 흔적도 남기지 않고 모든 것을 통과해 지나가기 때문에 감지해 내기가 쉽지 않다. 중성미자를 감지해 내는 방법 중 하나는 물로 가득 찬 관측기 안에서 중성미자가 물 분자와 충돌하면서 전자를 방출시킬 때를 포착하는 것이다. 이때 방출된 전자가 움직이면서 체렌코프 방사선이라는 고깔 모양의 푸른 빛 섬광을 일으킨다. 이 섬광을 관측기의 벽에 붙어 있는 광전자 증배관이 감지해 낸다.

초신성(슈퍼노바, supernova)의 활동

▶ 1987년 중성미자 관측기들이 중성미자의 대 분출을 기록하고, 근처 은하에서 별의 폭발(초신성)을 관측했다. 이 중성미자들은 별이 폭발하는 최후의 순간에 형성된 것으로 추정되었다. 과학자들은 중성미자 연구를 통해 초신성의 원리를 보다 깊이 이해할 수 있었다. 사진은 폭발 후 생긴 뜨거운 가스의 모습이다.

초신성 1987A의 폭발 모습

핵융합

▶▶ 핵융합은 태양이 에너지를 만드는 과정이다. 우리도 50년 이내에 핵융합로를 이용하여 전기를 만들 수 있을 것이다. 핵융합로가 완성되면 10그램의 수소 연료로 한 사람이 평생 동안 쓸 수 있는 에너지를 만들 수 있다.

▼ 핵융합로 실험기 안의 기체가 섭씨 1억 도에 달하는 고온 상태가 되면 기체의 원자들이 원자핵과 전자로 분해된다. 이와 같은 물질의 상태를 플라스마라고 한다.

▶ 두 가지 형태의 수소(중수소와 삼중 수소) 원자핵이 고속으로 충돌하면서 에너지가 방출된다. 두 수소의 원자핵이 융합해 하나의 헬륨 원자핵을 형성하고 남은 중성자는 방출된다. 이와 같은 반응을 수소 융합이라고 한다.

플라스마가 자기장에 의해 융합로 벽에서 떨어져 나간다.

플라스마의 가장 뜨거운 지점은 빛을 발하지는 않지만 눈에 보이지 않는 활발한 엑스선을 방출한다. 바로 이곳에서 핵융합이 일어난다.

상대적으로 온도가 낮은 플라스마의 가장자리는 온도가 섭씨 1만 도에 달하고 눈에 보이는 빛을 발한다.

▲ **사진:** 핵융합로 안에서 빛을 발하는 플라스마

▶▶ **참고**: 아틀라스 166쪽, 중성미자 관측기 168쪽

핵융합로의 원리

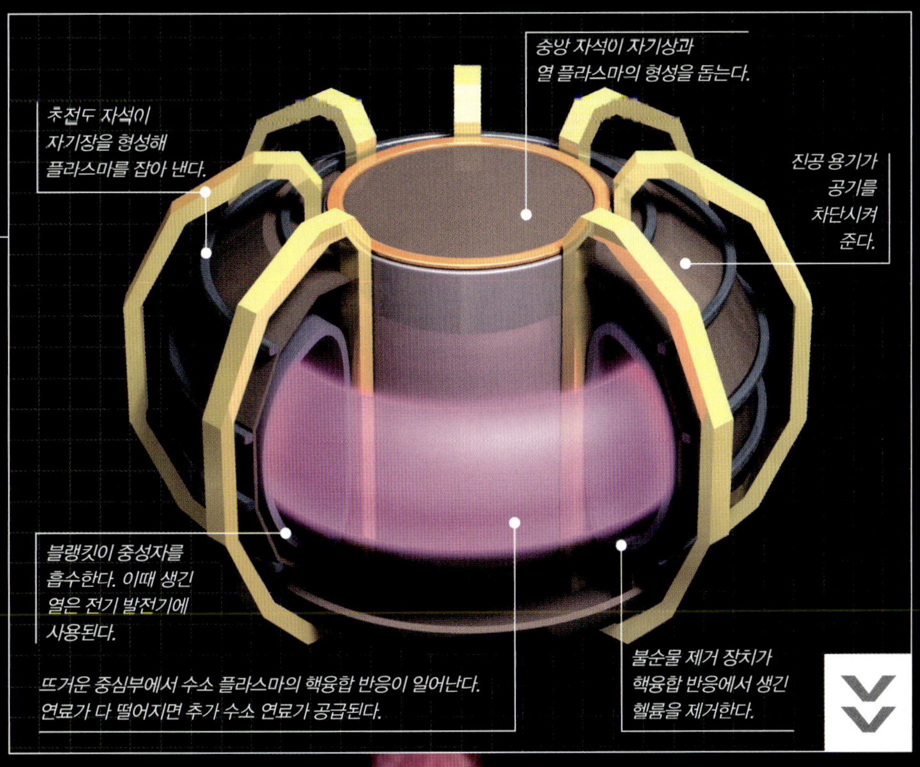

중앙 자석이 자기장과
열 플라스마의 형성을 돕는다.
초전도 자석이
자기장을 형성해
플라스마를 잡아 낸다.
진공 용기가
공기를
차단시켜
준다.
블랭킷이 중성자를
흡수한다. 이때 생긴
열은 전기 발전기에
사용된다.
뜨거운 중심부에서 수소 플라스마의 핵융합 반응이 일어난다.
연료가 다 떨어지면 추가 수소 연료가 공급된다.
불순물 제거 장치가
핵융합 반응에서 생긴
헬륨을 제거한다.

핵융합로는 핵융합이 일어날 수 있는 조건을 만들어 놓고 핵융합으로 생긴 에너지를 이용하는 장치이다. 강력한 자기장에 의해 발생한 플라스마는 일단 전파나 전류에 의해 뜨거워진다. 플라스마는 핵융합이 시작되면 외부의 도움 없이 방출되는 에너지만으로 고온 상태를 유지할 수 있다. 핵융합 과정에서 빠르게 움직이는 중성자가 생긴다. 이 중성자가 자기장을 벗어나 융합로 벽인 블랭킷에 부딪히고, 중성자가 블랭킷에 부딪힐 때 생긴 열로 전기를 만든다. 융합 과정에서 만들어지는 헬륨은 제거되고 새로운 수소 연료가 공급된다.

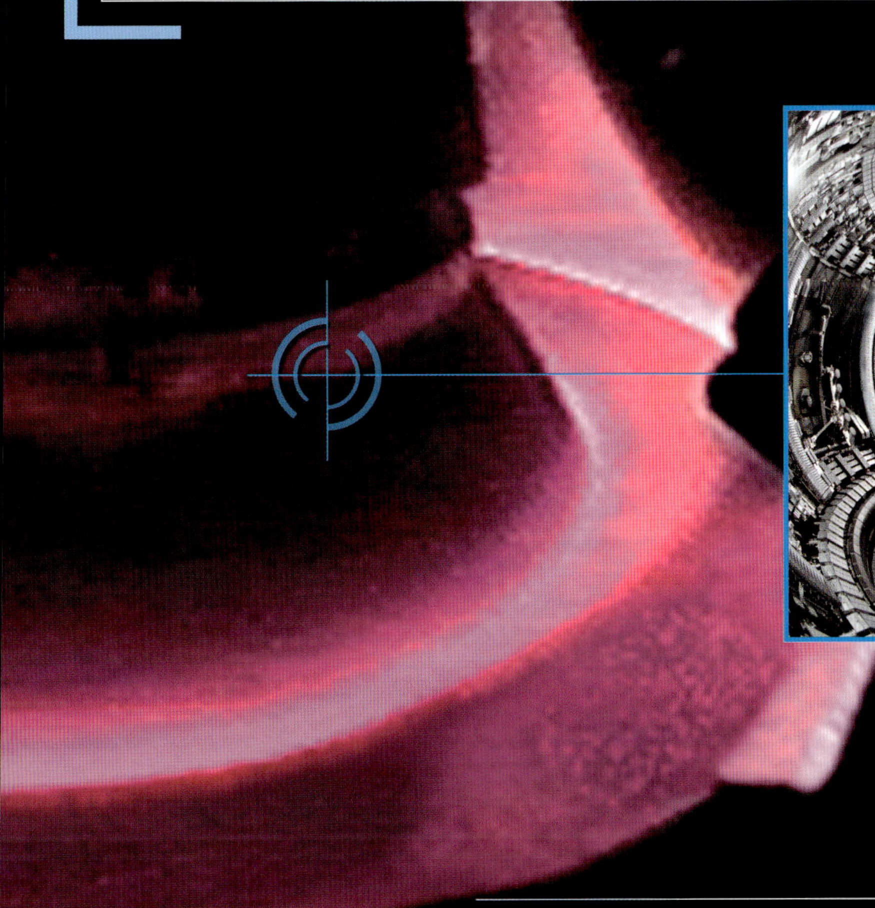

▲ 이 핵융합로는 거대한 도넛 모양이다. 공기를 밖으로 빼내 진공 상태를 만든다. 안쪽의 플라스마가 특별한 형태의 자기장에 의해 제어된다. 과열된 플라스마가 융합로 벽에 닿지 못하면 냉각되면서 핵융합이 멈춘다.

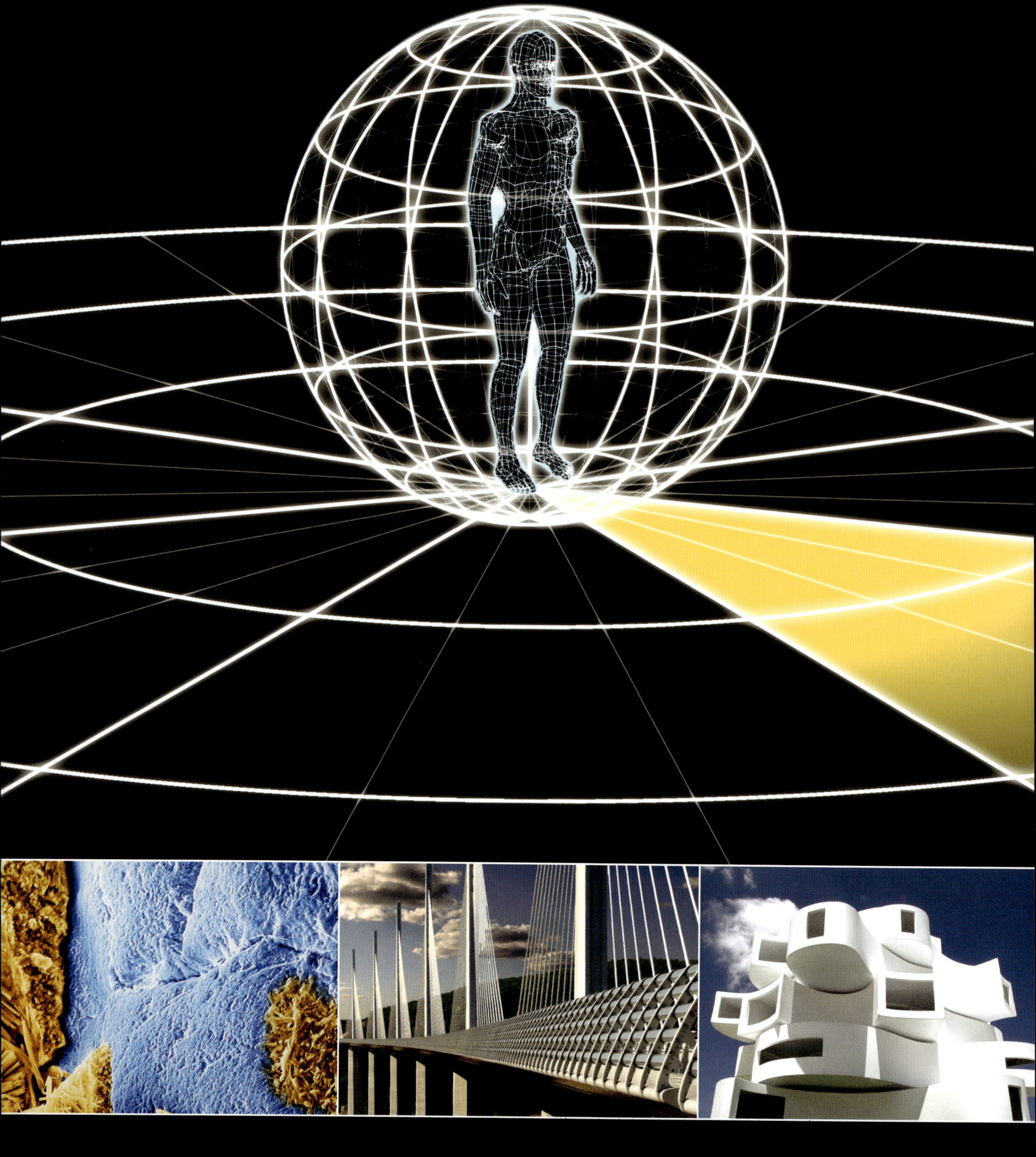

>> 건축

콘크리트 >> 건축용 자재 >> 드릴 >> 미요 대교 >> 그랜드 디자인 >> 에덴 프로젝트 >> 폴커크휠 >> 스카이워크 >> 대형 건축물 >> 진동 저감 장치 >> 태양 에너지 발전소 >> 스타디움 지붕 >> 초소형 기계 >> 레이저

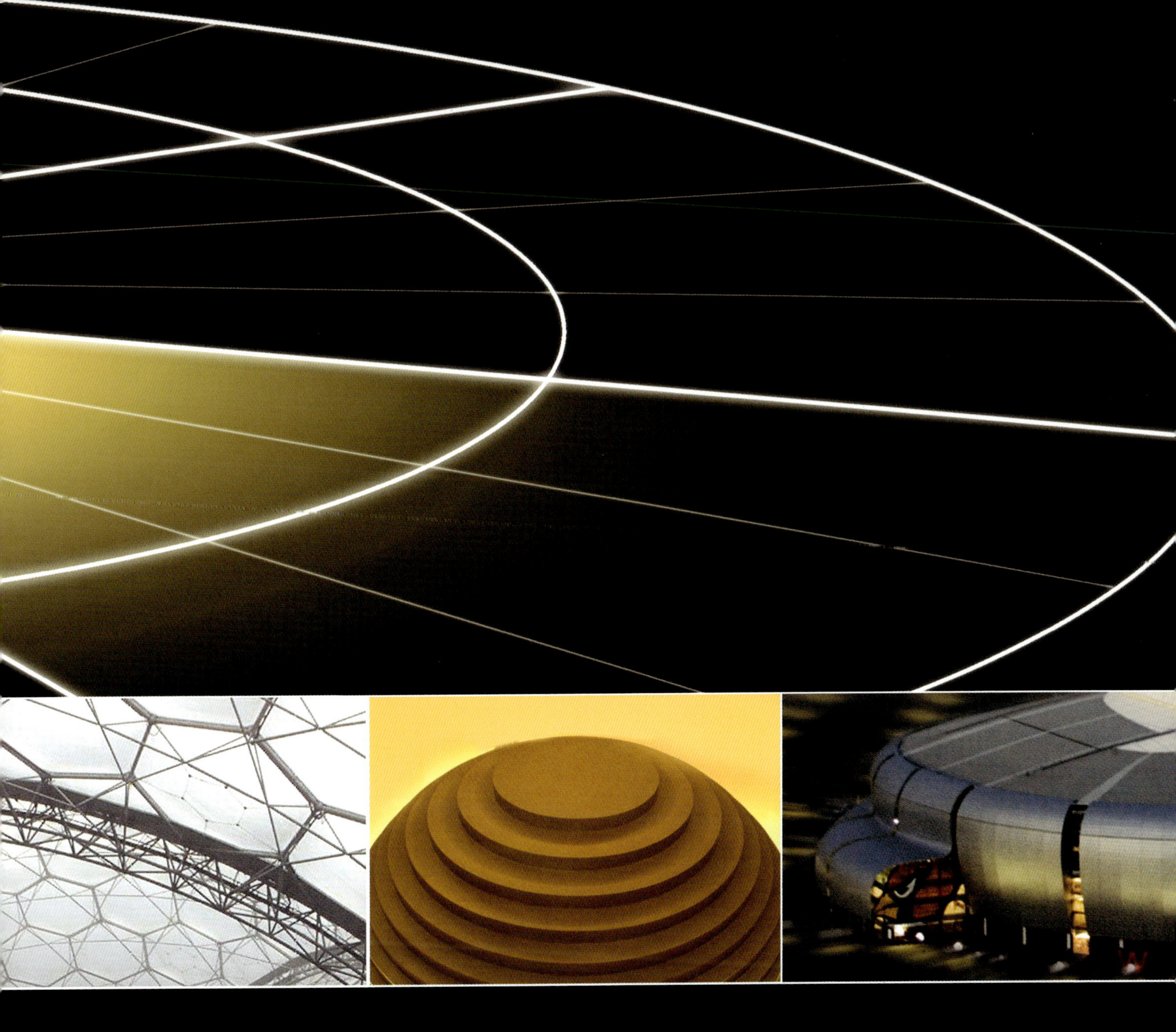

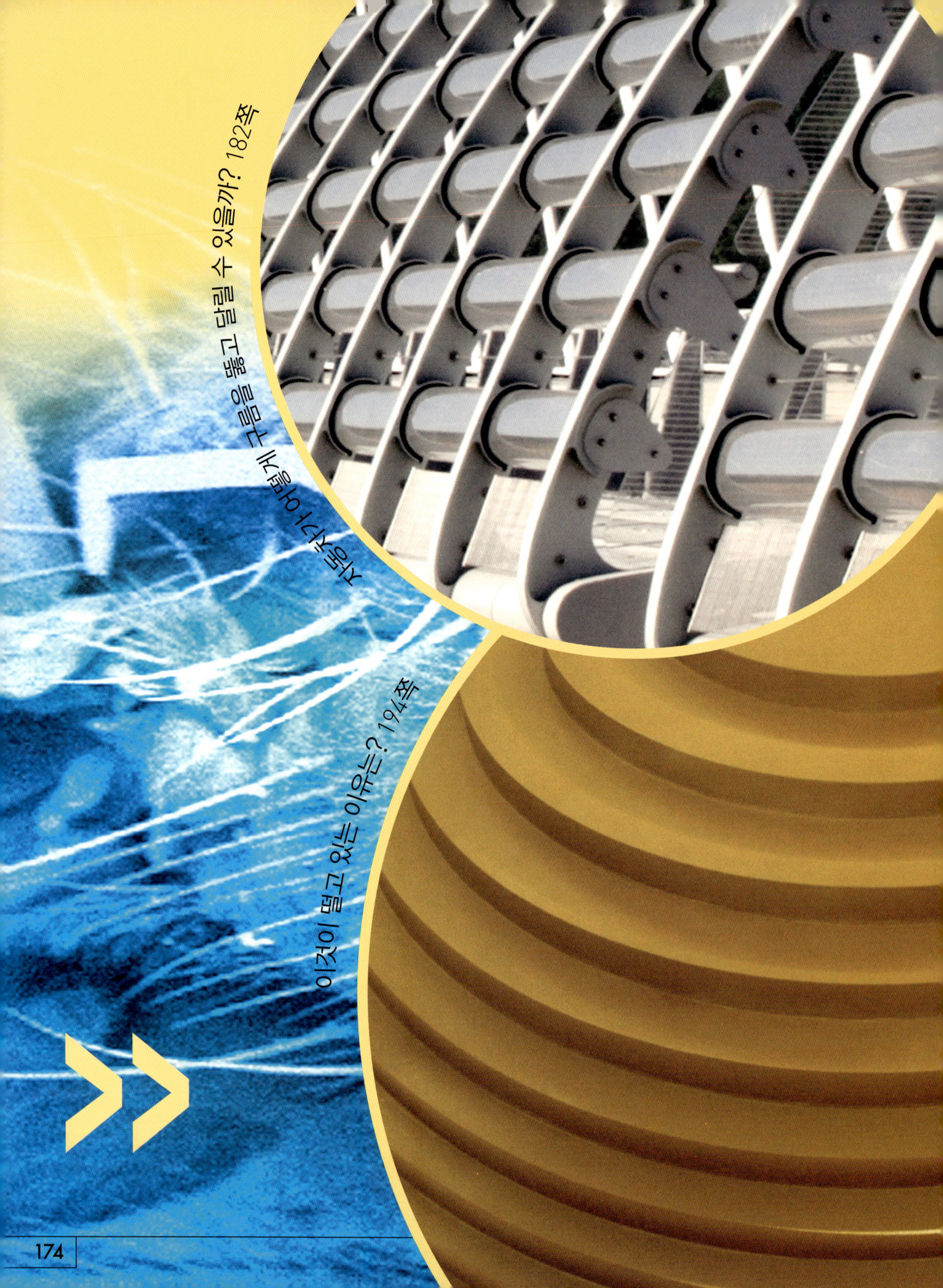
자동차가 어떻게 구름을 뚫고 달릴 수 있을까? 182쪽
이것이 떨고 있는 이유는? 194쪽

▶▶ 인간은 지구에 자신들의 흔적을 뚜렷하게 남기고 있다. 최근의 놀라운 건축물에는 계곡을 가로지르는 다리, 뜨거운 공기를 순환시키는 발전소, 단추 하나만 누르면 꽃잎이 펼쳐지듯이 열리는 스타디움 등이 있다. 콘크리트를 섞거나 벽돌을 쌓아 올린다고 건축물이 탄생하는 것은 아니다. 더 크고 훌륭한 건축물을 만들기 위해 건축용 자재와 건축 방법을 끊임없이 연구해야 한다. 하지만 크게 생각하려면 작게 생각해야 하듯이, 원자와 분자로 이루어진 나노 세계에서 물질이 어떻게 작용하는지도 이해해야 한다.

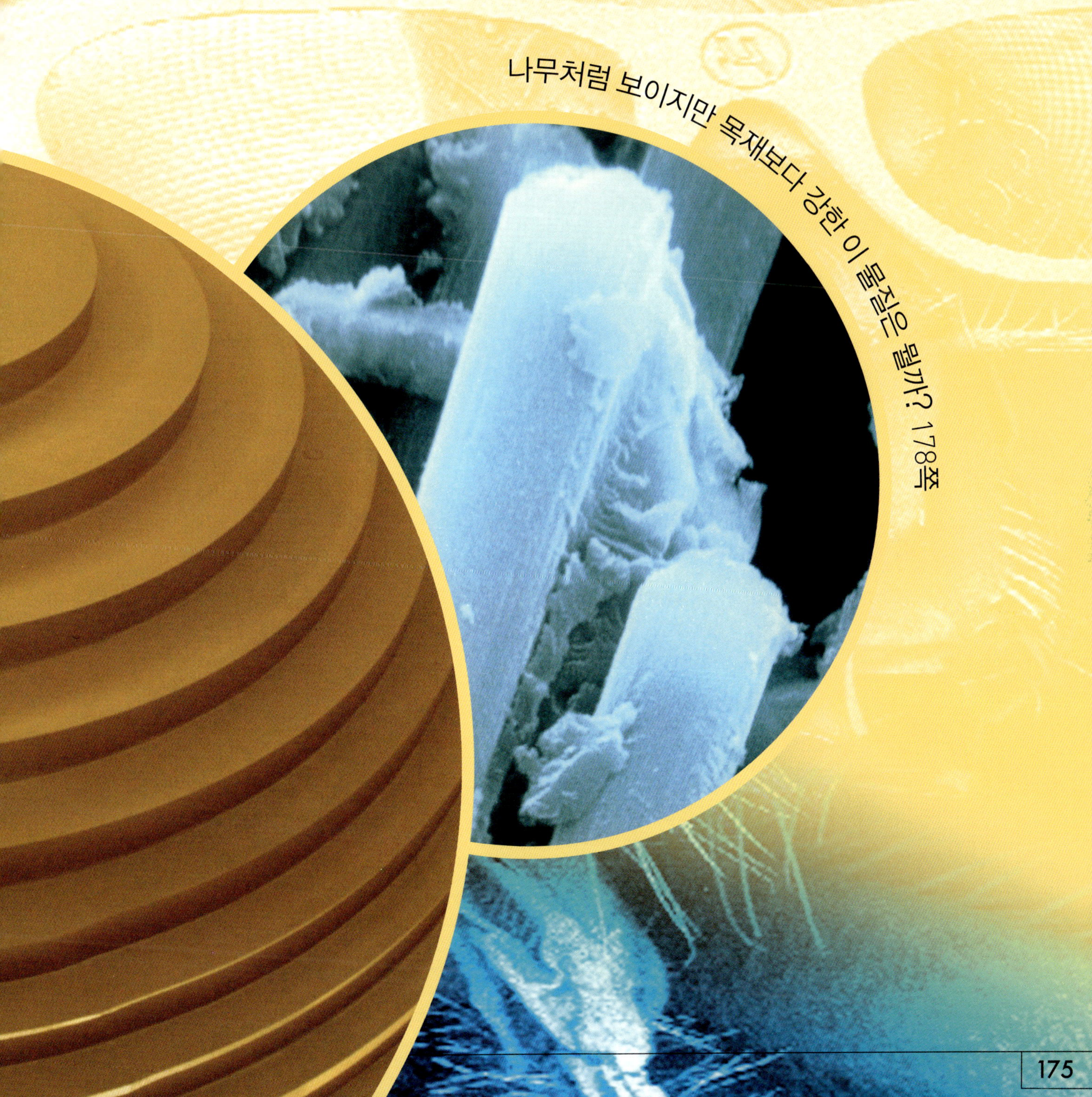

나무처럼 보이지만 목재보다 강한 이 물질은 뭘까? 178쪽

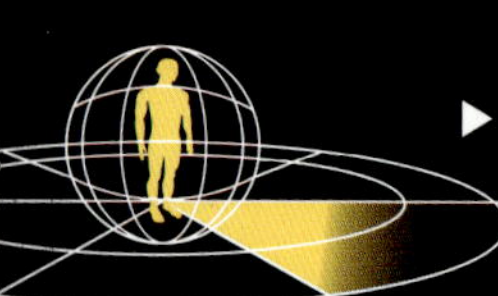

콘크리트

▶▶ 높은 고층 건물부터 긴 고속도로까지 세계에서 가장 인상적인 건축물들은 머리카락 두께의 5분의 1밖에 되지 않는 콘크리트 결정체가 지탱하고 있다.

콘크리트의 제작 과정

순수 콘크리트는 압축력(누르는 힘)에는 강하나 장력(구부리는 힘)에는 약해 쉽게 금이 가거나 부러질 수 있다.

강철은 장력에 강하다. 콘크리트를 강철 구조물로 강화하면 압축력과 장력에 모두 견딜 수 있다.

콘크리트는 자유자재로 모양을 바꿀 수 있는 건축 자재로, 로마 시대부터 사용되었다. 모래, 자갈, 시멘트를 섞고 물을 더하면 시멘트 속에서 결정체가 생겨나 모래와 자갈을 한데 묶어 준다. 콘크리트가 단단한 것은 말라서가 아니라 화학 반응을 통해 생겨난 결정체가 재료들을 한데 묶어 주기 때문이다. 콘크리트는 수직 기둥으로 사용할 때는 강하나 수평 대들보로 사용할 때는 약하다. 콘크리트는 구부리는 힘에 약해 금이 가기 때문이다. 그래서 콘크리트 안에 강철로 된 막대나 새장 모양의 구조물을 넣어 강화시킨다. 이렇게 강화된 콘크리트는 순수 콘크리트보다 수백 배 더 튼튼하다.

시멘트 속에서 석고 결정체가 생겨나 콘크리트를 한데 묶어 준다.

▲ 콘크리트는 시멘트 속에서 생겨난 결정체가 모래와 자갈 입자를 한데 묶어 줘 강해진다. 콘크리트는 보통 10~15퍼센트의 시멘트, 60~75퍼센트의 모래와 자갈, 15~20퍼센트의 물로 이루져 있다.

▶▶ **참고:** 미요 대교 182쪽, 그랜드 디자인 184쪽, 스카이워크 190쪽

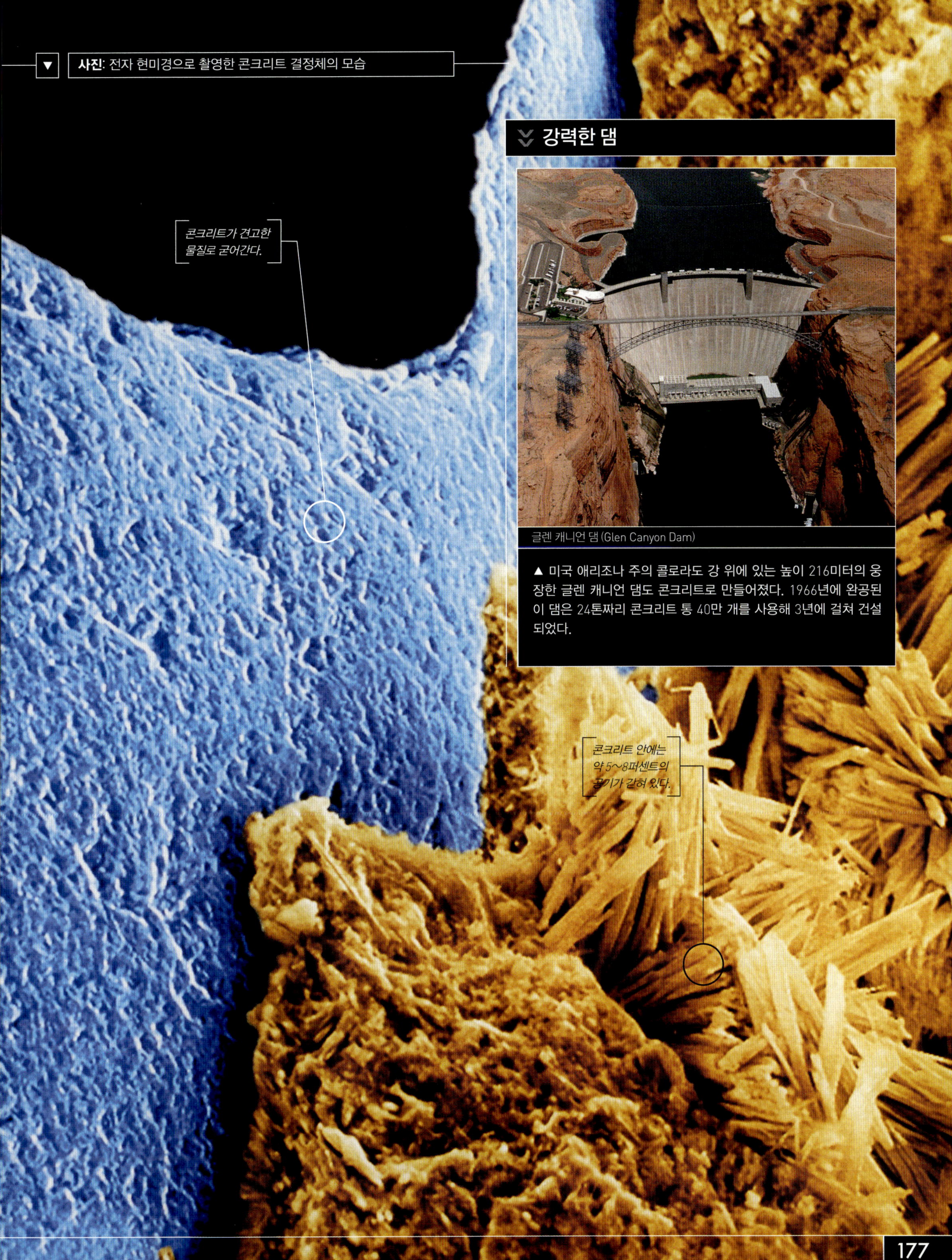

콘크리트가 견고한
물질로 굳어간다.
콘크리트 안에는
약 5~8퍼센트의
공기가 갇혀 있다.

사진: 전자 현미경으로 촬영한 콘크리트 결정체의 모습

강력한 댐

글렌 캐니언 댐(Glen Canyon Dam)

▲ 미국 애리조나 주의 콜로라도 강 위에 있는 높이 216미터의 웅장한 글렌 캐니언 댐도 콘크리트로 만들어졌다. 1966년에 완공된 이 댐은 24톤짜리 콘크리트 통 40만 개를 사용해 3년에 걸쳐 건설되었다.

건축용 자재

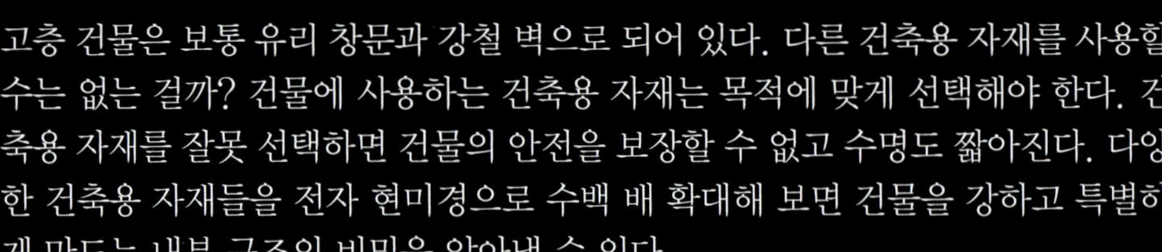

고층 건물은 보통 유리 창문과 강철 벽으로 되어 있다. 다른 건축용 자재를 사용할 수는 없는 걸까? 건물에 사용하는 건축용 자재는 목적에 맞게 선택해야 한다. 건축용 자재를 잘못 선택하면 건물의 안전을 보장할 수 없고 수명도 짧아진다. 다양한 건축용 자재들을 전자 현미경으로 수백 배 확대해 보면 건물을 강하고 특별하게 만드는는 내부 구조의 비밀을 알아낼 수 있다.

단열 섬유
다크론(Dacron®)은 폴리에스테르 필라멘트로 만들어졌다. 필라멘트는 폴리머라는 탄소 성분 분자가 사슬 모양으로 길게 연결되어 있다. 필라멘트 안에는 최대 일곱 개의 공기구멍이 있다. 이 공기구멍 속과 필라멘트 사이에 갇힌 공기 덕분에 다크론을 천장과 벽에 시공하면 완벽한 단열 효과를 거둘 수 있다.

질석
질석은 운모를 가열해 여러 겹의 층으로 팽창시켜 만든 불견딜성 단열재이다. 운모 자체가 불에 타지 않는 실리콘과 규산염 광물로 만들어졌기 때문에 불에 강한 것이다. 질석은 여러 겹으로 된 층 사이에 공기가 갇혀 있어 단열 효과를 낼 수 있다.

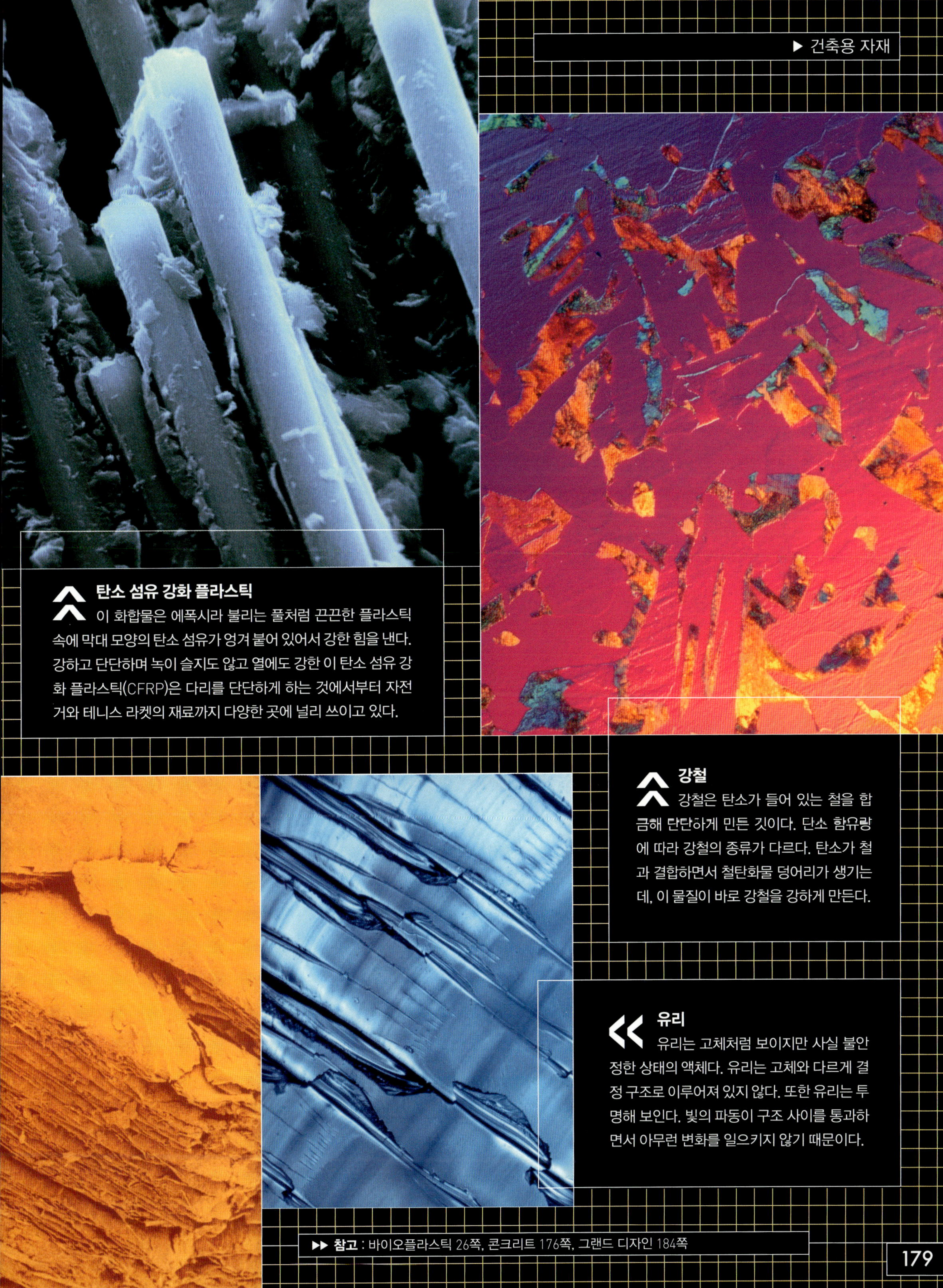

탄소 섬유 강화 플라스틱
이 화합물은 에폭시라 불리는 풀처럼 끈끈한 플라스틱 속에 막대 모양의 탄소 섬유가 엉겨 붙어 있어서 강한 힘을 낸다. 강하고 단단하며 녹이 슬지도 않고 열에도 강한 이 탄소 섬유 강화 플라스틱(CFRP)은 다리를 단단하게 하는 것에서부터 자전거와 테니스 라켓의 재료까지 다양한 곳에 널리 쓰이고 있다.

강철
강철은 탄소가 들어 있는 철을 합금해 단단하게 만든 것이다. 단소 함유량에 따라 강철의 종류가 다르다. 탄소가 철과 결합하면서 철탄화물 덩어리가 생기는데, 이 물질이 바로 강철을 강하게 만든다.

유리
유리는 고체처럼 보이지만 사실 불안정한 상태의 액체다. 유리는 고체와 다르게 결정 구조로 이루어져 있지 않다. 또한 유리는 투명해 보인다. 빛의 파동이 구조 사이를 통과하면서 아무런 변화를 일으키지 않기 때문이다.

▶▶ **참고** : 바이오플라스틱 26쪽, 콘크리트 176쪽, 그랜드 디자인 184쪽

드릴

▶▶ 도로는 오래 사용하기 위해 매우 단단하게 만든다. 도로를 깨뜨리고 구멍을 뚫기란 보통 힘든 일이 아니다. 도로 공사가 필요할 때 압축 공기 드릴을 사용하면 효과적으로 작업할 수 있다. 압축 공기 드릴은 1초당 25회의 빠른 속도로 무거운 쇠끌을 도로 표면에 내려친다.

방음기가 소음과 진동을 줄여 준다.

손잡이는 진동을 흡수할 수 있도록 제작되었다. 손잡이를 아래로 누르면 드릴이 작동하기 시작한다.

공기 압축기가 고압의 공기를 드릴 안으로 밀어 넣는다.

▶▶ **참고**: 도로 106쪽, 콘크리트 176쪽, 건축용 자재 178쪽

>> 드릴의 원리

1. 사용자가 손잡이를 누르면 공기가 드릴 안으로 들어간다.

2. 공기 압축기에서 압축된 공기(파란색)가 드릴 안으로 들어간다.

3. 시작 단계에는 밸브가 편평한 상태다.

4. 공기가 바깥 관을 통해 순환한다.

5. 파일 드라이버가 중앙 관을 타고 올라간다.

6. 드릴 끝이 중앙 관을 타고 올라간다.

7. 폐기 가스가 출구 밖으로 흘러나온다.

1단계

8. 공기의 흐름이 밸브를 들어 올린다.

9. 공기가 중앙 관 아래로 내려간다.

10. 파일 드라이버가 중앙 관을 타고 아래로 내려간다.

11. 파일 드라이버가 드릴 끝을 아래로 밀어 땅을 치게 한다.

12. 폐기 가스가 밖으로 흘러나온다.

2단계

공기가 압력을 받으면 힘이 생겨 유용하게 쓸 수 있다. 이처럼 압력을 받은 공기를 압축 공기라 한다. 자전거용 펌프로 압축 공기를 집어넣으면 자전거 바퀴가 팽팽하게 부푼다. 압축 공기 드릴은 공기 압축기라고 불리는 커다란 디젤 펌프로 작동된다. 공기 압축기가 공기의 압력을 평소보다 10배로 높여 준다. 이렇게 생긴 공기의 힘은 파일 드라이버가 위아래로 움직이도록 한다. 이때 파일 드라이버와 연결된 드릴 끝이 반복적으로 땅을 내리치게 된다. 그 결과, 드릴 밑에 벽돌, 아스팔트, 콘크리트는 깨지거나 구멍이 뚫린다.

◀ 압축 공기 드릴은 엔진이나 전기 모터 대신 공기의 힘으로 작동한다. 보통 압축 공기 드릴은 1초당 30리터의 압축 공기로 10~20초 안에 도로 표면을 깨뜨릴 수 있다.

드릴에 끼우는 날은 단단한 강철로 만든다.

구멍을 뚫을 때는 쇠끌을 좁은 것으로 바꾼다. 이처럼 목적에 따라 쇠끌의 크기를 바꿀 수 있다.

▼ **사진:** 도로 표면을 뚫고 있는 압축 공기 드릴

미요 대교

▶▶ 구름을 뚫고 솟아오른 미요 대교(The Millau Viaduct)는 프랑스 남부의 타른 계곡에 자리 잡고 있다. 미요 대교의 높이는 343미터로 세계에서 가장 높은 다리다. 미요 대교 건설에는 에펠탑보다 네 배나 많은 강철이 사용됐으며, 실제 높이도 에펠탑보다 20미터나 높다.

▶ 미요 대교와 같은 사장교(cable-stayed bridge)는 지상에서부터 솟아오른 교각 위에 탑을 세우고 탑에 매여 있는 강철 케이블이 상판(도로)을 들어 올린다.

탑의 높이는 87미터에 달한다.

강철 케이블은 탑에서 상판까지 이어진다.

▲ **사진**: 프랑스 타른 강을 가로지르는 미요 대교

>> 미요 대교의 건설 과정

교각
일곱 개의 콘크리트 교각 중 하나는 세계 최고의 높이를 자랑하며, 2년에 걸쳐 만들어졌다. 이 교각들은 지하 15미터 깊이에 있는 토대에서부터 하루 평균 1.3미터씩 건설되었다.

탑
교각이 완전히 자리를 잡은 뒤 탑을 만들었다. 이 과정에서 거대한 강철 집게 팔(파란색) 두 대와 2000톤까지 들어 올릴 수 있는 수압 기중기가 사용되었다.

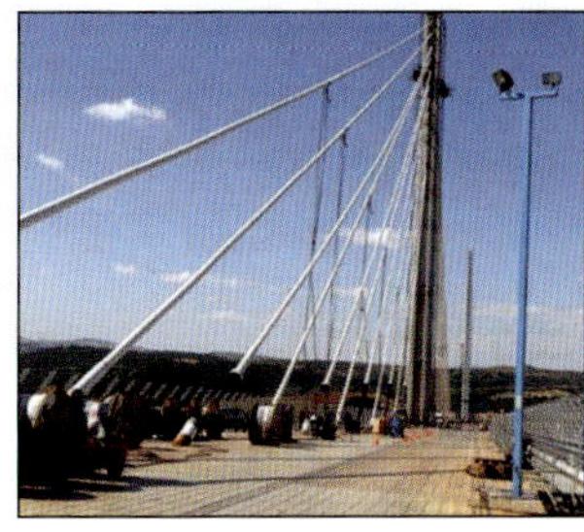

케이블
탑마다 강철 케이블이 22개씩 달린다. 각 케이블은 모두 91가닥으로 만들어지고 각 가닥은 7개의 강철선으로 만들어진다. 각 상판에 연결된 강철선은 총 1만 4000개다.

상판
강철로 된 상판의 무게는 물건을 가득 실은 화물 트럭 1000대 무게와 맞먹는다. 하지만 다리 상판을 조립하는 데는 채 2년도 걸리지 않았다. 상판을 한 번에 한 조각씩 들어 올려 조립하는 데 총 64대의 거대한 수압 기중기가 사용되었다.

▶▶ **참고**: 건축용 자재 178쪽, 대형 건축물 192쪽, 홍수 조절 장벽 240쪽

그랜드 디자인

오늘날 건축물은 상상력의 한계를 초월한다. 최첨단 재료와 건설 기술 덕분에 낯설고 기묘한 건축물을 설계할 수 있게 되었다. 또 자연에서 볼 수 있는 다양한 곡선과 무늬가 건축물 설계에 영감을 주고 있다. 무엇보다 중요한 것은 환경에 미치는 영향을 최소화하는 친환경 건축물을 만드는 것이다.

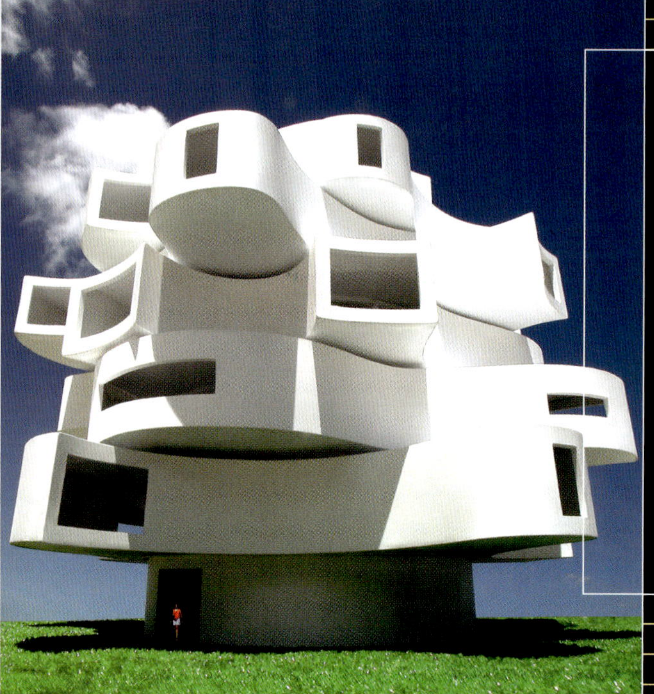

바람에 따라 모양이 바뀌는 전시관

미국에 있는 이 건축물은 바람에 따라 모양이 바뀐다. 6층 건물의 각 층이 중심 기둥을 축으로 회전할 수 있기 때문이다. 층마다 다른 방향으로 회전하기 때문에 건축물의 모습은 끊임없이 바뀐다. 또 건물이 움직일 때 힘으로 전기 발전기를 작동시켜 전기 에너지를 만든다. 이렇게 만든 에너지는 야간 조명을 켜는 데 사용한다.

미래의 생활

이상하게 생긴 리빙 투모로우 전시관(Living Tomorrow Pavilion)은 재활용할 수 있고 환경에 영향을 거의 끼치지 않는 물질로 만들어졌다. 에너지를 절약하기 위해 샤워할 때 버려지는 열을 재활용하는 장치가 있다. 이 전시관은 네덜란드 암스테르담에서 열린 미래형 주택과 사무 공간 전시회를 위해 개발되었다.

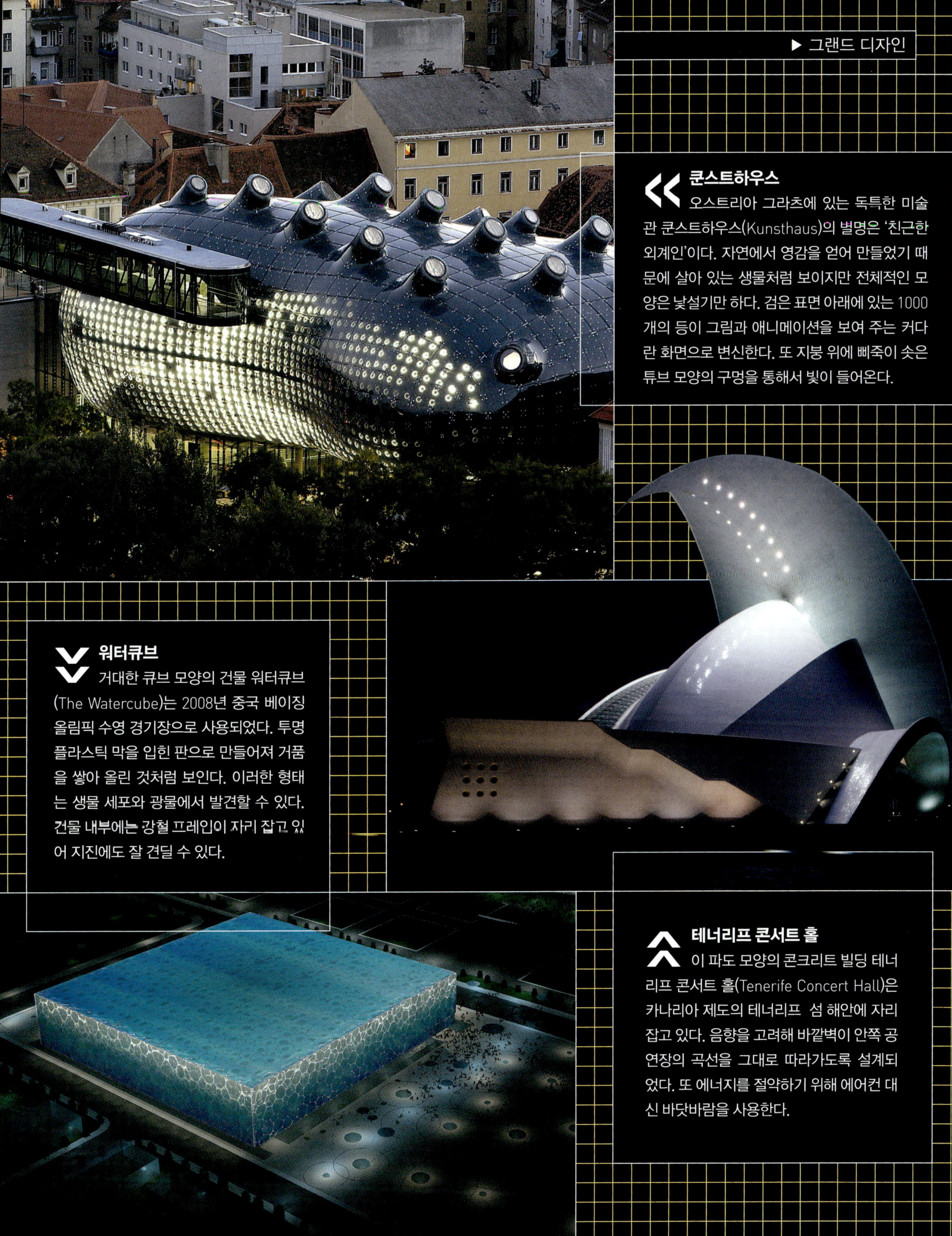

쿤스트하우스
오스트리아 그라츠에 있는 독특한 미술관 쿤스트하우스(Kunsthaus)의 별명은 '친근한 외계인'이다. 자연에서 영감을 얻어 만들었기 때문에 살아 있는 생물처럼 보이지만 전체적인 모양은 낯설기만 하다. 검은 표면 아래에 있는 1000개의 등이 그림과 애니메이션을 보여 주는 커다란 화면으로 변신한다. 또 지붕 위에 삐죽이 솟은 튜브 모양의 구멍을 통해서 빛이 들어온다.

워터큐브
거대한 큐브 모양의 건물 워터큐브(The Watercube)는 2008년 중국 베이징 올림픽 수영 경기장으로 사용되었다. 투명 플라스틱 막을 입힌 판으로 만들어져 거품을 쌓아 올린 것처럼 보인다. 이러한 형태는 생물 세포와 광물에서 발견할 수 있다. 건물 내부에는 강철 프레임이 자리 잡고 있어 지진에도 잘 견딜 수 있다.

테네리프 콘서트 홀
이 파도 모양의 콘크리트 빌딩 테네리프 콘서트 홀(Tenerife Concert Hall)은 카나리아 제도의 테네리프 섬 해안에 자리 잡고 있다. 음향을 고려해 바깥벽이 안쪽 공연장의 곡선을 그대로 따라가도록 설계되었다. 또 에너지를 절약하기 위해 에어컨 대신 바닷바람을 사용한다.

▶▶ **참고**: 스카이워크 190쪽, 대형 건축물 192쪽, 거주지 234쪽

생물다양성

산불이 숲을 파괴하고 있다.

▲ 인간은 지구 숲의 80퍼센트 이상을 개간해 왔다. 지금 남아 있는 숲의 절반은 열대 지방에 집중되어 있다. 열대림은 세계 생물 종의 90퍼센트 이상이 살고 있을 만큼 생물다양성이 매우 높다. 하지만 인간은 농작물을 기를 땅을 얻기 위해 열대림을 파괴하고 있다.

에덴 프로젝트

▶▶ 인간은 지금까지 지구 육지의 절반 이상을 개발해 왔다. 그 과정에서 환경이 파괴되었고 수많은 식물이 멸종 위기에 처하고 말았다. 영국 콘월의 거대한 온실 단지인 에덴은 미래의 후손들을 위해 멸종 위기 식물을 지키려는 목적으로 만들었다.

◀ 에덴에는 생물 군집 단위인 바이옴(biome)을 흉내 낸 두 개의 인공 바이옴이 있다. 고습도 열대 바이옴은 세계 최대 규모의 온실로 길이가 240미터나 된다. 이 바이옴은 온도가 높고 습도가 많은 열대 지방의 환경을 그대로 재현하였다.

고습도 열대 바이옴의 길이는 올림픽 수영장 길이의 다섯 배에 달한다.

>> 에덴 프로젝트의 주요 특징

바이옴 구조

에덴의 바이옴은 강철 프레임 골격에 투명 플라스틱 막을 씌운 구조로 되어 있다. 이렇게 하면 빛은 안으로 들어오지만 열과 습기는 밖으로 빠져나가지 못한다. 육각형이 서로 맞물리는 구조로 되어 있기 때문에 지붕의 무게를 고르게 분산시켜 준다. 이러한 구조 덕분에 바이옴 내부에는 기둥이 없다.

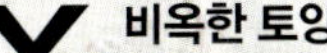

비옥한 토양

에덴은 버려진 점토 채석장 위에 건설되었다. 그래서 8만 5000톤의 토양이 더 필요했다. 일부 토양은 가정에서 나온 음식 쓰레기와 정원 폐기물을 거대한 구덩이에서 재활용해 만들었다. 벌레 수천 마리가 이 폐기물을 먹고 소화해 비옥한 퇴비로 만들어 준 것이다.

희귀 식물

고리봉선화(Impatiens gordonii)는 표본이 120개밖에 남아 있지 않은, 세계에서 가장 희귀한 꽃 중 하나다. 세이셸의 위협받고 있는 아프리카의 서식지에서 이곳으로 구해 왔고, 현재 새로운 변종들이 자라고 있다. 적절한 서식 환경과 비옥한 토양을 자랑하는 에덴은 서식지를 잃은 희귀 식물에게 완벽한 보금자리를 제공한다.

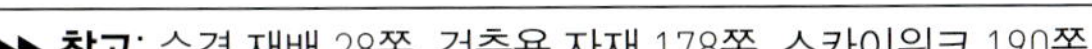

▶▶ **참고**: 수경 재배 28쪽, 건축용 자재 178쪽, 스카이워크 190쪽

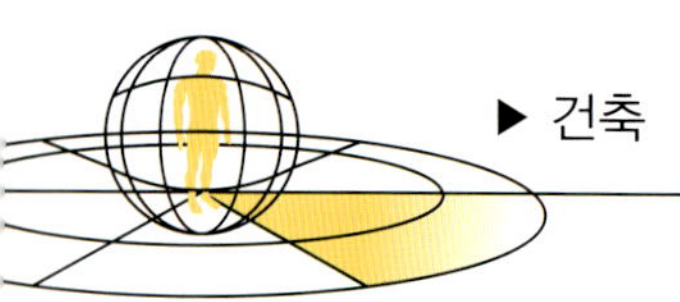

폴커크휠

▶▶ 세계 최초의 회전식 선박 기중기, 폴커크휠(Falkirk Wheel)은 놀이 공원에서 볼 수 있는 대관람차처럼 생겼다. 폴커크휠의 무게는 자그마치 자동차 1000대와 맞먹는다. 폴커크휠은 엄청나게 무거운 선박을 단 4분 만에 위로 들어 올려 준다.

>> 폴커크휠의 원리

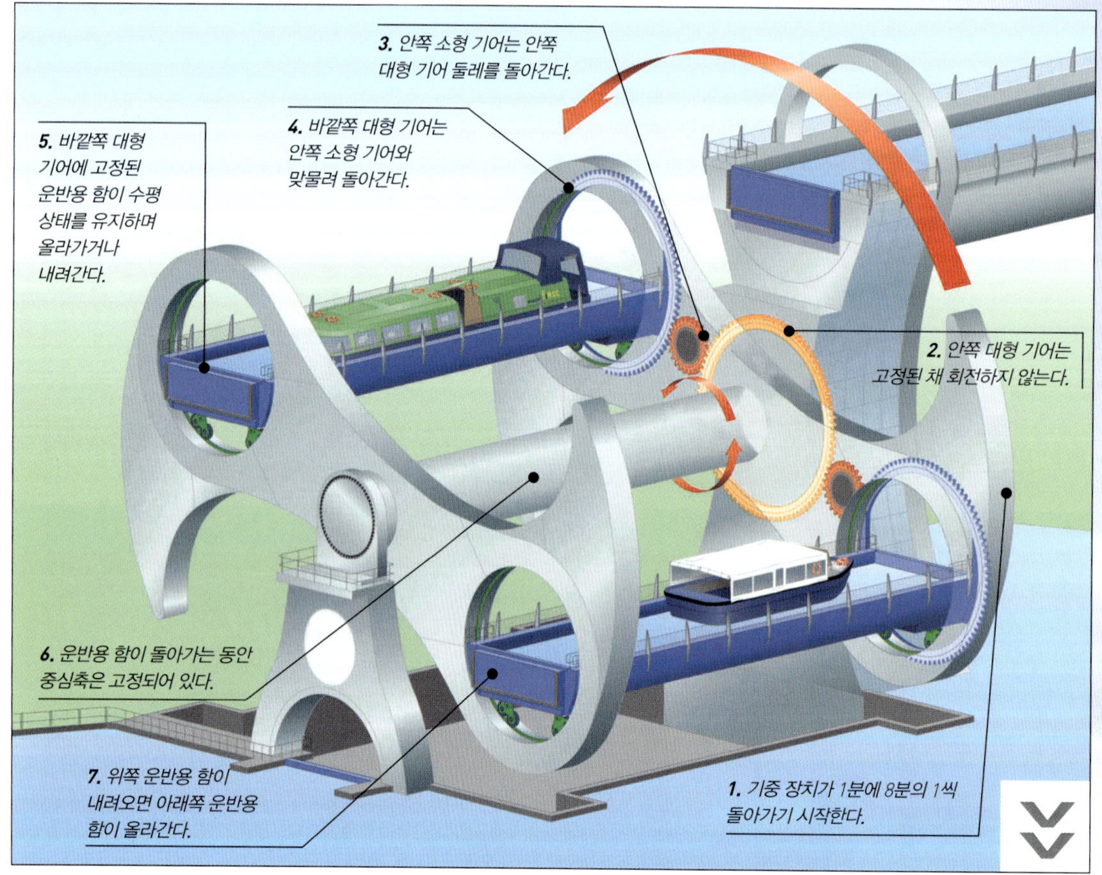

3. 안쪽 소형 기어는 안쪽 대형 기어 둘레를 돌아간다.
4. 바깥쪽 대형 기어는 안쪽 소형 기어와 맞물려 돌아간다.
5. 바깥쪽 대형 기어에 고정된 운반용 함이 수평 상태를 유지하며 올라가거나 내려간다.
2. 안쪽 대형 기어는 고정된 채 회전하지 않는다.
6. 운반용 함이 돌아가는 동안 중심축은 고정되어 있다.
7. 위쪽 운반용 함이 내려오면 아래쪽 운반용 함이 올라간다.
1. 기중 장치가 1분에 8분의 1씩 돌아가기 시작한다.

맨손으로 사람을 들기는 쉽지 않다. 하지만 두 사람이 시소를 타고 있다면 훨씬 더 무거운 사람도 쉽게 들어 올릴 수 있다. 시소의 지렛대가 자기의 몸무게 힘을 크게 해, 상대방을 드는 힘으로 사용하기 때문이다. 폴커크휠은 두 개의 거대한 운반용 함이 시소처럼 균형을 이루고 있다. 한쪽이 아래로 내려가면 반대쪽은 위로 올라간다. 이렇게 균형의 과학을 이용하면 전기 모터나 수압기로 힘을 들이지 않고도 무거운 선박을 들어 올리고 내릴 수 있다. 이때 기어가 시소의 지렛대 역할을 해 선박을 들어 올리는 힘을 크게 만든다.

운반용 함은 20미터 길이로, 최대 4대의 선박을 실을 수 있다.

▶▶ **참고:** 콘크리트 176쪽, 미요 대교 182쪽, 스카이워크 190쪽

▼ 이 거대한 콘크리트 기중기는 스코틀랜드의 폴커크에 자리 잡고 있다. 폴커크휠은 약 30미터의 높이 차이가 나는 유니온 운하와 포스앤클라이드 운하를 연결하는 통로이다. 폴커크휠은 한 번에 8대의 선박을 이동시킬 수 있다. 엄청난 크기에도 불구하고 균형의 과학을 이용하기 때문에 소형차 엔진으로도 충분히 가동시킬 수 있다.
꼭대기에서 강화 콘크리트 수로가 운하와 연결된다.
안쪽 대형 기어는 고정되어 있어 회전하지 않는다.
안쪽 소형 기어는 고정되어 있는 안쪽 대형 기어와 맞물려 회전한다.
바깥쪽 대형 기어는 안쪽 소형 기어와 맞물려 회전한다.
단단히 닫힌 문 뒤의 수압이 선박을 안전하게 보호한다.

▲ **사진:** 스코틀랜드의 폴커크휠

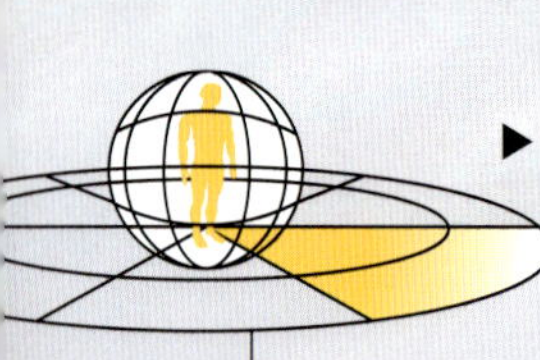

스카이워크

▶▶ 강은 흐르면서 풍경을 조각한다. 이 가운데 그랜드 캐니언만큼 웅장한 풍경은 없을 것이다. 이 깊은 협곡은 콜로라도 강이 미국 애리조나의 건조한 지형을 뚫고 지나가면서 생긴 것이다. 이 웅장한 풍경을 1200미터 상공에 설치된 유리 전망대에서 보는 것보다 더 좋은 방법이 있을까?

스카이워크 아래쪽의 말뚝은 점보제트기 75대의 무게도 견딜 수 있다.

사진: 스카이워크 개장일 ▶

>> 스카이워크의 주요 특징

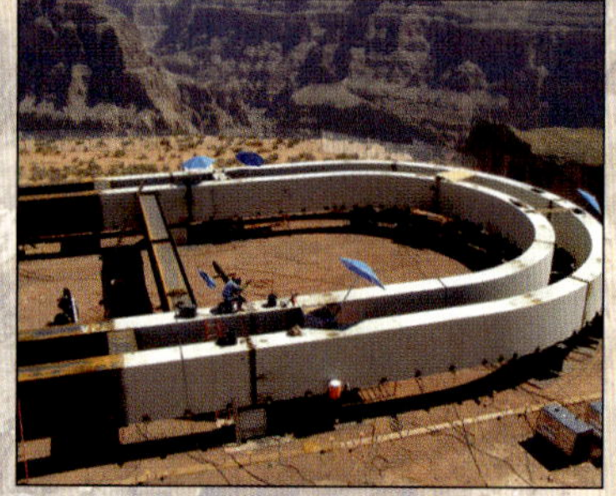

<< 외팔보 플랫폼

스카이워크(Skywalk)는 지지대 없이 허공에 설치된 외팔보(Cantilever) 구조물이다. U자 모양 보의 양쪽 끝이 바위에 고정되어 있다. 단단히 고정하기 위해 94개의 강철 막대가 바위 속으로 14미터나 뚫고 들어가 있다. 스카이워크는 관광객 120명의 몸무게를 거뜬히 지탱할 수 있다.

>> 유리 바닥

상판은 강화된 합판 유리로 되어 있다. 몇 겹의 유리와 플라스틱을 합해 5센티미터 두께로 만든 것이다. 관광객은 유리가 긁히지 않도록 신발 위에 천 슬리퍼를 덧신어야 한다.

스카이워크에서 아래로 뛰어내리면 15초 만에 강물로 떨어진다.
박스 모양 대들보는 450톤 이상의 탄소 강을 함유하고 있다.
SECURITY

▼ 그랜드 캐니언의 스카이워크는 협곡 양 끝을 이어 주는 21미터의 U자 모양 유리 전망대이다. 스카이워크는 세계에서 가장 높은 인공 구조물로 시속 160킬로미터의 바람이 불어와도 끄떡없다.

▶▶ **참고**: 콘크리트 176쪽, 건축용 자재 178쪽, 그랜드 디자인 184쪽

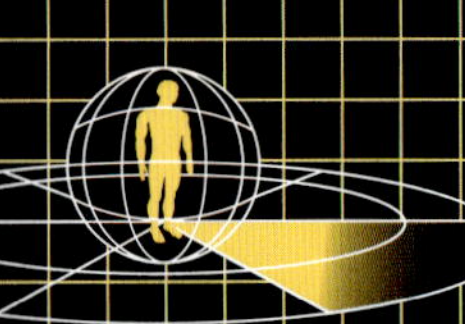

대형 건축물

만들기 쉬울 뿐 아니라 엄청난 무게를 견딜 수 있는 강철과 콘크리트는 기술 공학의 혁명을 이끌어 왔다. 자유자재로 바꿀 수 있는 이러한 건축용 자재 덕분에 과거에는 상상할 수 없었던 규모의 단단하면서도 아름다운 건축물들이 탄생했다.

가장 긴 현수교
아카시가이쿄 대교는 일본의 주도인 혼슈와 작은 섬 시코쿠를 연결하는 1.99킬로미터의 다리다. 다리 상판은 커다란 케이블에 매달려 있으며 강한 지진에도 견딜 수 있도록 설계되었다.

가장 큰 공항
사우디아라비아 리야드에 있는 킹칼리드 국제공항은 1983년에 완공되었다. 국제공항의 면적은 야구장 1만5000개를 합한 것보다 넓다. 총 네 개의 대규모 터미널이 있으며 1년에 850만 명 이상의 승객을 수용할 수 있다.

가장 넓은 도로

아르헨티나 부에노스아이레스에 있는 '7월 9일 도로'의 도로 폭은 130미터나 된다. 총 열여덟 개의 차선과 세 곳의 녹지대가 있는 거대한 도로를 걸어서 건너려면 10분이나 걸린다. 도로의 이름은 아르헨티나의 독립 기념일인 7월 9일에서 따왔다.

가장 큰 경기장

미국 인디애나 주에 있는 인디애나폴리스 모터스피드웨이 스타디움은 25만 명 이상을 수용할 수 있다. 경기장에 가득 찬 사람을 한 줄로 세우면 그 길이가 80킬로미터에 달한다.

가장 큰 건물

미국 플로리다 주에 있는 미 항공우주국(NASA)의 우주 왕복선 조립 건물(VAB)은 세계에서 규모가 가장 큰 건물이다. 139미터 높이의 거대한 문을 통해 우주 왕복선이 건물 속으로 들어간다.

▶▶ **참고**: 건축용 자재 178쪽, 그랜드 디자인 184쪽, 거주지 234쪽

진동 저감 장치

▶▶ 고층 건물은 바람에 흔들린다. 흔들리지 않으면 건물이 부러질 수도 있다. 하지만 건물이 강하거나 특정 방향으로만 부는 바람을 맞으면 흔들림이 심해진다. 이때 안에 있는 사람들은 멀미가 나고 심지어 건물이 파손될 수도 있다. 고층 건물은 흔들림을 줄이기 위해 움직이는 커다란 추를 이용한 진동 저감 장치를 설치한다.

사진: 타이완의 타이베이 101타워에 설치된 진동 저감 장치

▶ 높이 509미터를 자랑하는 타이완의 타이베이 101타워에는 진동 저감 장치가 설치되어 있다. 건물이 흔들릴 때마다 커다란 공 모양의 추도 같이 움직인다. 추는 1미터 내에서 모든 방향으로 움직일 수 있다. 추의 무게는 건물 무게의 1000분의 1밖에 되지 않지만 건물의 흔들림을 3분의 1이나 줄여 줄 수 있다.

추는 12.5센티미터 두께의 강철 원반 41개를 포개 만들었다.

네 가닥의 강철 케이블에 매달린 추는 건물이 흔들릴 때 같이 움직인다.

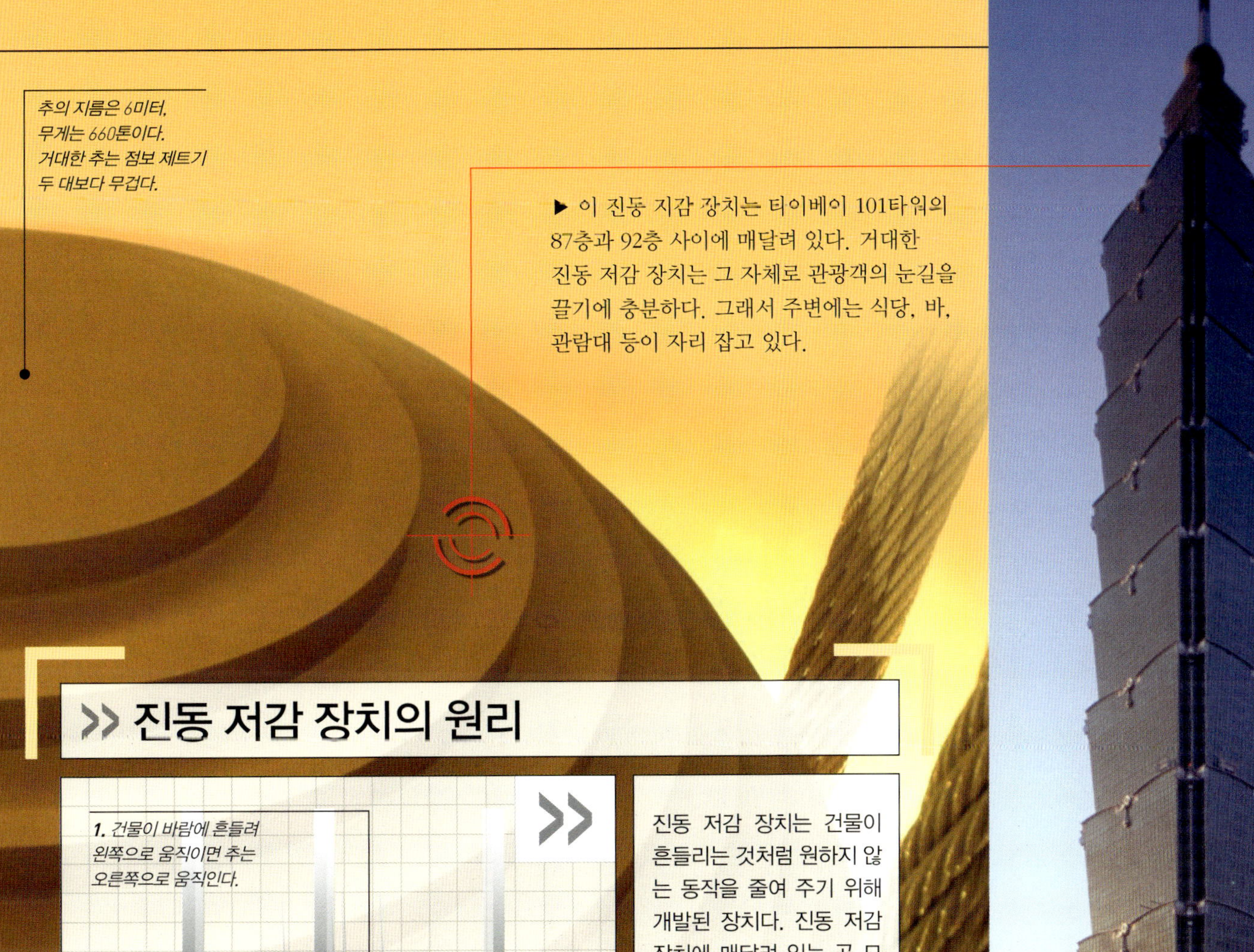
추의 지름은 6미터,
무게는 660톤이다.
거대한 추는 점보 제트기
두 대보다 무겁다.

▶ 이 진동 지감 장치는 타이베이 101타워의 87층과 92층 사이에 매달려 있다. 거대한 진동 저감 장치는 그 자체로 관광객의 눈길을 끌기에 충분하다. 그래서 주변에는 식당, 바, 관람대 등이 자리 잡고 있다.

>> 진동 저감 장치의 원리

1. 건물이 바람에 흔들려 왼쪽으로 움직이면 추는 오른쪽으로 움직인다.

2. 왼쪽의 수압 제동기가 더 이상 늘어나지 않도록 막아 준다.

3. 동시에 오른쪽 수압 제동기가 줄어들면서 진동을 약하게 한다.

4. 몇 초 후 진동 방향이 바뀌어 건물이 오른쪽으로 움직이면 추는 왼쪽으로 움직인다.

5. 이번에는 왼쪽 수압 제동기가 줄어들면서 진동을 약하게 한다.

6. 오른쪽 수압 제동기가 더 이상 늘어나지 않도록 막아 준다. 이와 같은 진동과 제동의 연속 과정이 반복된다.

진동 저감 장치는 건물이 흔들리는 것처럼 원하지 않는 동작을 줄여 주기 위해 개발된 장치다. 진동 저감 장치에 매달려 있는 공 모양 추는 시계추처럼 진동해 건물의 흔들림과 균형을 이룬다. 이때, 추는 건물이 움직이는 방향과 반대 방향으로 움직인다. 추는 수압 제동기와 연결되어 있다. 수압 제동기가 늘어났다 줄어들기를 반복하면서 추가 건물이 움직이는 방향과 반대로 움직이도록 조정한다. 수압 제동기는 기름으로 가득 찬 실린더 속으로 막대와 연결된 원반을 넣었다 빼는 구조로 되어 있다. 실린더 안에 원반을 넣고 빼는 순간 마찰력이 생겨 진동이 줄어든다.

▶▶ **참고**: 콘크리트 176쪽, 건축용 자재 178쪽, 대형 건축물 192쪽

▶ 사진: 오스트레일리아의 태양 에너지 발전소 기류 상승 탑
엘리베이터를 타고 전망대에 올라가면 놀라운 광경이 펼쳐진다.
따뜻한 공기가 1000미터 높이의 콘크리트와 강철관을 타고 올라간다.
탑 밑 부분에 있는 터빈에서 20만 가구가 사용할 수 있는 전기를 만들어 낸다.

거울만 있으면 된다

미국 캘리포니아 주의 태양 에너지 발전소

▲ 여기, 또 다른 모양의 태양열 발전소가 있다. 이 발전소는 태양 추적 거울로 탑 위에 솟아 있는 중앙 실린더에 햇빛을 반사시킨다. 뜨거워진 중앙 실린더가 기름을 가열하고 소금을 녹여 안쪽의 파이프를 통해 흘려 보낸다. 이 뜨거운 액체로 물을 끓여 증기를 만들고, 증기로 터빈을 돌려 전기를 만든다.

>> 태양 에너지 발전소의 원리

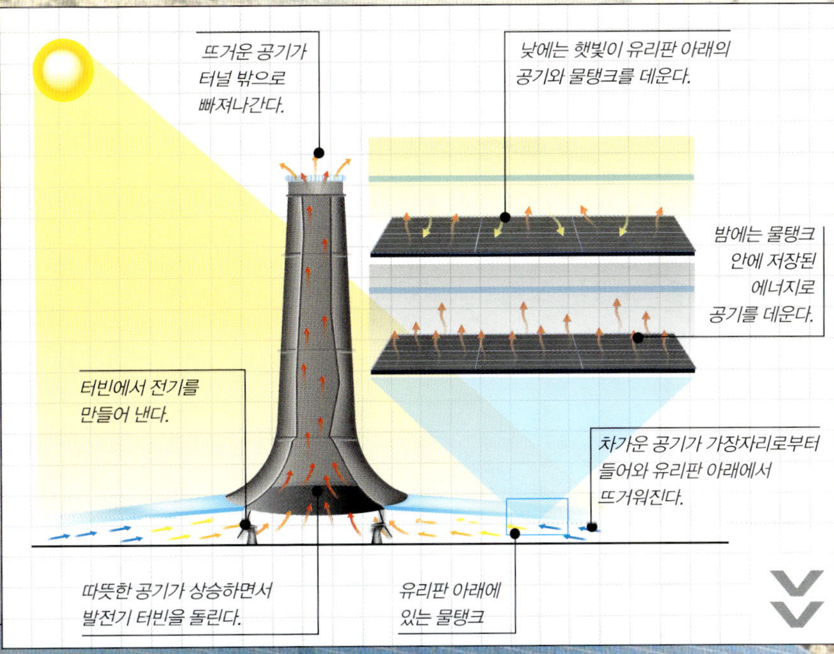

뜨거운 공기가 터널 밖으로 빠져나간다.
낮에는 햇빛이 유리판 아래의 공기와 물탱크를 데운다.
밤에는 물탱크 안에 저장된 에너지로 공기를 데운다.
터빈에서 전기를 만들어 낸다.
차가운 공기가 가장자리로부터 들어와 유리판 아래에서 뜨거워진다.
따뜻한 공기가 상승하면서 발전기 터빈을 돌린다.
유리판 아래에 있는 물탱크

유리판을 통과해 들어오는 햇빛이 공기를 데운다. 뜨거워진 공기는 밀도가 낮아지면서 탑 위로 상승한다. 공기가 상승하면서 탑 아래에 있는 터빈을 돌리고, 터빈은 전기를 만들어 낸다. 유리판 가장자리에 있는 구멍으로 차가운 공기가 계속 들어와 탑 위로 올라간 뜨거운 공기를 대체한다. 낮에는 유리판 아래 있는 물탱크도 데워진다. 물탱크는 열 에너지를 저장해 두었다가 밤에 공기를 데우는 데 사용한다. 이렇게 함으로써 밤에도 탑 위로 뜨거운 공기를 계속 보내 전기를 만들 수 있다.

◀ 굴뚝에서 연기가 나오지 않는다. 오직 더운 공기만이 나올 뿐이다. 아래쪽 유리판은 거대한 온실처럼 태양 에너지를 모은다. 이렇게 모은 태양 에너지로 전기 에너지를 만드는 것이다. 연료가 따로 필요 없이 풍부한 햇빛만 있으면 된다. 태양 에너지 발전소는 남부 유럽과 오스트레일리아같이 햇빛이 풍부한 지역에 적합하다. 스페인에 있는 200미터 높이의 기류 상승 탑은 표본으로 제작되어 8년 동안 성공적으로 가동되었다.

지름 4킬로미터의 유리판이 공기를 가두어 햇빛으로 데운다.

태양 에너지 발전소

▶▶ 사막 깊은 곳, 웬만한 도시만 한 둥근 유리판 위에 엠파이어스테이트 빌딩보다 세 배나 높은 속이 텅 빈 탑이 우뚝 솟아 있다. 가까운 미래에는 이러한 구조물에서 연료 없이 무공해 전기를 만들어 낼 수 있을 것이다.

▶▶ **참고**: 풍력 발전기 22쪽, 수경 재배 28쪽, 에덴 프로젝트 186쪽

지붕 판은 부드럽게 곡면 처리된 레일을 따라 열리고 닫힌다. 레일의 길이는 213미터이다.
지붕 판이 고정 틀을 가로질러 미끄러지듯이 열리는 데 12분이 걸린다.

사진: 피닉스 대학 스타디움

▶ 스타디움 지붕은 두 장의 움직이는 판으로 이루어져 있다. 각 판은 9290 제곱미터가 넘는 반투명 방수 섬유로 덮여 있다. 경기장 안쪽도 바퀴와 레일 위에 설치되어 있어 잔디밭이 통째로 경기장 안팎으로 이동할 수 있다. 경기가 없을 때에는 잔디가 햇빛을 받도록 잔디밭을 경기장 바깥으로 옮긴다.

스타디움 지붕

▶▶ 미국 애리조나 주에 있는 피닉스 대학 스타디움은 기술 공학이 빚어낸 놀라운 건축물이다. 6만 3400개의 좌석이 있는 스타디움의 지붕은 열고 닫을 수 있는 개폐식 지붕이다. 뜨거운 여름에는 지붕을 닫고 에어컨을 가동시킨다.

두 지붕 판이 만나는 가운데 지점부터 갈라지면서 열린다.
지붕의 나머지 부분은 늘 닫혀 있다.
1. 강화 대들보 위에 플라스틱으로 만든 지붕이 설치되어 있다.
2. 대들보는 '캐리어'라고 부르는 작은 트럭이 지탱해 준다.
3. 레일 위로 캐리어가 미끄러지며 움직인다.
십자 모양의 대들보가 밑에서 지붕을 지탱한다.
5. 윈치가 강철 케이블을 풀어 주면 캐리어가 트랙 아래로 움직이면서 지붕이 열린다.
4. 전기 모터가 윈치(드럼에 케이블을 감아서 물체를 끌어당기는 장치)를 부드럽게 회전시켜 준다.

≫ 지붕이 열리고 닫히는 원리

두 조각으로 되어 있는 지붕은 거대한 호를 그리며 열리고 닫힌다. 각 지붕 판에는 바퀴가 달려 있고, 바퀴는 레일 위를 미끄러져 간다. 지붕 밑에는 강철 케이블이 감겨 있는 윈치가 있다. 윈치가 강철 케이블을 풀어 주면 지붕 판은 레일을 타고 내려가 지붕이 열린다. 반대로 강철 케이블을 감아 주면 지붕 판은 레일을 타고 올라와 지붕이 닫힌다. 지붕을 열고 닫는 것은 컴퓨터로 제어한다.

▶▶ **참고**: 호크아이 88쪽, 그랜드 디자인 184쪽, 스카이워크 190쪽

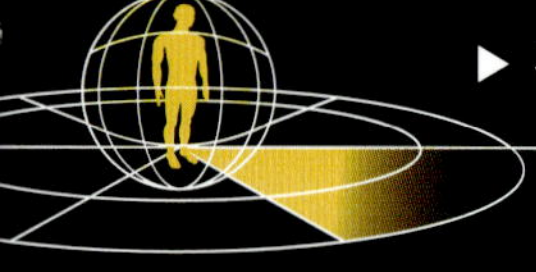

초소형 기계

▶▶ 초소형 기계는 엄청나게 작은 기계를 말한다. 100만 분의 1미터인 1마이크로미터의 크기부터 1000분의 1미터인 1밀리미터 크기에 이르기까지 다양한 크기의 초소형 기계가 있다. 초소형 기계는 타이어의 압력 센서, 최신 카메라에 내장된 미세 작동 거울 등에 두루 사용되고 있다.

▶ 파리가 쓰고 있는 안경은 마이크로 규모의 제조 공정도 가능하다는 것을 보여 주기 위해 제작되었다. 이 안경은 레이저로 매우 얇은 텅스텐 금속판을 깎아 만들었다.

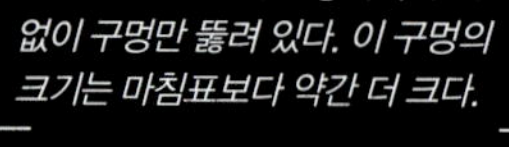

2밀리미터 크기의 안경테에는 렌즈 없이 구멍만 뚫려 있다. 이 구멍의 크기는 마침표보다 약간 더 크다.

›› 초소형 기계의 제작

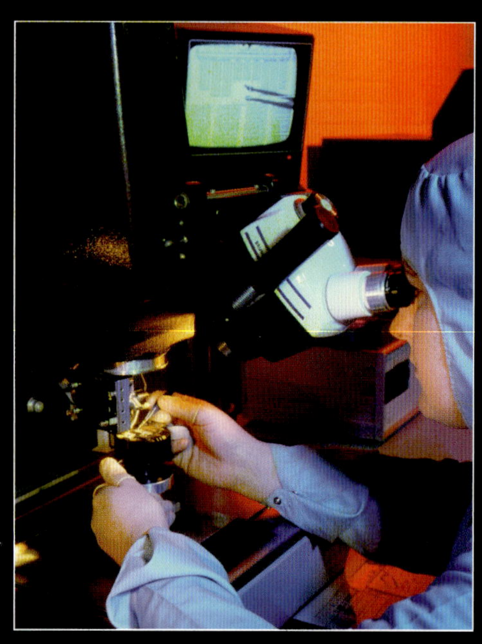

초소형 기계 혹은 초소형 전자 기계 기술(MEMS)로 매우 작은 물체를 고정밀 레이저로 깎아 만들 수 있다. 보다 복잡한 기계는 실리콘 원소로 만든다. 한 번에 하나씩 실리콘 층을 얹어서 만든다. 초소형 기계는 대부분 여섯 개의 실리콘 층으로 이루어져 있다. 각 층의 두께는 몇 마이크로미터밖에 되지 않는다. 실리콘 표면에 원하는 모양을 그린 다음, 필요 없는 부분은 녹여 없애 만든다. 초소형 기계들을 전선으로 연결할 때는 고성능 현미경이 필요하다.

주사 전자 현미경으로 파리를 100배 확대해서 본 모습이다.

사진: 초소형 안경을 쓰고 있는 파리의 모습

미시 공학

▶ 초소형 기계
이 초소형 체인 장치는 실리콘에 모양을 새겨 만든 것으로, 자전거 체인과 같은 역할을 한다. 소형 톱니바퀴들이 서로 연결되어 필요한 곳에 초소형 모터의 힘을 전달할 수 있다. 체인의 연결 부분은 머리카락 두께보다 작다.

초소형 체인과 톱니바퀴

▶ 구명 장치
심장 동맥의 무너진 벽을 지지해 주는 스텐트(부목)는 초소형 전자 기계 기술의 좋은 본보기다. 지름 2밀리미터도 안 되는 튜브의 복잡한 무늬는 고정밀 레이저로 깎아서 만들었다.

동맥 스텐드

▶▶ **참고:** 인공 망막 34쪽, 디지털 컨버전스 56쪽, 현미경 162쪽

▶▶ 참고: 슈퍼마켓

레이저 절단기

하나의 레이저가 잠시 파열되어 여러 방향으로 뻗어 나가면 다중 광선이 만들어진다.

레이저가 초강력 물질, 케블라를 자르고 있다.

▶ 레이저는 아무리 단단한 물질도 자르고 증발시키고 녹이고 태울 수 있다. 레이저가 만들어 내는 에너지는 아주 작은 지점에 집중된다. 컴퓨터는 매우 정밀하게 레이저 절단 작업을 제어한다. 노즐을 통해 계속 가스가 분사되어 녹아내린 금속 조각과 주변의 찌꺼기를 제거해 준다.

레이저

▶▶ 공상 과학 영화에나 등장했던 레이저가 지금은 일상생활의 일부분이 되었다. 레이저는 콘서트장의 화려한 무대를 장식하고 DVD 플레이어를 작동시키며 외과 수술에 사용된다. 레이저는 강한 빛의 미세 광선을 작은 지점에 집중시킨다. 레이저는 금속과 다른 물질을 자를 만큼 강하면서 정교하다.

▲ **사진**: 레이저 쇼

>> 루비 레이저의 원리

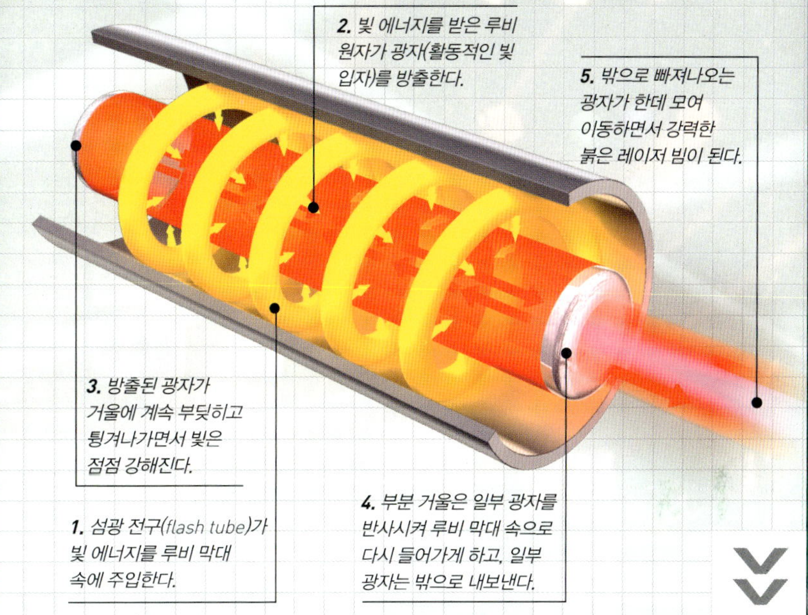

2. 빛 에너지를 받은 루비 원자가 광자(활동적인 빛 입자)를 방출한다.
5. 밖으로 빠져나오는 광자가 한데 모여 이동하면서 강력한 붉은 레이저 빔이 된다.
3. 방출된 광자가 거울에 계속 부딪히고 튕겨나가면서 빛은 점점 강해진다.
1. 섬광 전구(flash tube)가 빛 에너지를 루비 막대 속에 주입한다.
4. 부분 거울은 일부 광자를 반사시켜 루비 막대 속으로 다시 들어가게 하고, 일부 광자는 밖으로 내보낸다.

레이저는 막대 모양의 루비 결정에 에너지를 주입해 만든 강력한 붉은 빛이다. 루비 둘레에 있는 섬광 전구가 반짝이면서 빛 에너지가 루비 막대 속으로 들어간다. 루비 원자가 이 빛 에너지를 흡수하면 불안정한 상태가 된다. 이때 빛의 입자인 광자를 방출하면 다시 안정한 상태가 된다. 양쪽 끝에 있는 거울이 광자를 위아래로 튕겨 내면서 더 많은 광자를 만들어 낸다. 이렇게 생긴 광자들이 한데 모여 강력한 레이저 빔이 된다.

레이저 빔을 한 지점에 오래 비추면 물체가 손상되므로 광선을 계속 움직여야 한다.

◀ 콘서트 무대를 화려한 색으로 장식하는 레이저 쇼는 보기만 해도 즐겁다. 레이저는 종류에 따라 다양한 색깔을 낸다. 두세 가지 종류의 레이저 색을 섞어 다른 색으로 만들 수도 있다. 또 컴퓨터로 움직이는 거울을 조종해 음악에 맞춰 레이저 빔의 방향을 바꿀 수도 있다.

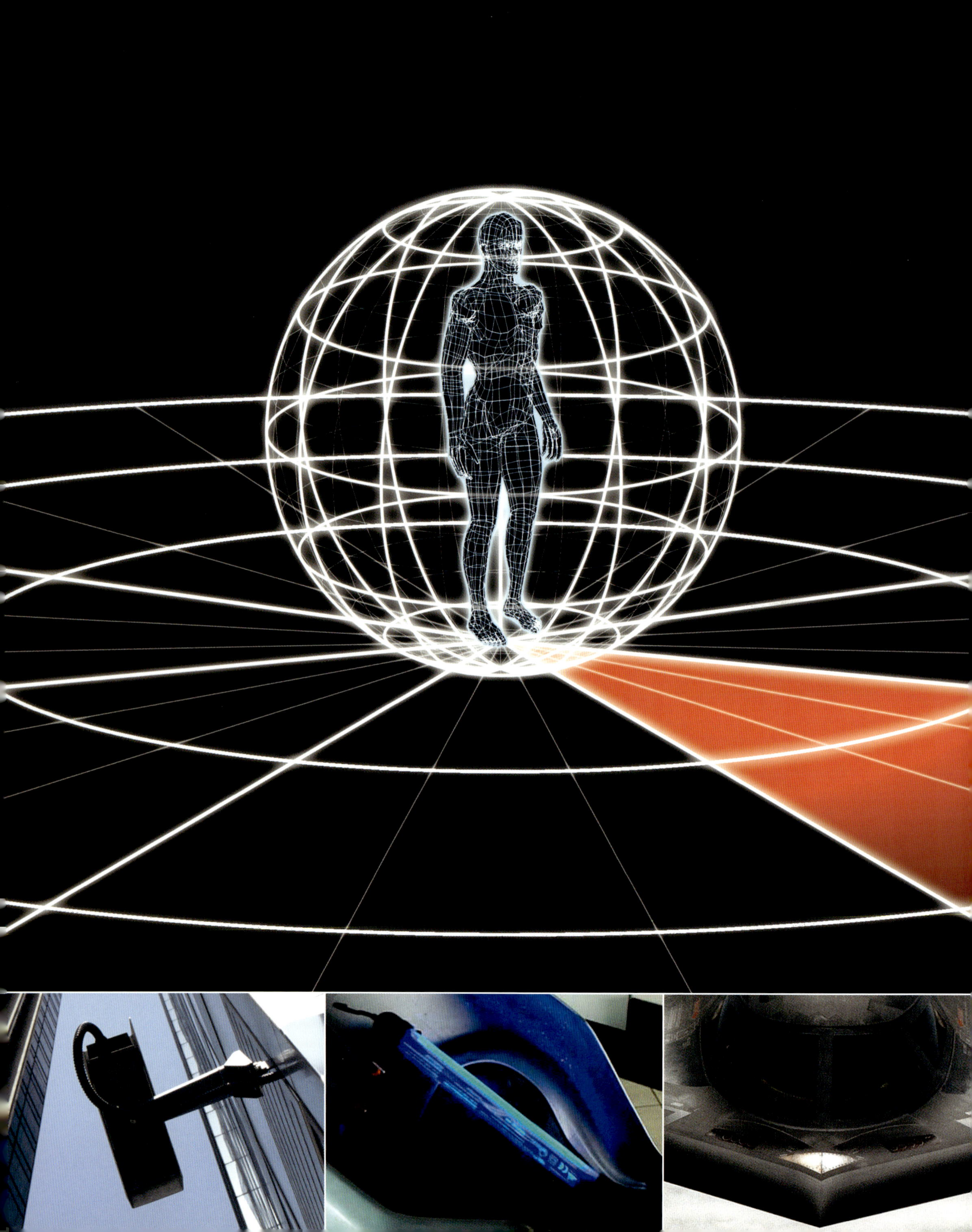

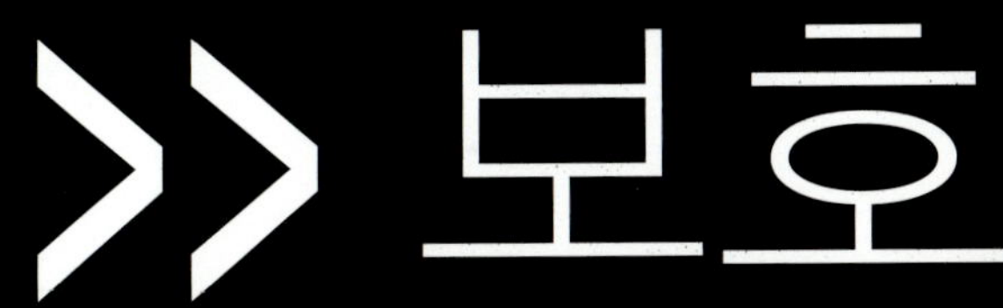

보호

돈 » 생체 인식 ID » 공항 보안 » 스파이 » 데이터닷 » 스텔스 » 사출 좌석 » 케블라 » 내구성 의복 » 수중 호흡기 » 소화기 » 안경류 » 생명 빨대 » 거주지 » 등대 » 쓰나미 경보 » 홍수 조절 장벽

바로 앞에 뭐가 있는지 보이나? 230쪽

▶▶ 우리를 위협하는 모든 위험 요소로부터 보호해 주는 다양한 발명품이 있다. 인간의 몸은 불에 약하다. 하지만 알루미늄 방열복을 입으면 불꽃을 뚫고 지나갈 수 있다. 제트기가 추락하는 위험천만한 상황에서 사출 좌석으로 안전하게 탈출할 수 있다. 그밖에 범죄, 테러, 자연재해 등 언제라도 새로운 위험 요소가 우리를 앞에 닥칠 수 있다. 그렇다고 걱정할 필요는 없다. 과학과 기술이 위험 요소로부터 우리를 안전하게 보호해 줄 것이기 때문이다. 지금 이 순간에도 우리가 위험 요소를 알아차리고 벗어날 수 있게 도와주는 똑똑한 장치들이 개발되고 있다.

주머니에 웬 별이? 208쪽
무엇을 숨기고 있을까? 218쪽
따라잡을 수 있을까? 214쪽

발광 섬유는 보통 빛 아래서는 보이지 않는다.

보안용 선은 빛 아래서 검게 보인다.

아래쪽 별과 위쪽 별이 내는 색이 다르다.

사진: 자외선으로 본 50유로 지폐 ▶

▲ 이 50유로 지폐에는 자외선 아래서만 볼 수 있는 형광 잉크가 칠해진 부분이 있다. 또 다양한 보안 장치를 설치해 사진 복사를 하지 못하도록 막고 있다. 지폐가 진짜인지 가짜인지 확인하기 위해서는 무늬를 살펴보고 종이의 촉감을 비교해 보며 홀로그램을 확인해 봐야 한다.

위조 방지의 노력들

▼ 위조지폐

얼핏 보면 오른쪽의 가짜 유로화와 왼쪽의 진짜 유로화가 별 차이 없어 보인다. 은행 입장에서 위조지폐는 커다란 골칫거리이다. 위조지폐를 막기 위해서는 지폐의 디자인을 정기적으로 바꿔 주어야 한다.

보안성을 높이기 위한 잉크

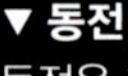

▼ 동전

동전은 지폐에 비해 만들기 어렵고 비용도 많이 든다. 따라서 동전이 지폐보다 위조 위험으로부터 안전하다고 볼 수 있다. 모든 동전은 정확한 무게로 만들어지기 때문에 자판기에서 위조 동전을 사용하기 어렵다.

위조지폐

▲ 특수 잉크

어떤 화폐는 인쇄할 때 빛에 따라 색깔이 변하는 시변각 잉크(OVI)를 사용한다. 50유로 화폐의 뒷면에 인쇄된 50이라는 숫자는 기울였을 때 자주색에서 초록색으로 변한다.

100엔 동전을 확대한 모습

▶▶ **참고:** 슈퍼마켓 30쪽, 생체 인식 ID 210쪽, 데이터닷 216쪽

돈

▶▶ 세상 부의 대부분은 금고에 있지 않고 지폐처럼 자유롭게 돌아다니고 있다. 어떤 지폐에는 위조를 방지하기 위해 열다섯 가지나 되는 고도의 보안 장치를 숨겨 놓았다.

지폐를 기울여 보면 홀로그램이 움직인다. 홀로그램 안에는 점으로 이루어진 숨은 그림이 있다.

아래쪽 가장자리에 시각 장애인을 위한 촉각 인지 마크가 있다.

>> 보안을 위한 특징들

지폐는 극도의 보안성을 염두에 두고 제작된다. 얇지도 매끄럽지도 않은, 바삭거리면서도 부드러운 종이 위에 색 선이나 금속 선으로 인쇄한다. 이때 특수 잉크로 인쇄한 소용돌이무늬, 홀로그램, 워터마크(내비치는 무늬)도 인쇄한다.

벚꽃 그림

액면가

은행 로고

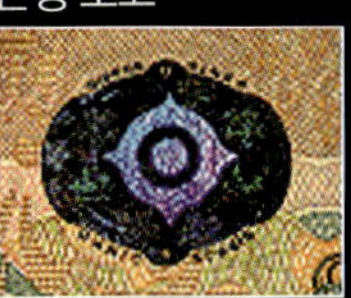

지폐를 기울이면 금속성 홀로그램의 색깔과 모양이 변한다.

워터마크

지폐 위에 인쇄된 유명인의 모습은 지폐 한가운데 있는 워터마크 안에도 숨어 있다.

도드라진 인쇄

도드라진 인쇄 기법을 쓰면 사진 복사에서는 느낄 수 없는 잉크의 촉감을 느낄 수 있다.

초소형 인쇄

소용돌이무늬와 아주 작은 글씨는 사진 복사했을 때 흐릿하게 번진다.

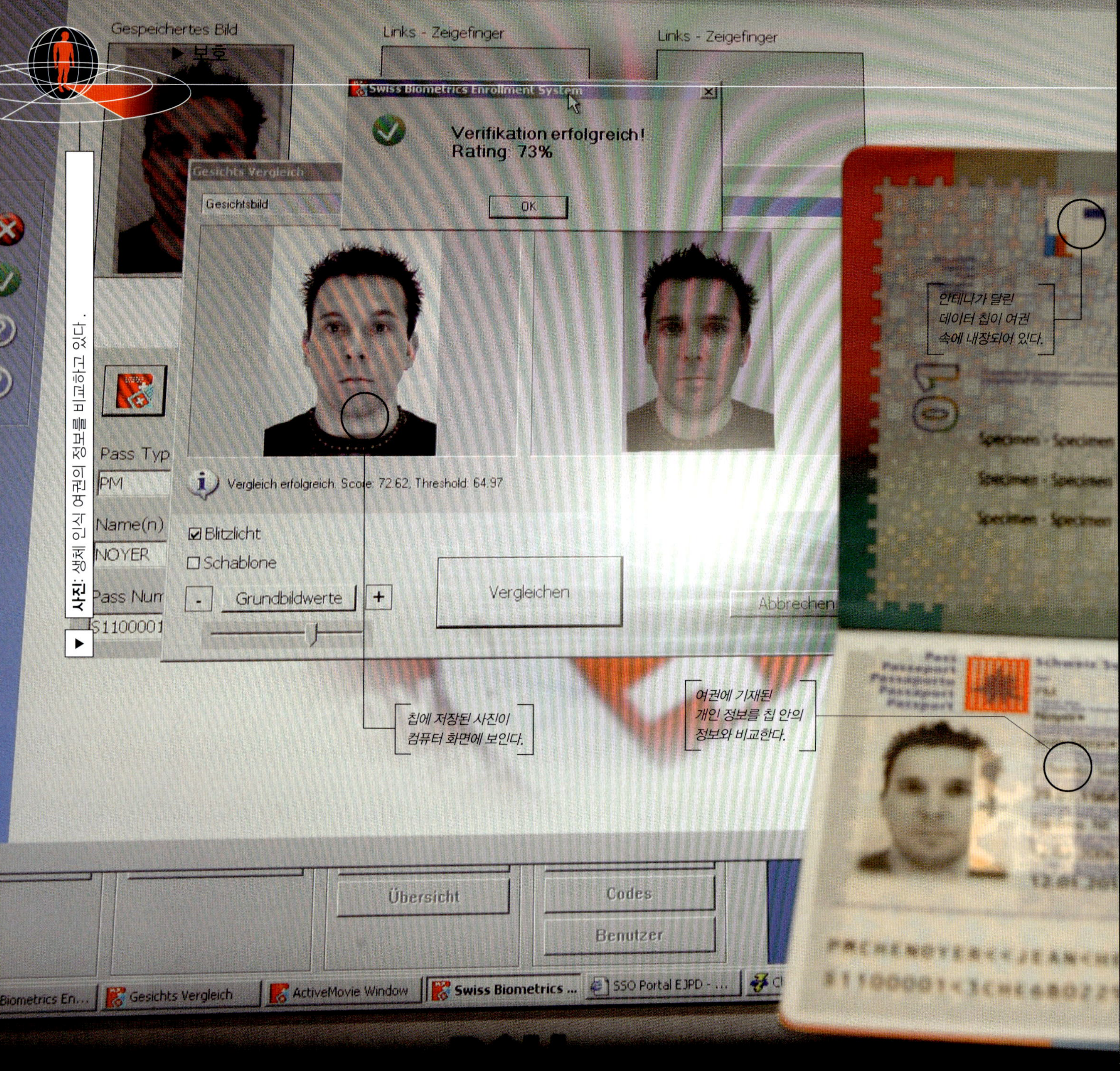

▶ **사진:** 생체 인식 여권의 정보를 비교하고 있다.

생체 인식 ID

▶▶ 전 세계 많은 국가들이 신분 도용과 위조를 막기 위해 전자식으로 읽을 수 있는 칩이 내장된 여권과 신분증을 발행하고 있다. 이 칩 안에는 서류상의 정보는 물론이고 생체 인식 자료도 넣을 수 있다. 생체 인식 정보란 눈의 홍채, 지문과 같이 신분 증명을 확실히 할 수 있는 신체 정보를 말한다.

▶▶ **참고**: 공항 보안 212쪽, 스파이 214쪽, 데이터닷 216

>> 생체 인식 정보

<< 안면 인식

개인 얼굴의 자세한 모습을 촬영해 컴퓨터로 분석한다. 얼굴의 핵심적인 특징들로 지도를 만들고 각 지점 사이의 거리를 계산한다. 이 정보를 칩 안에 저장된 사진이나 중앙 데이터베이스에 저장된 정보와 비교해 누구인지 알아낸다.

>> 지문

지문은 손가락 끝의 골과 이랑이 만들어 낸 무늬이다. 지문은 사람마다 달라서 생체 인식 정보로 쓸 수 있다. 지문을 광학 스캐너나 압력 감지 스캐너로 읽은 뒤, 데이터베이스에 입력된 신분 정보와 비교하면 누구인지 알아낼 수 있다. 어떤 가게에서는 카드 대신 지문으로도 물건 값을 계산할 수 있다.

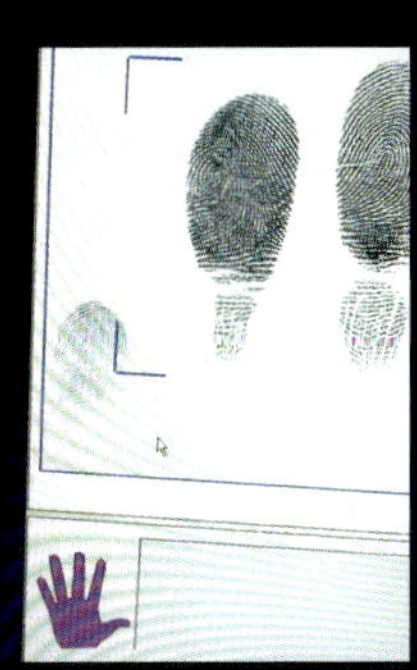

<< 홍채 스캔

홍채는 눈으로 들어오는 빛의 양을 조절하는 얇은 막이다. 홍채의 반점과 선 모양은 사람마다 다르기 때문에 생체 인식 정보로 사용할 수 있다. 홍채의 패턴을 카메라로 찍어 신분 정보 확인에 사용할 디지털 코드로 변환한다.

기본 정보는 광학 스캐너로 읽을 수 있다.

▲ 인쇄된 여권의 내용과 컴퓨터 화면에 나타나는 칩의 정보를 비교하고 있다. 여권에 내장된 칩을 무선으로 읽어 컴퓨터로 볼 수 있다. 칩 안의 정보를 확인하면 인증을 받지 않는 변동 사항도 발견할 수 있다.

≫ 여권 속의 칩

▶ 생체 인식 여권 속에는 손톱보다 작은 데이터 칩이 내장되어 있다. 이 칩은 고리 모양의 구리 선 전기 회로로 이루어져 있다. 칩은 다른 기기와 무선으로 연결해 정보를 주고받는다. 이런 통신 방식을 무선 주파수 인식 기술(RFID)라고 하며 실제로 버스 카드에서 사용하고 있다. 무단 복제를 방지하기 위해 금속 방패를 두르고 있는 여권도 있다.

여권 속에 내장된 데이터 칩

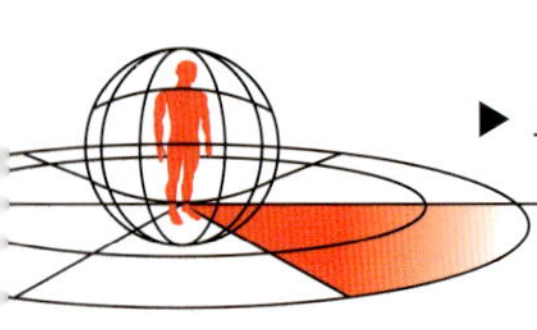

공항 보안

▶▶ 가방 속에는 책이 들어 있을까, 아니면 폭탄이 들어 있을까? 매년 6억 명이 넘는 승객들이 세계 10대 공항을 이용하고 있다. 첨단 검색대를 이용하면 1분에 400개 가방을 검색할 수 있다.

▼ **사진**: 핸드백 속 내용물

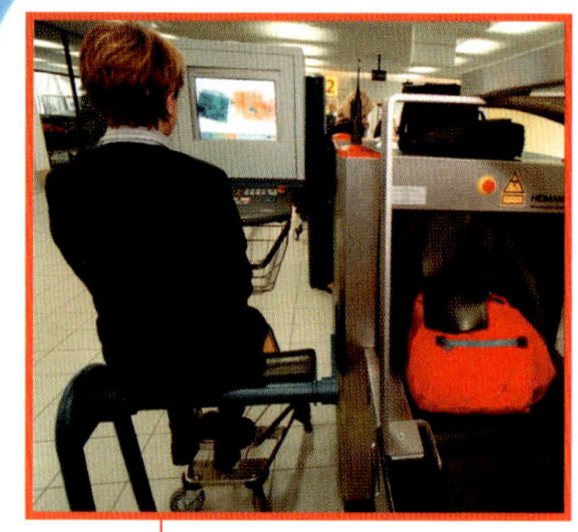

◀ 공항에서는 모든 짐을 엑스선 검색대로 통과시켜야 한다. 아래 사진처럼 검색대를 통과하는 짐의 내용물은 모니터에 나타난다. 그밖에 CT 스캐너를 이용해 폭발물을 검색하기도 한다.

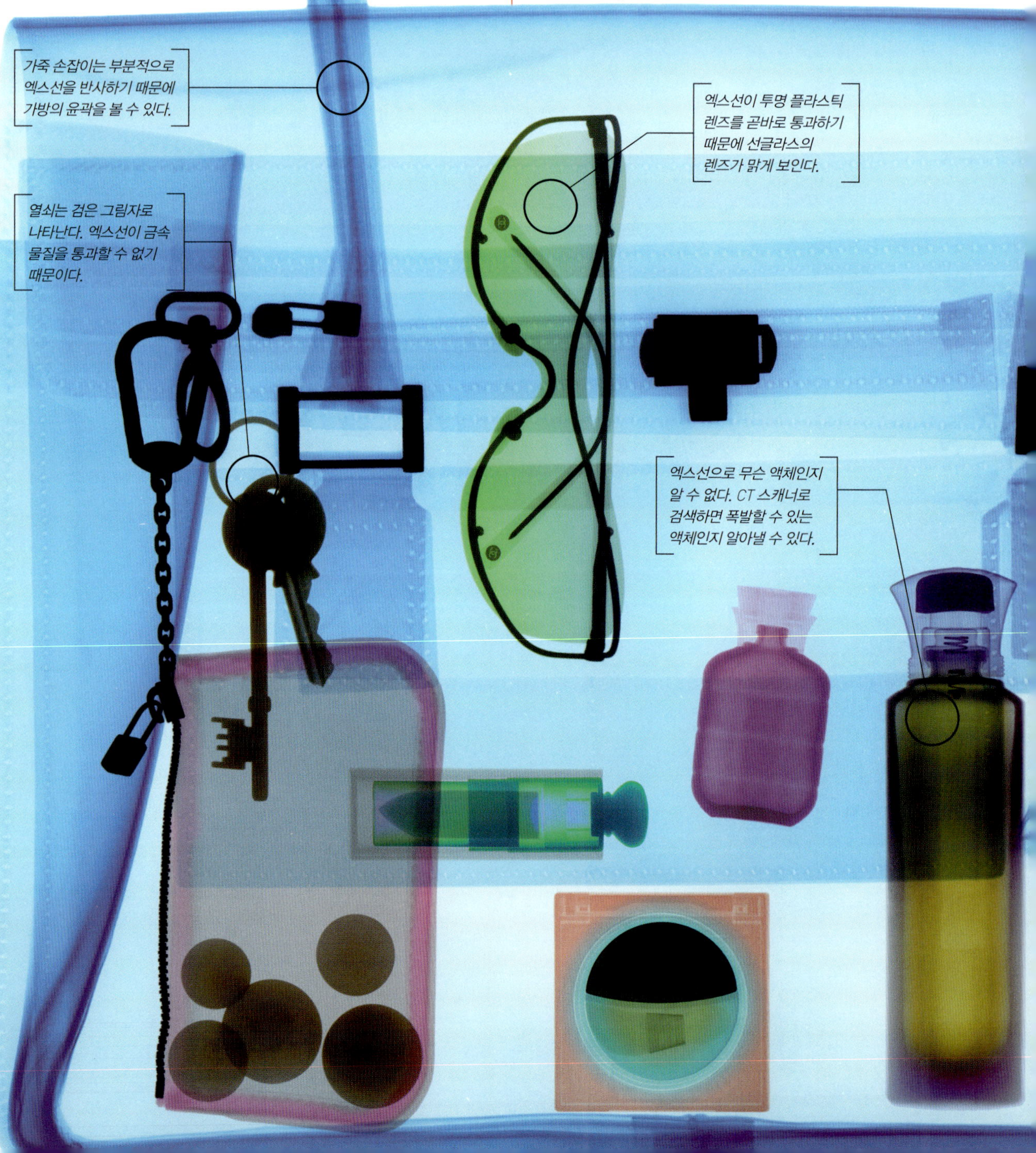

가죽 손잡이는 부분적으로 엑스선을 반사하기 때문에 가방의 윤곽을 볼 수 있다.

엑스선이 투명 플라스틱 렌즈를 곧바로 통과하기 때문에 선글라스의 렌즈가 맑게 보인다.

열쇠는 검은 그림자로 나타난다. 엑스선이 금속 물질을 통과할 수 없기 때문이다.

엑스선으로 무슨 액체인지 알 수 없다. CT 스캐너로 검색하면 폭발할 수 있는 액체인지 알아낼 수 있다.

>> 엑스선 검색대의 원리

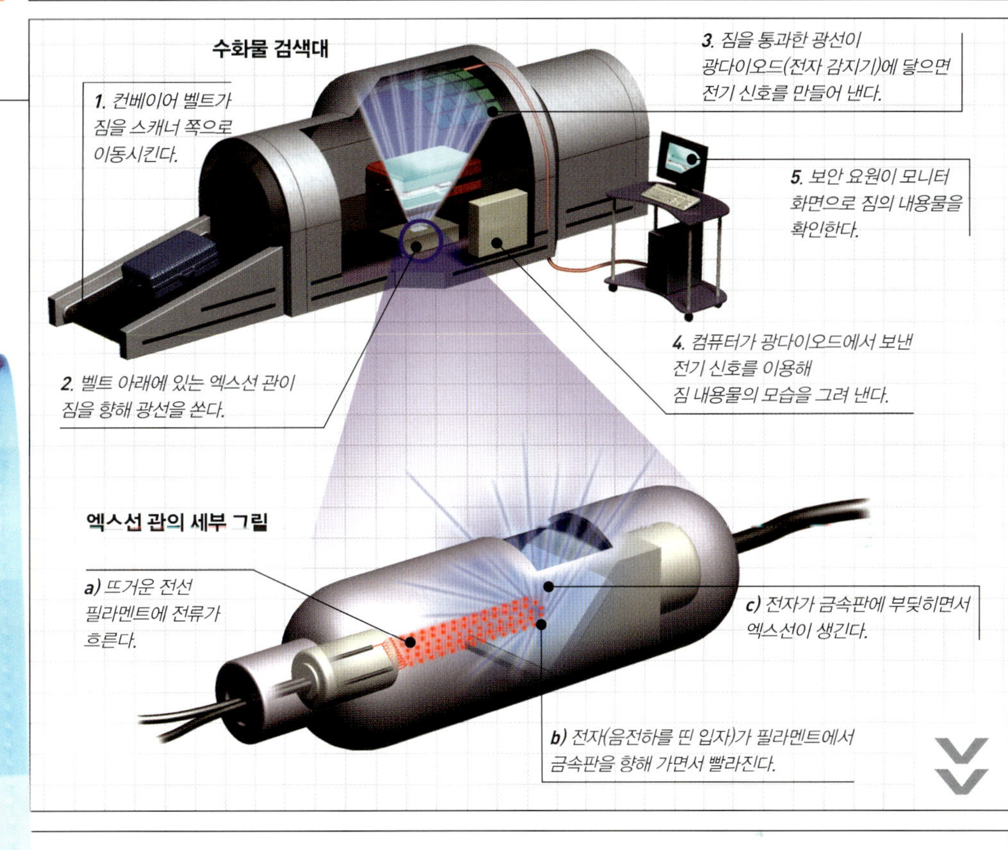

수화물 검색대
1. 컨베이어 벨트가 짐을 스캐너 쪽으로 이동시킨다.
2. 벨트 아래에 있는 엑스선 관이 짐을 향해 광선을 쏜다.
3. 짐을 통과한 광선이 광다이오드(전자 감지기)에 닿으면 전기 신호를 만들어 낸다.
4. 컴퓨터가 광다이오드에서 보낸 전기 신호를 이용해 짐 내용물의 모습을 그려 낸다.
5. 보안 요원이 모니터 화면으로 짐의 내용물을 확인한다.
엑스선 관의 세부 그림
a) 뜨거운 전선 필라멘트에 전류가 흐른다.
b) 전자(음전하를 띤 입자)가 필라멘트에서 금속판을 향해 가면서 빨라진다.
c) 전자가 금속판에 부딪히면서 엑스선이 생긴다.

엑스선이 플라스틱 외관을 뚫고 지나가기 때문에 휴대 전화 속의 전자 부품들만 선명하게 보인다.

엑스선은 눈에 보이지는 않지만 활발하게 움직이는 빛으로, 전기와 자기에 의해 이동한다. 빛은 대부분 물체를 만나 반사되지만 엑스선은 강해서 물체를 뚫고 지나갈 수 있다. 의료용 엑스선 촬영기로 사람 몸에 엑스선을 쏘면, 살과 같이 부드러운 조직은 뚫고 지나가지만 단단한 뼈나 이는 통과하지 못하고 반사된다. 공항 검색대도 엑스선을 이용한다. 짐에 엑스선을 쏘면 플라스틱이나 기죽, 옷과 같이 부드러운 물체는 뚫고 지나가지만 열쇠나 동전처럼 단단한 금속성 물질은 통과하지 못한다. 엑스선이 통과하지 못한 부분은 그림자처럼 검게 보인다.

CT 스캐너

인간의 머리를 CT로 찍은 모습

◀ 엑스선으로 의심이 가는 물체를 발견할 수는 있지만, 그 내용물까지 정확하게 알아볼 수는 없다. 의심이 가는 물체를 정밀하게 검색하기 위해, 병을 진단할 때 사용하는 CT(Computerized tomography)를 활용하기도 한다. CT 스캐너는 회전하는 엑스선으로 3차원 영상을 만들어 주기 때문에 물체의 밀도까지 측정할 수 있다.

▶▶ **참고**: 생체 인식 ID 210쪽, 스파이 214쪽

스파이

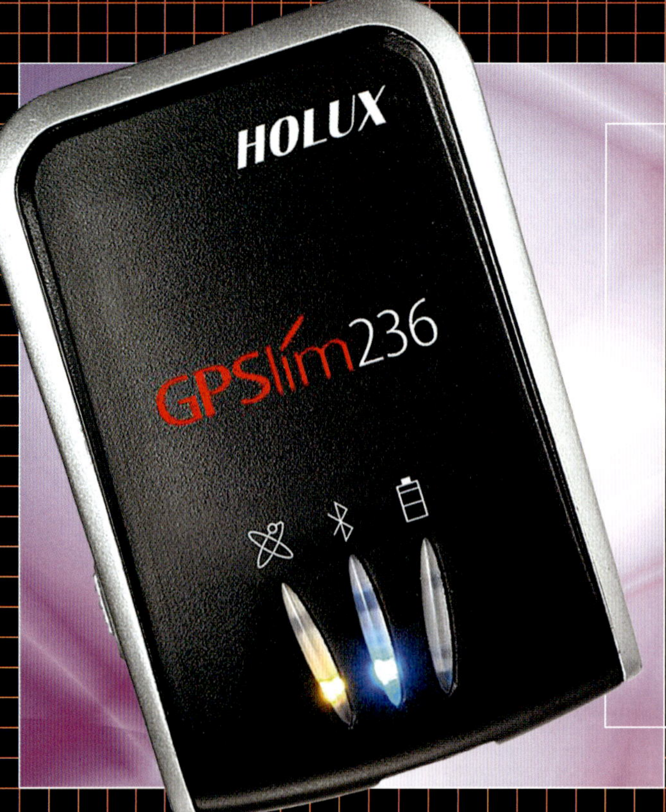

추적기
이 추적기의 크기는 성냥갑 정도밖에 되지 않아 용의자의 자동차에 숨기기 쉽다. 위성 항법 장치가 매초마다 추적기의 위치 정보를 파악해 블루투스를 거쳐 컴퓨터로 전송해 준다. 추적기를 이용하면 용의자의 차량을 도로에서 직접 따라가지 않고도 위치를 확인할 수 있다.

핀홀 카메라
단추만 한 이 디지털 카메라는 연필심보다 더 작은 핀홀이 렌즈 역할을 한다. 방 안이나 사람의 옷 속 등 어디에나 감쪽같이 숨겨 놓고 사진이나 비디오 영상을 찍을 수 있다. 렌즈 아래에 작지만 강력한 마이크가 있어서 음성도 녹음할 수 있다.

놀라운 첨단 기기가 등장하면서 스파이 활동도 훨씬 수월해졌다. 오늘날의 마이크로칩은 5억 개가 넘는 트랜지스터(전자 스위치)를 손톱만 한 공간에 넣을 수 있다. 그만큼 카메라, 추적기, 도청 장치의 크기는 작아졌고, 성능은 좋아졌으며, 숨기기도 쉬워졌다.

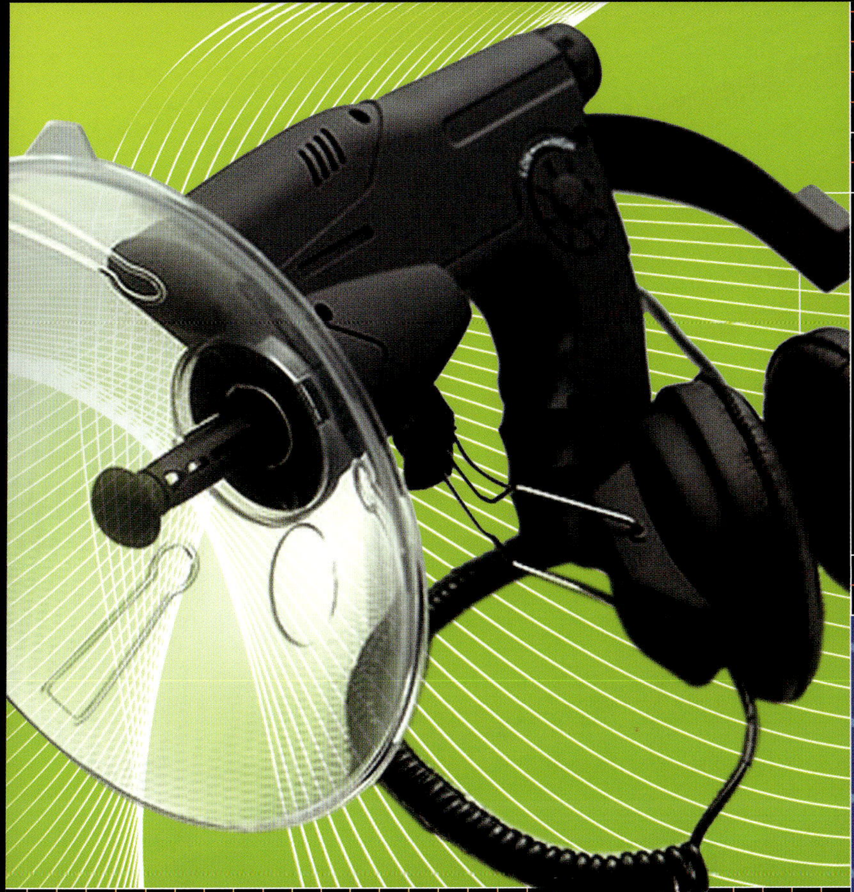

도청기
이 민감한 전자 귀는 작은 접시를 이용해 90미터 이상 떨어진 곳의 소리까지도 잡아낸다. 손잡이에 내장된 증폭기로 소리를 크게 해 헤드폰으로 들을 수 있다. 또 잡아 낸 소리를 디지털 녹음기로 저장할 수 있다.

카메라 시계
스파이는 사진 속의 시계처럼 보이는 보통 물건에도 카메라를 숨겨 놓는다. 이 시계는 100장의 사진을 저장해 무선으로 컴퓨터에 전송할 수 있다.

보안용 카메라
전 세계에는 약 2500만 대가 넘는 CCTV(폐쇄 회로 텔레비전)가 설치되어 있어 곳곳의 움직임을 감시하고 있다. 최신 카메라는 디지털 영상을 하드 디스크 드라이브나 DVD에 저장한다. 따라서 인터넷을 통해 CCTV 카메라에 비친 화면을 어디에서나 확인할 수 있다.

▶▶ **참고:** 블루투스® 50쪽, 야간 투시 카메라 160쪽, 생체 인식 ID 210쪽

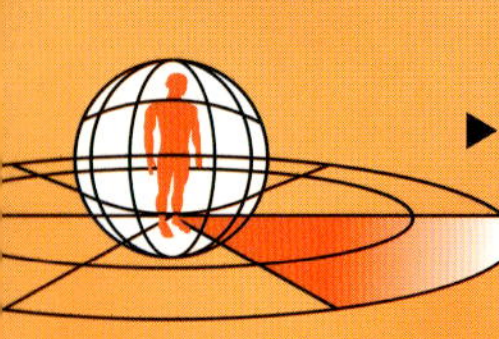

데이터닷

데이터닷을 확대한 모습이다. 실제 데이터닷은 모래알만큼 작아서 쉽게 찾을 수 없다.

▶▶ 귀중품의 수천 군데에 이름표를 붙여 놓아 도둑이 아예 훔쳐 갈 생각을 못하게 만든다고 상상해 보자. 그 이름표가 눈에 보이지 않을 만큼 작다면 완전히 제거하는 것도 불가능할 것이다. 이게 바로 레이저로 초소형 디스크에 이름을 새겨 놓는 데이터닷의 원리다.

▲ **사진**: 데이터닷을 확대한 모습

>> 데이터닷의 원리

^ 이 자동차는 핵심 부품 주위에 수천 개의 데이터닷을 섞어 넣은 풀을 분사해 놓았다. 특수 조명으로 보지 않으면 데이터닷은 아주 조그만 얼룩으로밖에 보이지 않는다. 이처럼 많은 양을 뿌려 놓으면 아무리 열심히 닦아도 어딘가에는 남아 있게 된다. 차량 절도범이 자동차에 가짜 번호판을 달고 등록 번호를 바꾸는 등 아무리 다른 차처럼 꾸며도 소용이 없다.

◀ 오토바위 위에 뿌려 놓은 수백 개의 데이터닷이 자외선 아래서 모습을 드러냈다. 데이터닷은 보통 빛 아래서는 찾아보기 어렵다. 이 작은 알갱이 하나마다 레이저로 초소형 디스크에 고유 번호를 새겨 놓았기 때문에 데이터닷을 뿌려 놓은 물건은 언제라도 주인이나 제조 회사를 확인할 수 있다. 차량 절도범이 차에 데이터닷이 있다는 것을 안다면 쉽게 훔쳐 가지 못할 것이다.

▶▶ **참고**: 현미경 162쪽, 돈 208쪽, 생체 인식 ID 210쪽

더블유(W) 모양의 뒤쪽 가장자리가 꼬리 쪽에서 반사되는 전파를 제거한다.
두 개의 제트 엔진이 양쪽 날개에 숨어 있다.
티타늄과 탄소 화합물로 이음새 없이 만들어진 동체는 전파를 반사시킬 부분이 거의 없다.
날개와 코끝이 전파를 흡수해 분산시킨다.
조종석 창 위에 얇은 금속 막을 덮어 전파 반사를 줄여 준다.

▶ 사진: 노스롭 그루먼(Northrop Grumman)사의 B-2 스피릿 폭격기

▲ 스텔스 폭격기는 동체와 날개와 엔진을 한데 모아 납작한 '플라잉 윙' 기술로 탄생했다. 스텔스는 특별히 빠르거나 민첩하지는 않지만 연료를 다시 넣지 않고도 1만 킬로미터까지 날 수 있다.

스텔스

▶▶ 스텔스는 레이더에 잡히지 않는 전투기나 선박을 만들기 위해 개발된 군사 기술이다. 스텔스의 전략은 "적의 눈에 띄지 않고 본다."이다. 스텔스 폭격기는 동체 표면을 특이하게 만들었기 때문에 레이더에서 작은 새 정도로밖에 안 보인다.

납작한 틈새 모양의 배출구로 뜨거운 가스가 배출될 때 차가운 공기를 섞기 때문에 열로 감지될 위험이 줄어든다.
동체의 검은색은 야간 비행 시 위장에 도움이 된다.

자연 속의 스텔스

매나방(Deilephila Hypotnous)

▲ 박쥐는 '천연 레이더'를 이용해 먹이인 나방을 찾는다. 고감도의 소리를 발사하고 물체에 부딪혀 돌아오는 메아리로 나방의 위치를 알아낸다. 매나방은 몸체와 날개에 부드러운 막을 덮어 박쥐가 알아내지 못하도록 진화했다. 스텔스처럼 박쥐가 보내는 소리를 흡수해 자신의 위치를 숨기는 것이다.

스텔스의 원리

스텔스기는 전파를 모든 방향으로 분산시키기 때문에 되돌아가는 전파가 거의 없다.

납작한 동체 모양 때문에 전파가 빗나간다.

레이더 관제탑

레이더는 전파를 이용해 적의 비행기를 감지하는 기술로 제2차 세계대전에 개발되었다. 관제탑에서 보낸 전파가 비행기에서 반사되어 되돌아오면 비행기의 위치를 찾아낼 수 있다. 일반 항공기는 둥근 모양이라 관제탑을 향해 전파를 반사해 보내기 때문에 곧바로 레이더에 포착된다. 반면 납작하고 각진 스텔스기는 전파를 흡수하고 분산시켜 레이더에 포착되지 않는다.

▶▶ **참고**: 시뮬레이터 70쪽, 저소음 비행기 126쪽, 우주 비행선 148쪽

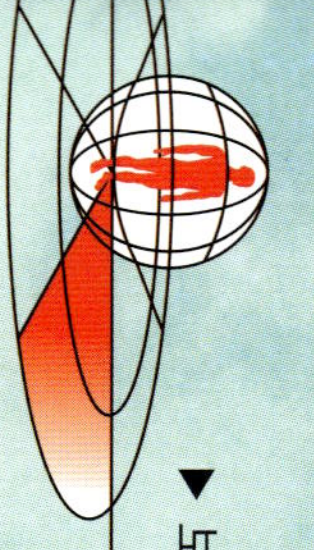

사출 좌석의 원리

1. 조종사가 손잡이를 잡아당기면 조종석 덮개가 열린다.

2. 로켓 모터가 점화되면서 좌석이 솟아오른다.

3. 조종사가 전투기에서 완전히 벗어나면 낙하산이 펴진다.

4. 안전장치가 열리면서 좌석과 조종사가 분리된다.

5. 낙하산이 완전히 펴지고 조종사는 안전하게 땅으로 내려온다.

사출 좌석은 추락의 위험에 처했을 때 조종사가 제트기에서 안전하게 탈출할 수 있도록 개발된 로켓 추진 좌석이다. 조종사가 탈출을 결심하면 좌석 아래에 있는 안전 손잡이를 잡아당긴다. 즉시 조종석 덮개가 열리면서 조종사 머리 위가 깨끗하게 비워진다. 좌석 아래에 있는 로켓이 점화되면서 항해사가 솟아오르고, 잠시 후 조종사가 솟아오른다. 공중에서의 충돌을 피하기 위해 시간 간격을 두는 것이다. 로켓의 힘은 놀라울 정도로 강력하다. 불과 4분의 1초 만에 시속 260킬로미터로 가속되기(스포츠카보다 100배나 더 빠르다.) 때문에 조종사는 순간적으로 중력의 20배에 가까운 힘을 받게 된다. 2분의 1초 후에 로켓이 꺼지면 낙하산이 펼쳐지고, 조종사들은 안전하게 땅으로 내려온다.

▼ **사진**: 제트기에서 솟구쳐 오르고 있는 조종사

조종석 덮개가 폭파되어 산산조각나기 때문에 조종사들이 탈출 시 덮개에 부딪혀 부상을 입는 일이 없다.

극도의 가속이 붙는 순간, 전투복이 혈액 순환을 유지해 주기 때문에 의식을 잃지 않는다.

◀ 사출 좌석의 로켓 모터는 2분의 1초 만에 점화된다. 이 속도라면 빠르게 움직이는 제트기에서 조종사를 쏘아 올리기에 충분한 시간이다.

항해사가 안전하게 솟아오를 때까지 조종사는 조종석 안에 머물러 있다.

▶▶ 제트기는 경주용 자동차, 포뮬러 1보다 여섯 배나 빠른 시속 2000킬로미터 이상의 속도로 하늘을 가르며 날아간다. 제트기가 땅에 추락할 위급한 상황에서 로켓 추진 사출 좌석이 4초 만에 조종사를 조종석 밖으로 쏘아 올린다. 이후 조종사는 낙하산을 타고 안전하게 땅으로 내려온다.

사출 좌석

▶▶ **참고**: 바디플라이트 86쪽, 곡예비행 128쪽, 무중력 비행기 140쪽

Kevlar
케블라 장갑은 유연해서 손과 팔을 자유롭게 움직일 수 있다.
케블라 섬유로 직조하면 신체의 어느 부분이나 보호할 수 있는 장비로 만들 수 있다.

▶ **사진:** 산업용 케블라 장갑

▼ 케블라 장갑은 온갖 위험 물질로부터 손을 보호해 준다. 케블라는 자르기도 어렵고 화학 물질에도 강하며 전기가 통하지 않는다.

케블라

▶▶ 케블라(Kevlar®)는 놀라운 인공 물질이다. 가볍고 유연하면서 강철보다 다섯 배나 강하다. 케블라는 갑옷, 전기톱을 막아 주는 작업복, 전투함의 닻을 연결하는 밧줄, 구멍이 나지 않는 자전거 바퀴 등과 같은 초강력 장비에 사용된다.

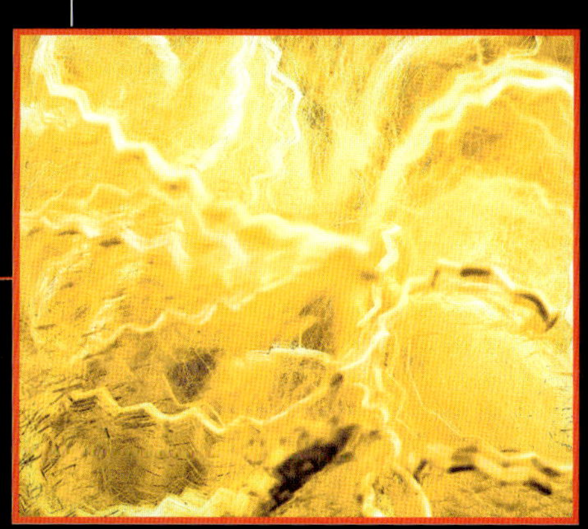

◀ 보호용 장갑을 만드는 데 사용된 케블라 섬유는 특수 페인트를 칠하고 코팅을 더해 바깥층을 더욱 강하게 만들었다. 케블라를 플라스틱 같은 다른 물질과 혼합하면 더 강하게 만들 수 있다.

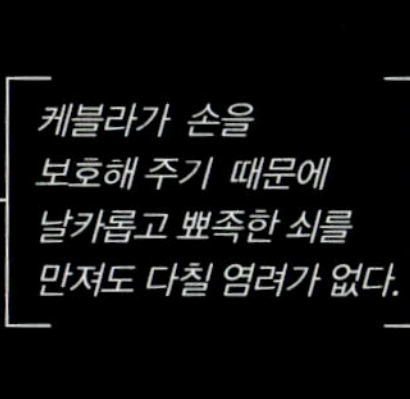

케블라가 손을 보호해 주기 때문에 날카롭고 뾰족한 쇠를 만져도 다칠 염려가 없다.

케블라의 원리

유연성 있는 실

케블라는 아주 강하고 긴 분자가 함께 늘어서 있는 폴리머이다. 이러한 성질 때문에 케블라에서 유연하고 직조 가능한 실을 뽑아낼 수 있다.

보호막

케블라 실을 플라스틱과 혼합해 섬유로 직조하면 갑옷을 만들 수 있다. 열십자 모양 구조는 넓은 부분을 덮어 충격이나 충돌을 사방으로 분산시킬 수 있기 때문에 매우 유용하다.

▶▶ **참고**: 바이오플라스틱 26쪽, 건축용 자재 178쪽, 소화기 228쪽

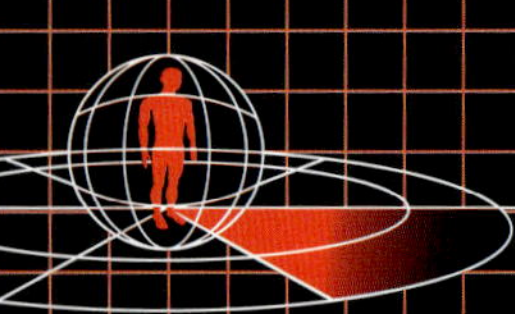

내구성 의복

부드럽고 유연하며 오래가고 스스로 상처를 치료하는 인간의 피부는 놀라운 물질이다. 하지만 오늘날 우리가 직면한 온갖 위험을 생각하면 피부는 너무 약하기만 하다. 그래서 특수 플라스틱, 특수 물질, 특수 고무 등으로 강한 의복을 만든다. 탄환, 폭발물, 화학 물질, 화재, 심지어 우주 밖에서의 생활에 대비하기 위해서 말이다.

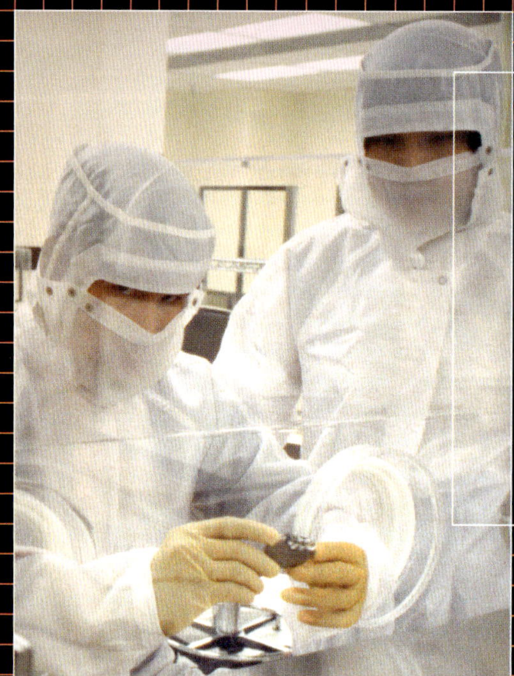

완벽한 보호
이 법의학자는 찢어지지 않는 폴리에틸렌(첨단 플라스틱의 한 종류)인 타이벡(Tyvek®)으로 만든 일회용 실험복을 입고 있다. 이 물질은 종이만큼 가볍지만 섬유만큼 강하다. 이와 같은 옷, 마스크, 장갑을 갖춰야 증거를 훼손하지 않고 조사할 수 있다.

우주복
내구성이 강한 우주복은 우주 왕복선에 탑승한 우주 비행사들이 우주를 유영할 때 입는다. 이 우주복에는 산소팩과 배터리를 포함한 생명 유지 시스템이 완벽하게 갖춰져 있다. 우주복 안쪽은 몹시 뜨거워지기 때문에 냉장 파이프가 내장된 특수 속옷을 함께 입어야 한다.

안쪽은 시원해요

소방관이 입는 소방복은 지구에서 가장 힘든 일을 하는 사람을 위한 옷이다. 옷의 바깥은 알루미늄으로 코팅한 탄소 섬유로 만들어져 바깥의 열을 반사해 소방관을 안전하게 지켜 준다. 이 옷을 입으면 나무, 기름, 석탄이 타는 온도보다 더 뜨거운 섭씨 500도의 불 속에서도 견딜 수 있다.

화학 물질로부터의 보호

화학 물질 보호복은 탄소 섬유에서 분리해 낸 두 겹의 부틸(고무의 일종)로 만들었다. 일체형 고무장갑처럼 생긴 이 보호복을 입으면 독성 화학 물질이 분출되는 곳에서도 내장된 호흡 장치로 숨을 쉬면서 안전하게 작업할 수 있다.

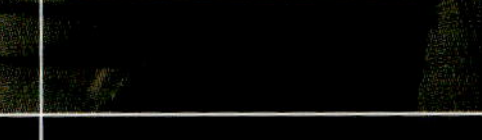

보디가드

케블라는 강철보다 다섯 배 더 강한 물질이다. 경찰관들은 탄환이나 칼로부터 몸을 보호하기 위해 케블라로 만든 옷을 입는다. 경찰 헬멧도 금속판으로 강화된 케블라로 만든다. 특수 목 보호대는 뒤쪽에서 날아오는 공격으로부터 몸을 보호해 준다.

▶▶ **참고:** 운동화 132쪽, 케블라® 222쪽, 소화기 228쪽

수중 호흡기

▶▶ 물속에서 숨을 오래 참는 세계 기록은 8분 58초이다. 하지만 일반인이 오랫동안 숨을 쉬지 않고 물속에서 버티는 일은 어렵고도 위험하다. 수중 호흡기를 이용한다면, 일반인도 몇 시간 동안 안전하게 바다 속에서 머물러 있을 수 있다.

◀ 스쿠버 다이버들은 물속에서 체온을 유지하기 위해 잠수복이 필요하다. 차가운 물이 빠른 속도로 몸을 냉각시켜 저체온증을 야기하면 생명을 잃을 수도 있기 때문이다. 몸에 꼭 맞는 잠수복은 합성 고무인 네오프렌(neoprene)으로 만들어졌다. 네오프렌은 안쪽의 물을 가두고 재빨리 물을 데워 몸을 따뜻하게 해 준다.

튼튼한 마스크는 물체를 25퍼센트까지 확대시켜 보여 준다.

손목시계가 잠수 깊이, 시간, 물의 온도 등을 알려 준다.

커다란 날을 가진 물갈퀴 덕분에 앞으로 나가는 게 쉬워진다.

수면에서 30미터 이상 아래로 내려가면, 빛이 들어오지 않아 어둡기 때문에 손전등이 필요하다.

▼ **사진**: 잠수부가 산호초를 탐험하고 있다.

≫ 수중 호흡기의 원리

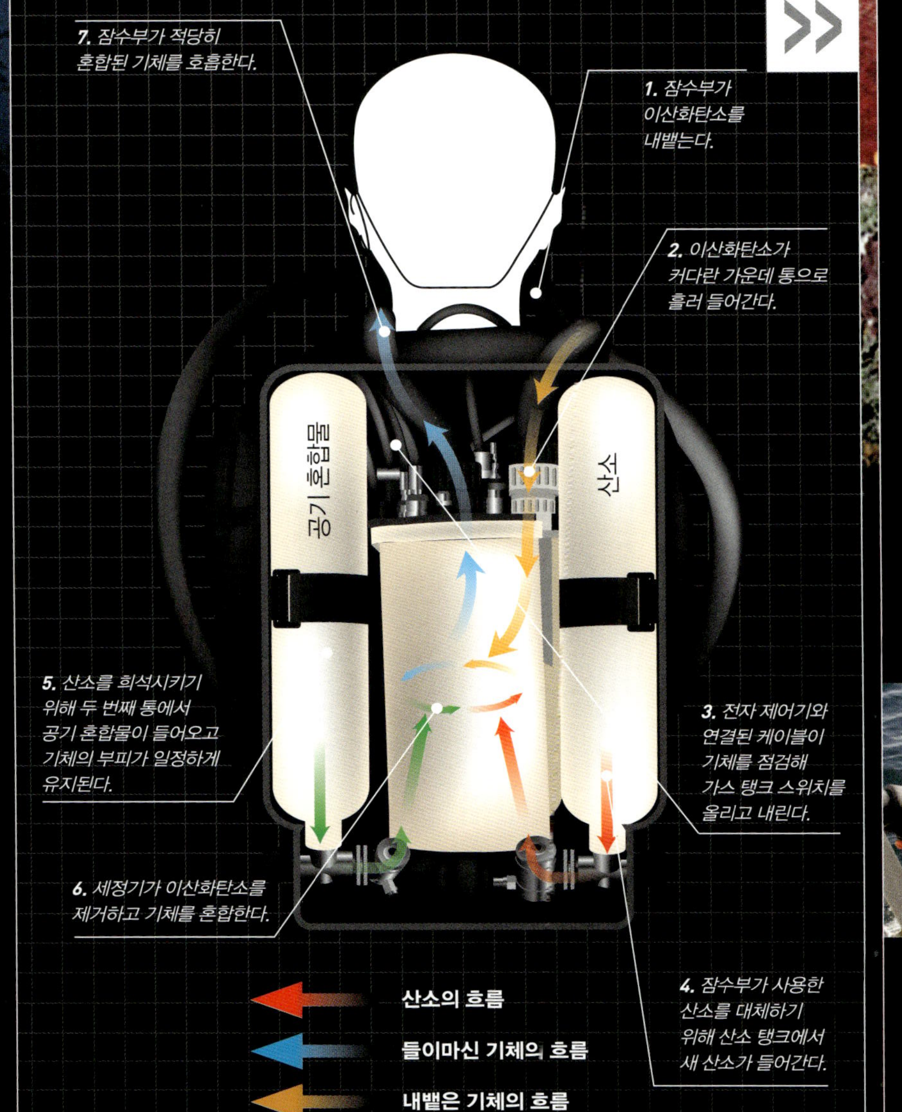

1. 잠수부가 이산화탄소를 내뱉는다.
2. 이산화탄소가 커다란 가운데 통으로 흘러 들어간다.
3. 전자 제어기와 연결된 케이블이 기체를 점검해 가스 탱크 스위치를 올리고 내린다.
4. 잠수부가 사용한 산소를 대체하기 위해 산소 탱크에서 새 산소가 들어간다.
5. 산소를 희석시키기 위해 두 번째 통에서 공기 혼합물이 들어오고 기체의 부피가 일정하게 유지된다.
6. 세정기가 이산화탄소를 제거하고 기체를 혼합한다.
7. 잠수부가 적당히 혼합된 기체를 호흡한다.
산소
공기 혼합물
산소의 흐름
들이마신 기체의 흐름
내뱉은 기체의 흐름

우리 주변의 공기는 대부분 질소(79퍼센트)와 산소(21퍼센트)의 혼합물이다. 우리가 숨을 쉬면 산소는 폐로 들어가고 온몸으로 전달돼 근육에서 에너지를 만드는 데 사용된다. 그리고 이때 생긴 이산화탄소를 날숨으로 내뱉는다. 보통 잠수부는 등에 맨 탱크에서 질소와 산소의 혼합물인 나이트록스(nitrox)를 공급받아 호흡한다. 숨을 내쉴 때마다 이산화탄소가 공기 밸브를 통해 공기 방울의 형태로 빠져나간다. 나이트록스가 떨어지면 잠수부는 다시 수면으로 올라와야 한다. 수중 호흡기는 발전된 호흡 장비로 공기가 순환하면서 새로운 산소가 계속 추가된다. 따라서 이전 장비를 사용했을 때보다 훨씬 더 오래 물속에서 머물러 있을 수 있다.

수중 호흡기는 일반 잠수 장비보다 더 무겁지만 나이트록스 탱크 수십 개를 달고 가는 만큼의 효과를 낼 수 있다.

▶▶ **참고:** 탐험가 154쪽, 내구성 의복 224쪽, 안경류 230쪽

소화기

▶▶ 한순간의 방심으로 가정과 직장이 순식간에 불에 타버릴 수 있다. 그러나 금속 용기로 만든 휴대용 소방 기구인 소화기를 사용하면 빠른 시간 내에 효과적으로 불길을 잡을 수 있다.

>> 소화기의 원리

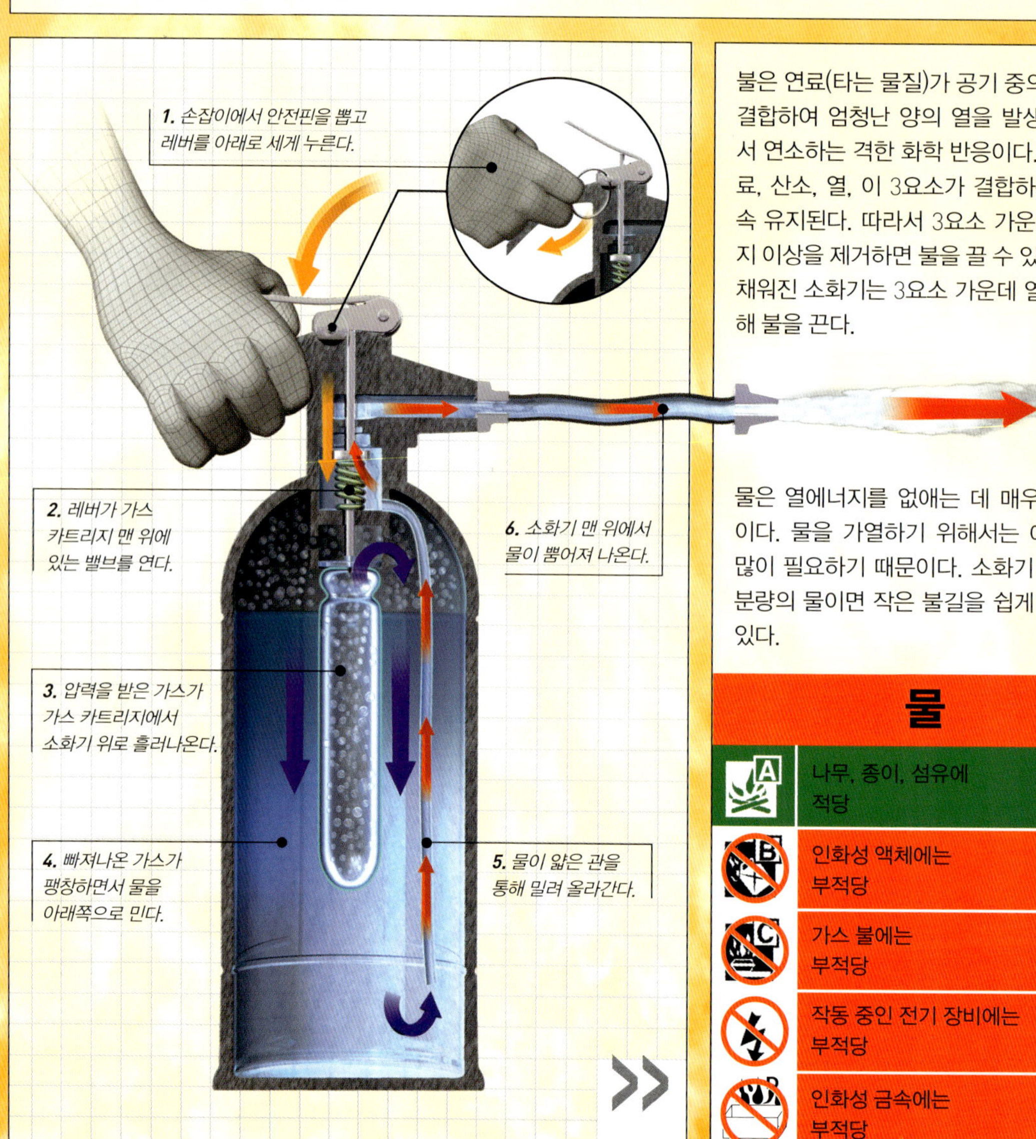

1. 손잡이에서 안전핀을 뽑고 레버를 아래로 세게 누른다.
2. 레버가 가스 카트리지 맨 위에 있는 밸브를 연다.
3. 압력을 받은 가스가 가스 카트리지에서 소화기 위로 흘러나온다.
4. 빠져나온 가스가 팽창하면서 물을 아래쪽으로 민다.
5. 물이 얇은 관을 통해 밀려 올라간다.
6. 소화기 맨 위에서 물이 뿜어져 나온다.

불은 연료(타는 물질)가 공기 중의 산소와 결합하여 엄청난 양의 열을 발생해 내면서 연소하는 격한 화학 반응이다. 불은 연료, 산소, 열, 이 3요소가 결합하는 한 계속 유지된다. 따라서 3요소 가운데 한 가지 이상을 제거하면 불을 끌 수 있다. 물로 채워진 소화기는 3요소 가운데 열을 제거해 불을 끈다.

물은 열에너지를 없애는 데 매우 효과적이다. 물을 가열하기 위해서는 에너지가 많이 필요하기 때문이다. 소화기 통 하나 분량의 물이면 작은 불길을 쉽게 잡을 수 있다.

물		
A	나무, 종이, 섬유에 적당	✓
B	인화성 액체에는 부적당	✗
C	가스 불에는 부적당	✗
	작동 중인 전기 장비에는 부적당	✗
D	인화성 금속에는 부적당	✗

▶▶ **참고**: 연기 감지기 12쪽, 건축용 자재 178쪽, 내구성 의복 224쪽, 안경류 230쪽

적당한 소화기 고르기

▶ 이산화탄소 소화기에는 액체 형태로 압축된 이산화탄소가 들어 있다. 손잡이를 누르면 이산화탄소가 빠져나가 팽창하면서 차가운 기체가 된다. 이산화탄소 소화기는 산소를 억누르고 열을 제거해 불을 끈다.

이산화탄소		
	인화성 액체에 적당	✓
	작동 중인 전기 장비에 적당	✓
	가스 불에는 부적당	✗
	나무, 종이, 섬유에는 부적당	✗
	인화성 금속에는 부적당	✗

▶ ABC가루 소화기는 가정에서 널리 사용되고 있다. 이 소화기는 베이킹소다와 비슷한 화학 물질로 이루어진 가루 장막을 불 위에 분사한다. ABC가루 소화기는 산소 공급을 차단해 불을 끈다.

ABC가루		
	인화성 액체에 적당	✓
	작동 중인 전기 장비에 적당	✓
	가스 불에 적당	✓
	나무, 종이, 섬유에 적당	✓
	인화성 금속에는 부적당	✗

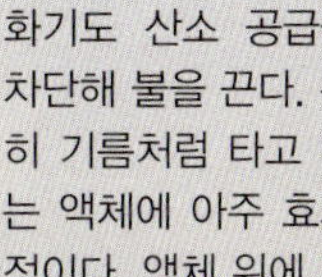

▶ 거품 스프레이 소화기도 산소 공급을 차단해 불을 끈다. 특히 기름처럼 타고 있는 액체에 아주 효과적이다. 액체 위에 거품 층을 덮어 연료와 그 위의 공기 사이에 차단막을 형성한다.

거품 스프레이		
	인화성 액체에 적당	✓
 	나무, 종이, 섬유에 적당	✓
	가스 불에는 부적당	✗
 	작동 중인 전기 장비에는 부적당	✗
	인화성 금속에는 부적당	✗

▶ 이산화탄소 소화기는 짧은 시간 내에 중간 정도 규모의 기름 화재를 진화할 수 있다. 소방관이 안전한 거리에 떨어져 불의 밑 부분을 향해 차가운 가스 스프레이를 조준하고 노즐을 앞뒤로 움직이면, 불꽃이 점점 뒤로 후퇴하다가 완전히 꺼진다.

섬유 유리 혼합물로 만든 헬멧은 보통 불에서 녹지 않는다.

장갑은 불의 열기와 분사되는 이산화탄소의 냉기로부터 손을 보호해 준다.

호스가 좁아 정교하게 조준할 수 있다.

타고 있는 연료의 증기 밀도가 공기보다 작아 불꽃이 위로 향한다.

압축된 이산화탄소는 소화기에서 밖으로 빠져나온 뒤 공기 중에서 팽창한다.

▲ **사진**: 이산화탄소 소화기를 사용하고 있는 소방관

안경류

우리의 눈은 놀라울 만큼 다재다능하다. 태양 너머의 별들을 보기 위해서 망원경처럼 하늘을 올려다볼 수도 있고 머리카락처럼 얇은 물체를 현미경처럼 가까이 당겨 볼 수도 있다. 카메라처럼 기억할 만한 장면을 눈짓 한 번으로 포착해낼 수도 있다. 뇌의 4분의 1은 보는 일을 처리하는 데 쓰인다. 그러나 시력은 항상 완벽하지 않다. 따라서 시력을 향상시키거나 눈을 보호하기 위한 장비가 필요하다.

수술용 헤드마운트

외과 의사는 환자의 몸속을 자세히 들여다보기 위해 헤드마운트(head-mount) 카메라를 이용한다. 헤드마운트는 내시경이라 불리는 유연한 광섬유 관에 연결되어 있다. 내시경은 환자의 몸속 깊은 곳으로 들어가 그곳의 모습을 보여 준다. 외과 의사는 내시경을 이용해 어려운 수술을 정교하게 할 수 있다.

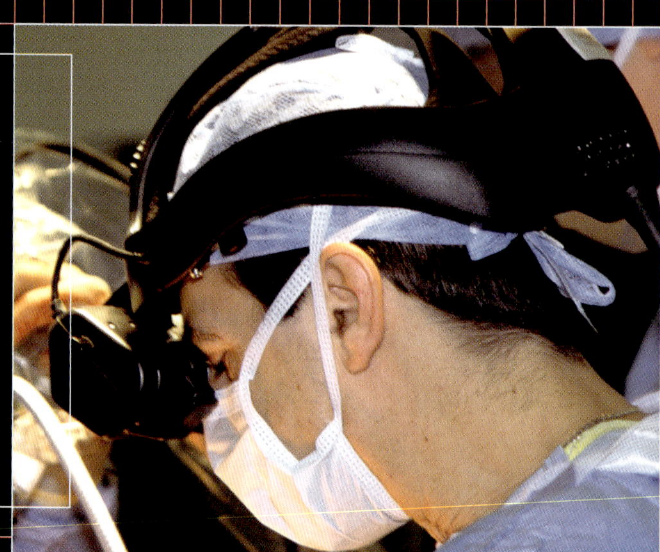

콘택트 렌즈

콘택트 렌즈는 눈 표면의 굴곡을 교정시켜 보다 선명하게 볼 수 있도록 해 준다. 들어오는 광선을 굴절시켜 안구 뒤편에 있는 망막 위에 정확하게 초점을 맞춰 주기 때문이다. 콘택트 렌즈는 플라스틱이나 유리로 만들며 색깔도 다양하다.

일식 안경

맨눈으로는 태양을 똑바로 볼 수 없다. 강한 햇빛에 망막이 손상돼 시력을 잃을 수 있기 때문이다. 사진 속의 사람들은 달이 태양을 가로막는 일식을 보기 위해 빛의 99.999퍼센트를 차단해 주는 보안경을 쓰고 있다.

산업용 보안경

용접 불꽃은 강한 섬광과 더불어 해로운 자외선과 적외선까지 발생시킨다. 이 빛들을 모두 한꺼번에 바라보면 각막이 손상되는 '섬광 화상'을 입을 수 있다. 용접용 보안경은 소량의 가시광선을 제외하고 모든 빛을 차단해 주며 눈을 보호하기 위해 눈 주위를 감싼다.

스노 고글

밝은 하얀색의 눈과 매끄러운 얼음은 빛의 90퍼센트를 반사시킨다. 산에서 스키를 타거나 극지방에 사는 사람들은 보호용 스노 고글을 착용해야 한다. 반사된 햇빛에 염증이 생기는 설맹에 걸릴 수 있기 때문이다.

▶▶ **참고**: 시뮬레이터 70쪽, 운동화 132쪽, 내구성 의복 224쪽

>> 생명 빨대의 작동 원리

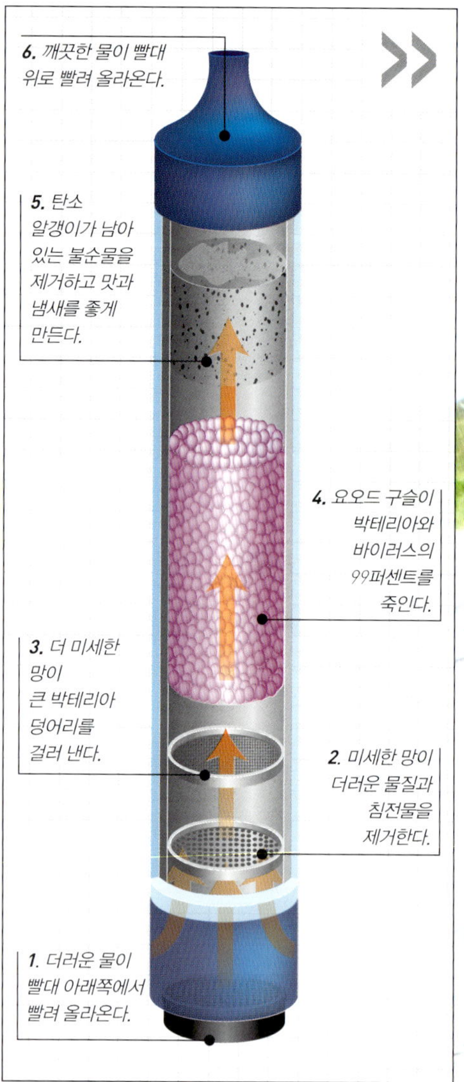

6. 깨끗한 물이 빨대 위로 빨려 올라온다.
5. 탄소 알갱이가 남아 있는 불순물을 제거하고 맛과 냄새를 좋게 만든다.
4. 요오드 구슬이 박테리아와 바이러스의 99퍼센트를 죽인다.
3. 더 미세한 망이 큰 박테리아 덩어리를 걸러 낸다.
2. 미세한 망이 더러운 물질과 침전물을 제거한다.
1. 더러운 물이 빨대 아래쪽에서 빨려 올라온다.

강과 연못에는 불순물이 많아서 그냥 마실 수 없다. 생명 빨대, 라이프스트로를 사용하면 불순물들을 차례로 걸러 낼 수 있다. 먼저 아래쪽에서는 한 쌍의 섬유 필터가 토양, 먼지, 큰 박테리아 등을 걸러 낸다. 이때 바이러스와 작은 박테리아까지 제거할 수 없기 때문에 안심하고 마실 수 없다. 다음 단계에서는 요오드라는 화학 성분을 이용해 박테리아와 바이러스를 제거한다. 필터 맨 윗부분에는 수백만 개의 활성 탄소 알갱이가 있다. 이 알갱이 하나하나가 마치 작은 화학 실험실처럼 촉매 반응을 일으켜 물을 깨끗하게 만든다. 탄소는 또한 불쾌한 요오드의 맛과 향까지 제거해 준다. 이 과정을 모두 통과한 물이 빨대 위로 올라간다.

필터의 탄소 입자(사진은 4000배 확대한 것)는 마치 자석처럼, 흘러가는 물에 있는 불순물을 끌어당긴다.

생명 빨대

▶▶ 마실 물을 구하려면 더러운 강으로 가야 하거나 매일 한 시간을 걸어가야 한다고 생각해 보자. 실제로 전 세계 인구의 6분의 1에 해당하는 11억 명 이상의 사람들이 깨끗한 물을 공급받지 못하고 있다. 이러한 사람들을 위해 휴대용 생명 빨대, 라이프스트로(LifeStraw®)가 개발되었다.

▼ 생명을 유지하기 위한 필수 물질인 물은 지구 표면의 70퍼센트 이상을 차지하고 있다. 하지만 마실 수 있는 물은 겨우 1퍼센트밖에 되지 않는다. 이 세상의 모든 물이 한 양동이 분량이라면, 사람들이 마실 수 있는 양은 찻숟가락 하나 분량도 안 되는 셈이다.

◀ **사진:** 두 소년이 생명 빨대, 라이프스트로로 물을 마시고 있다.

≫ 질병의 위험

지금도 개발도상국에서는 매일 5000명이 넘는 어린이들이 깨끗한 물이 부족해 생기는 콜레라나 장티푸스에 걸려 죽고 있다. 장티푸스는 인간의 배설물에서 나온 박테리아가 든 물을 먹어 생기는 병이다.

현미경으로 본 장티푸스 박테리아

▶▶ **참고:** 수경 재배 28쪽, 컨버터 102쪽, 수중 호흡기 226쪽

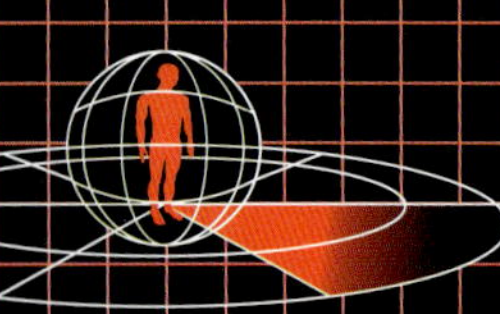

거주지

인간이 거주지를 찾는 것은 기본적인 욕구이다. 인간이 한곳에 정착해서 산 것은 약 1만 년 전부터이지만, 일시적으로 거주지를 마련해 살기 시작한 것은 무려 40만 년 전부터이다. 오늘날에는 재난 지역의 응급 가옥부터 레저용 휴대 가옥까지 인간의 다양한 욕구를 실현하기 위한 창의적인 거주지가 등장하고 있다.

낙하산 집
이 낙하산 집은 노숙자들을 위해 만들었다. 미국의 화가 마이클 라코비츠(Michael Rakowitz)가 설계한 낙하산 집은 건물의 에어컨 배출구에 고리처럼 걸게 되어 있다. 배출구로 나오는 열기가 두 겹으로 된 플라스틱 껍질 사이로 들어와 낙하산 집을 팽창시켜 주고 안을 따뜻하게 해 준다.

창조적인 상자
일본 건축가 시게루 반은 두꺼운 판지 튜브로 임시 대피소를 만들어 유명해졌다. 그는 2005년에 미국 캘리포니아 주에 거대한 노마딕 미술관(Nomadic Museum art gallery)을 만들었다. 벽은 선적용 컨테이너를 쌓아 올려 만들었고 그 위에 강철로 된 지붕을 얹었다. 판지 튜브로 기둥을 세우고 삼각 구조물을 덧대 지붕을 지탱했다. 건물 안쪽에는 넓은 전시 공간을 마련하였다.

유리공 집

도시에 건물을 지을 땅이 부족하다면 유리공 모양의 집을 강이나 사용하지 않는 선착장에 띄우면 된다. 유리공 집은 3층으로 햇빛을 이용해 자연 채광과 자연 난방이 가능하다. 유리공 집은 폴란드 건축가 마르친 판푸치(Marcin Panpuch)가 설계했다.

보클록 주택

요즘은 조립식 가구를 구입해 직접 가구를 만드는 사람들이 많다. 스웨덴의 가구 회사 이케아(IKEA)는 주택을 조립용으로 제작해 판매를 시도하고 있다. 조립용 목조 주택(BoKlok)은 하루 만에 지을 수 있다. 스웨덴에는 이미 조립용 주택이 수천 개나 지어졌으며 새로 짓는 집의 70퍼센트 이상이 조립용 주택이다.

파도타기용 텐트

파도타기를 즐기는 사람들은 완벽한 조건의 파도를 포착하기 위해 많은 노력을 기울인다. 만약 해변에서 멀리 떨어진 곳에 산다면 멋진 파도를 만나기 어려울 것이다. 고래의 벌린 입 모양에서 영감을 얻어 만든 파도타기 텐트는 해변에 설치할 수 있다. 이 텐트는 공기 팽창식 침낭과 위치 조절이 가능한 차양을 갖추고 있다.

▶▶ **참고**: 재활용 24쪽, 건축용 자재 178쪽, 그랜드 디자인 184쪽, 대형 건축물 192쪽

▶▶ **참고**: 수상용 탈것 116쪽, 쌍안경 158쪽, 야간 투시 카메라 160쪽

등대

▶▶ 위성 항법과 레이더가 신속하고 정확하게 위치를 탐색해 주는 현대에도 등대의 친근한 불빛은 여전히 뱃사람들에게 제대로 방향을 잡았다는 안도감을 주고 있다. 맑은 날 밤에 등대 불빛은 약 24킬로미터 떨어져 있는 먼 곳까지 전달된다.

등의 원리

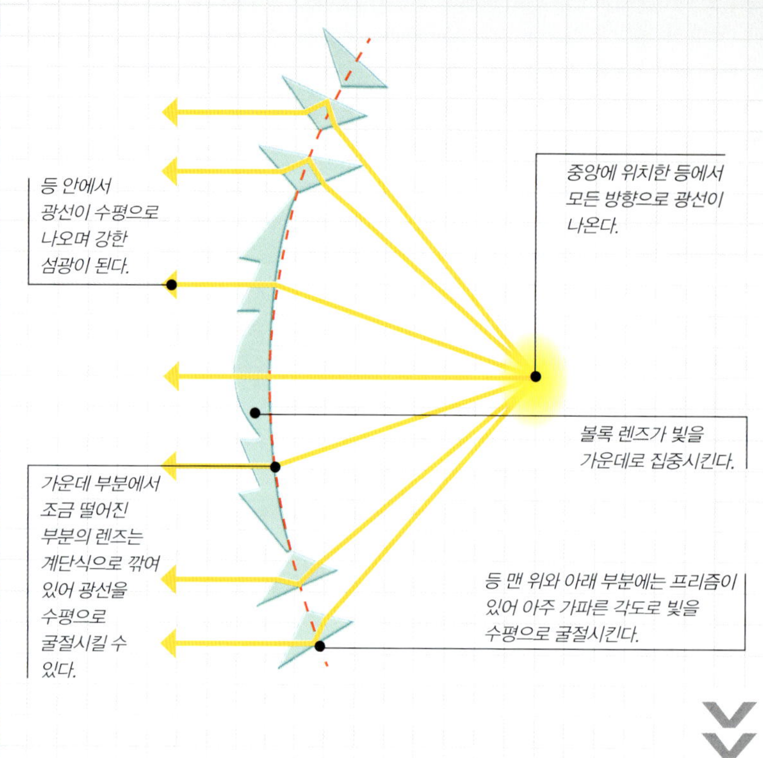

등 안에서 광선이 수평으로 나오며 강한 섬광이 된다.
중앙에 위치한 등에서 모든 방향으로 광선이 나온다.
볼록 렌즈가 빛을 가운데로 집중시킨다.
가운데 부분에서 조금 떨어진 부분의 렌즈는 계단식으로 깎여 있어 광선을 수평으로 굴절시킬 수 있다.
등 맨 위와 아래 부분에는 프리즘이 있어 아주 가파른 각도로 빛을 수평으로 굴절시킨다.

등대는 아주 먼 곳까지 강하고 밝은 빛을 보내기 위해 커다란 등과 렌즈가 필요하다. 유리는 무겁기 때문에 일반적인 형태로는 렌즈를 크게 만들기 어렵다. 그래서 렌즈 바깥쪽이 계단 모양으로 깎여 있는 프레넬 렌즈를 사용한다. 중앙에서 멀어질수록 유리의 단이 늘어나면서 빛을 굴절시키기 때문에 모든 광선이 한 방향으로 나가게 된다. 맨 위와 아래는 빛의 굴절 각도가 매우 커야 하기 때문에 프리즘을 이용한다.

크세논 가스등이 렌즈 안쪽에서 촛불 45만 개에 해당하는 불빛을 낸다.

렌즈가 등 둘레를 완전히 감싸고 있어 불빛을 사방으로 보낼 수 있다.

▶ 보통 등대 불빛은 바다 위로 약 40미터 솟아오른 곳에 자리 잡는다. 이렇게 하면 불빛이 2미터 높이에 설치할 때보다 다섯 배는 더 멀리 전달된다. 대부분의 등대에는 회전식 등이 설치되어 섬광을 사방으로 보낸다. 사진에 보이는 등은 고정식이다.

▲ **사진**: 미국 워싱턴 주의 머킬티오(Mukilteo) 등대

유리가 하얀 빛을
여러 가지 색깔로
쪼개면 빛의 스펙트럼이
나타난다.
렌즈의 맨 위와
아래에는 프리즘이
있어 가파른 각도로
빛을 굴절시킨다.

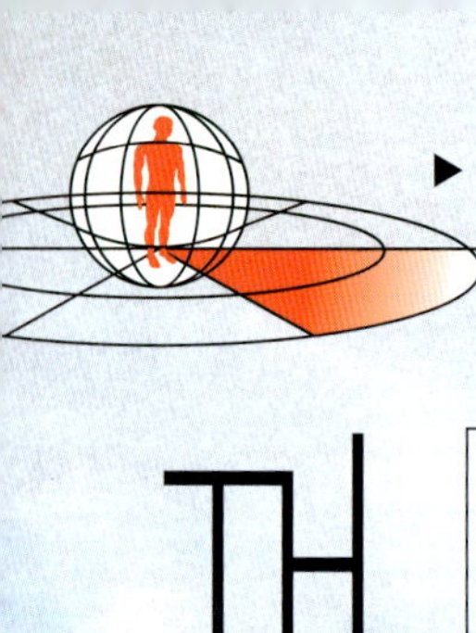

쓰나미 경보

▶▶ 쓰나미가 거대한 물의 힘으로 해안을 강타하면 나무가 휩쓸려 가고 건물은 파괴되며 수많은 사람들의 목숨이 위태로워진다. 쓰나미가 오기 전 미리 대피할 시간을 마련하기 위한 쓰나미 경보 네크워크가 개발되고 있다.

크레인으로 부표를 설치하고 있다.

부표는 6킬로미터 아래 바다 밑바닥에 있는 쓰나미 계기의 위치를 표시해 준다.

통신 장비를 갖춘 부표는 쓰나미 계기와 위성 사이의 중계 역할을 한다.

▲ **사진**: 인도양에 설치되고 있는 다트(DART) 부표

▶▶ **참고**: 등대 236쪽, 홍수 조절 장벽 240쪽

쓰나미 경보의 작동 과정

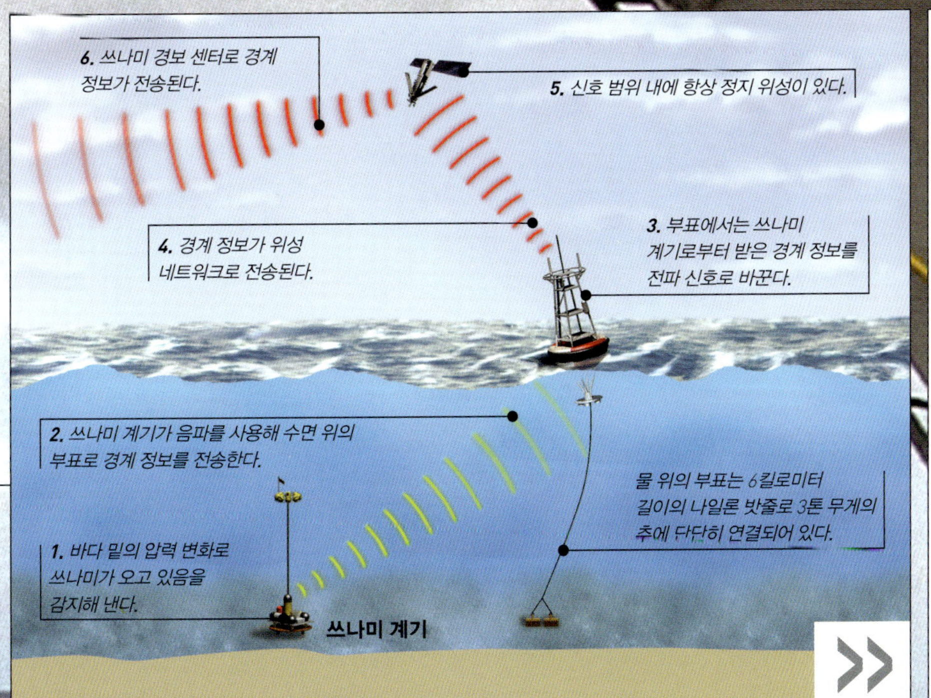
6. 쓰나미 경보 센터로 경계 정보가 전송된다.
5. 신호 범위 내에 항상 정지 위성이 있다.
4. 경계 정보가 위성 네트워크로 전송된다.
3. 부표에서는 쓰나미 계기로부터 받은 경계 정보를 전파 신호로 바꾼다.
2. 쓰나미 계기가 음파를 사용해 수면 위의 부표로 경계 정보를 전송한다.
물 위의 부표는 6킬로미터 길이의 나일론 밧줄로 3톤 무게의 추에 단단히 연결되어 있다.
1. 바다 밑의 압력 변화로 쓰나미가 오고 있음을 감지해 낸다.
쓰나미 계기

지진 감지기로 물속 지진을 감지해 쓰나미를 예측할 수 있지만 정확성이 떨어진다. 좀 더 경고 시간을 앞당기려면 바다 속에서 직접 쓰나미를 관찰해야 한다. 물 위에 부표를 띄우고 바다 밑바닥에는 압력 감지 장비인 쓰나미 계기를 설치한다. 쓰나미 계기는 쓰나미 파로 바닷물의 무게가 늘어나고 이로 인해 변하는 압력의 변화를 감지해 내는 장치이다. 쓰나미 계기는 1센티미터 높이의 쓰나미도 감지할 수 있을 정도로 민감하다. 쓰나미 계기가 쓰나미 경보 센터로 경계 정보를 전송하면 보다 자세한 분석을 통해 쓰나미의 정체를 파악한다. 위험한 경우, 사이렌, 호루라기, 휴대 전화, 자동 문자 메시지 등을 이용해 전 지역에 위험을 알린다.

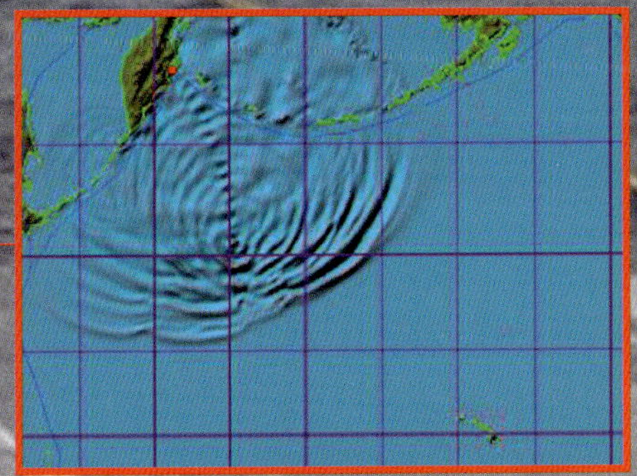

◀ 심해 측정 및 쓰나미 보고(DART)의 부표는 대양 한가운데에 떠 있다. 아직은 세계적인 감시 네트워크를 구축하기 위한 초기 단계이다. 2006년 12월에는 인도양의 쓰나미 조기 경보를 위해 태국의 서쪽 해안에 부표가 설치되었다.

DART 쓰나미 부표의 위치

KEY
Completed
Planned

DART 부표 설치 계획

▲ 전 세계적으로 쓰나미를 감지하기 위해 쓰나미가 발생하기 쉬운 모든 해변에 부표를 단계적으로 설치할 예정이다. 쓰나미는 한 시간 만에 수백 킬로미터를 이동할 수 있다. 따라서 사람들이 대피할 시간을 더 벌려면 가능한 해변에서 멀리 떨어진 바다 속에서 쓰나미를 감지해, 보다 일찍 알려 줘야 한다. 하지만 매년 부표를 갈아 줘야 하고 2년에 한 번씩 쓰나미 계기도 갈아 줘야 하기 때문에 유지비가 많이 든다. 최근까지는 선진국만 경보 시스템을 설치했지만 지금은 점점 더 많은 국가가 경보 시스템을 설치하고 있다.

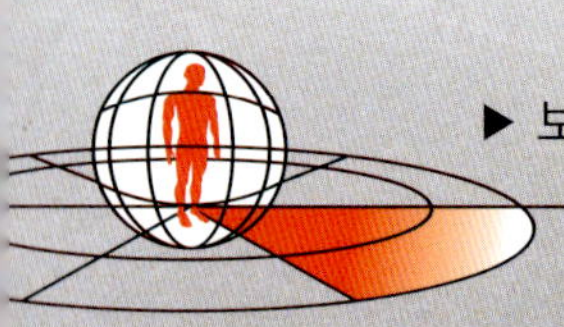

홍수 조절 장벽

▶▶ 네덜란드는 국토의 대부분이 해수면보다 낮아 홍수 피해를 입기 쉽다. 길이 9킬로미터에 달하는 거대한 오스터스헬더 장벽(Oosterscheldekering)이 홍수로부터 안전하게 지켜 주고 있다.

65개의 콘크리트 방파제의 높이는 53미터에 달한다.

>> 홍수 조절 장벽의 원리

유압으로 실린더 안의 피스톤이 위아래로 움직인다.

유압 실린더가 535톤에 달하는 무거운 강철 문을 올리고 내린다.

평소 바다 밑에 잠겨 있던 강철 문은 물의 높이가 높아지면 바닷물을 가두기 위해 위로 올라간다.

장벽 뒤에 위치한 견고한 콘크리트 대들보 위에 도로가 있다.

거친 자갈 토대석을 설치해 장벽을 지탱해 주는 모래층이 휩쓸리는 것을 막아 준다.

오스터스헬더 지역의 강어귀는 바닷물과 담수가 만나는 지역이다. 홍수 조절 장벽 때문에 바닷물이 강어귀로 들어오지 못하면, 어민들이 피해를 입기 때문에 평소에는 오스터스헬더 장벽의 수문을 열어 바닷물이 들어오도록 놔둔다. 하지만 조수가 더 높아지거나 홍수의 위험이 훨씬 더 커지는 폭풍 동안에는 이 거대한 문을 완전히 닫는다.

홍수 조절 장벽의 전경

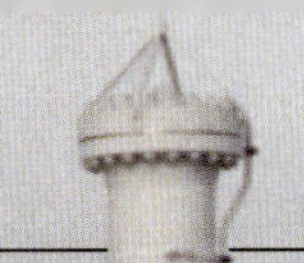

▼ 1953년 2월, 폭풍을 동반한 높은 조수가 네덜란드의 국토 20만 헥타르를 덮쳐 4만 7000가구를 파괴하고 1835명의 목숨을 앗아갔다. 이 끔직한 사고 후 오스터스헬더 장벽이 건설되었다. 이 장벽의 설치로 대홍수가 날 확률은 4000년에 한 번 정도로 크게 줄어들었다.

길이 43미터, 두께 5.4미터, 무게는 535톤의 위용을 자랑하는 62개의 강철 문이 파도를 견뎌 낸다.

장벽 뒤쪽으로 콘크리트 대들보가 있고 그 위로 도로가 지나간다.

유압 실린더가 강철 문을 6미터 위로 들어 올려 바닷물을 막아 준다.

▼ **사진:** 네덜란드의 오스터스헬더 장벽

❯❯ 미국 뉴올리언스의 재해

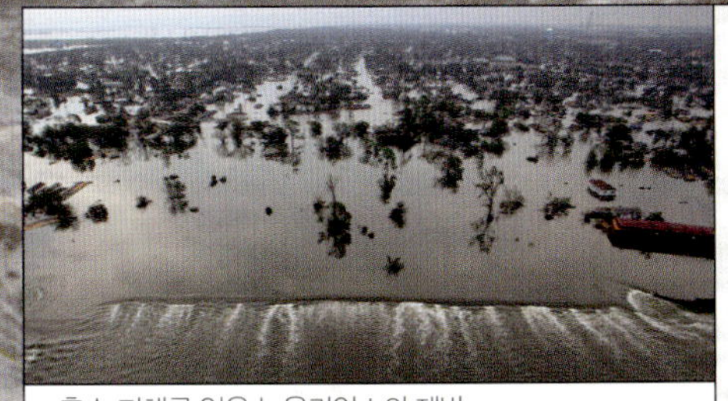

홍수 피해를 입은 뉴올리언스의 제방

◀ 2005년 허리케인 카트리나가 뉴올리언스를 강타하였다. 이 같은 홍수 재해는 앞으로 더 큰 문제가 될 수 있다. 지구 온난화와 같은 기후 변화로 극지방의 빙산이 녹아 해수면이 점점 높아지고 있기 때문이다. 또한 바다의 온도 상승도 바다가 팽창하는 원인이 되고 있다. 지구 온난화가 지속된다면 2100년까지 바닷물의 높이가 1미터 이상 상승할 것이다.

▶▶ **참고:** 폴커크휠 188쪽, 스타디움 지붕 198쪽, 쓰나미 경보 238쪽

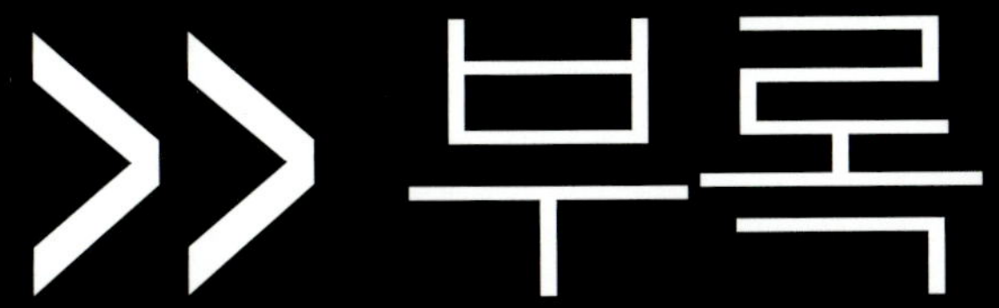
부록

차세대 과학은?

컴퓨터와 커뮤니케이션

컴퓨터의 처리 속도가 더욱 빨라져 훨씬 더 복잡한 문제도 해결할 수 있을 것이다. 또 무선 통신 기술이 발달함에 따라 오늘날에는 상상밖에 할 수 없는 일들도 가능해질 것이다.

- 완전 몰입 가상현실 – 헤드마운트 장비를 머리에 쓰고 3D 가상 현실을 온몸으로 체험한다.
- 모든 기기에 칩을 내장해 무선 통신 기술로 다른 장치들과 자유롭게 의사소통을 할 수 있다.
- 인터넷을 통한 재택 수업과 재택근무가 보다 보편화될 것이다.
- 인간의 두뇌를 모방할 수 있는 컴퓨터가 개발될 것이다.

나노 기술

나노미터는 10억 분의 1미터이다. 머리카락 하나 두께가 약 8만 나노미터다. 나노 기술은 초소형 규모 물질을 다루는 기술을 말하며, 미래에는 보다 많은 분야 나노 기술이 사용될 것이다.

- 나노 기술을 이용하면 물질을 더 가볍고도 강하게 만들 수 있 예를 들어 강철의 무게를 6분의 1로 줄이면서 힘은 100배로 키울 수 있다는 것이다. 이와 같은 기술로 항공기, 자동차, 우주선 등을 보다 가볍게 만들 수 있을 것이다.
- 나노 크기의 컴퓨터 칩을 이용하면 컴퓨터 및 전자 제품이 훨씬 더 작아질 것이다.
- 나노 로봇이 인간의 몸속으로 들어가 손상된 세포를 고쳐 주고 종양을 없애 주는 등 세포 단위의 치료가 가능해질 것이다.

군사 과학

보다 앞선 군사력을 확보하기 위해 더욱 영리하고 강력한 정밀 무기와 효과적인 정보 수집 시스템을 개발하려는 노력이 더해질 것이다.

- 미국에서 군인들이 무거운 짐을 지고도 더 빨리 이동할 수 있게 해 주는 외골격 로봇 팔다리가 현재 개발 중이다.
- 사람과 재산은 파괴하지 않고 전자 장비, 컴퓨터, 전기 공급망 따위만 교란시키는 전자 폭탄이 개발 중이다.

도마뱀의 발바닥을 응용한
접착제가 개발될 것이다.
박테리아가 쓰레기 속에서
수소 연료를 만들어 낼 것이다.
핵융합로를
이용해 전기를
만들어 낼 것이다.
에너지
모든 나라의 에너지 수요가
급증하면서 보다 효율적이고
환경 친화적인 에너지원이
개발될 것이다.
생물 공학
살아 있는 세포나 조직을 산업에 이용하는 것을
생물 공학이라고 한다.
화석 연료에 대한 의존도를
줄이기 위해 생물 연료, 가정용 소형
발전기, 수소 에너지, 재활용 에너지가
많이 사용될 것이다.
합성 박테리아와 바이러스가 개발되어 해충이나
질병과 싸울 것이다.
치약 속의 박테리아가 치아의
플라크를 없애 줄 것이다.
주위 환경에 따라 위장 무늬가 저절로 바뀌는 카멜레온
군복이 개발될 것이다.
DNA 복원으로 멸종된 종이
부활할지도 모른다.
전투 현장에 사람 대신 전투 로봇이 투입될 것이며, 부상자 수송
같은 위험한 일도 담당하게 될 것이다.
거미줄과 같이 부드럽고 강한 물질이
개발될 것이다.

건강과 의학

의학과 기술이 빠른 속도로 발전하고 있다. 미래의 치료약은 암세포 하나를 직접 겨냥하게 될 것이다. DNA에 대한 이해도도 높아져 질병과 유전 조건과 관련 있는 개별 유전자를 다루는 기술을 갖게 될 것이다. 이로 인해 인간의 수명이 더욱 연장될 것이다.

- 한 생물이 가지는 모든 유전 정보를 게놈(genome)이라고 하는데, 이 게놈이 생체 인식 ID로 개인 신분증에 저장될 것이다.
- 인공 피부와 혈액이 개발될 것이다. 이미 첫 상품이 나와 있지만, 앞으로 더욱 많은 제품이 개발될 것이다.
- 척수 치료 방법이 발달해 척추 부상을 입은 사람도 다시 걸을 수 있게 될 것이다.
- 인간의 수명이 150살까지 연장될 수도 있고 더 먼 미래에는 200살까지 늘어날 수도 있다. 신체 기관의 노화를 세포 단위에서 재생할 수 있다면 가능한 일이다.

우주

또 다시 인간이 달에 도착할 수 있게 될 것이고 그밖에 태양계의 다른 곳에도 유인 우주 왕복선이 착륙할 수 있을 것이다.

- 달에 영구 기지가 건설될 것이다.
- 화성으로 유인 우주선이 발사될 것이다.
- 태양계의 다른 곳에서 생명체가 발견될 수도 있다. 가장 유력한 후보지는 화성, 목성의 위성인 유로파, 토성의 위성인 타이탄 등이다.
- 외계의 지적 생명체와 연락이 닿을 수도 있을 것이다.

일상생활

지난 50년 동안 다양한 분야의 과학 발전은 우리의 일상생활과 사회의 모습을 극적으로 바꿔 주었다. 다음 50년 동안에도 역시 극적인 변화를 목격할 수 있을 것이다.

- 지폐와 동전이 전자 화폐로 대체될 것이다.
- 초고층 건물이 건설되어 수직으로 높이 솟아오른 도시가 형성될 것이다.
- 일기 예보가 정확해져 각 동네별 일기 예보도 가능해질 것이다.
- 3D 입체 텔레비전을 볼 수 있게 될 것이다. 이 기술은 벌써 실험을 거치고 있다.

로봇 공학

미래에는 더 영리한 로봇이 개발되어 위험하고 더럽고 단순 반복되는 일을 대신 맡아 줄 것이다.

- 가정용 로봇이 집안과 사무실에서 청소를 도맡아 줄 것이다.
- 쥐나 뱀을 흉내 낸 로봇이 지진이 난 곳으로 들어가 생존자를 찾아낼 것이다.
- 도로에 모래를 뿌리는 일이나 제설 작업, 잔디 깎기 등의 일을 로봇이 대신해 줄 것이다.
- 로봇도 사회적인 기술을 배워 감정을 표현하거나 다른 사람의 감정을 알아내는 일이 가능해질 것이다.
- 로봇이 가정에서 장애인과 노약자를 돌보는 역할을 맡아 줄 것이다.

교통수단

지금까지는 모든 교통수단이 화석 연료에 의존해 왔지만, 미래에는 깨끗하고 환경 친화적인 기술 연료를 사용하게 될 것이다.

- 자동 운전이 가능한 스마트카가 전용 도로 위를 달릴 것이다.
- 극초음속 비행기의 최고 속도가 음속의 다섯 배에 해당하는 마하 5 이상에 도달할 것이다.
- 화물 비행기와 대형 여객기에도 스텔스와 같이 날개와 동체를 일체형으로 만드는 '플라잉 윙' 방식이 도입될 것이다.
- 자동차가 하늘을 날 수 있을 것이다. 이미 표본이 제작되어 시험 비행을 마쳤다.

ㄱ

가속(acceleration)
물체에 힘이 작용해 속도가 높아지는 것.

강철(steel)
철과 탄소의 합금으로 철보다 훨씬 더 강하고 다양한 곳에 사용된다.

결정 구조(crystal structure)
고체의 내부 구조. 원자는 실제로 보이지는 않지만 공간 내에서 규칙적으로 배열되어 결정을 이룬다.

고체(solid)
원자나 분자가 견고하게 결합되어 있는 물질의 한 상태.

공기압 기계(pneumatic press)
힘을 전달하거나 확대시키기 위해 압축된 공기를 사용하는 기계의 한 종류.

공기 역학(aerodynamics)
공기가 물체 주변을 움직이는 것을 연구하는 과학. 특히 경주용 자동차와 같이 빨리 움직이는 탈것이 주요 연구 대상이다.

공기 저항(air resistance)
공기를 뚫고 움직이는 물체의 속도를 줄이는 힘으로 흔히 항력이라고도 함.

관성(inertia)
힘이 작용하지 않는다면 정지 상태의 물체는 계속 정지해 있으려고 하고, 움직이는 물체는 계속 움직이려고 하는 성질.

광자(photon)
빛다발이나 또 다른 형태의 전자기파를 이동시키는 입자.

광학(optics)
빛의 활동 방식을 연구하는 과학.

굴절(refraction)
빛이 밀도가 서로 다른 물질 사이를 통과할 때 구부러지는 현상.

기어(gear)
가장자리에 톱니가 달린 바퀴가 크거나 작은 바퀴와 맞물려 움직이면서 기계의 힘이나 속도를 증가시키는 장치.

ㄴ

나일론(nylon)
아주 긴 탄소 기본 분자로 만든 합성 섬유, 혹은 그 합성 섬유로 만든 플라스틱.

난기류 (turbulence)
비행기와 같이 움직이는 물체 주변에서 공기나 물의 흐름이 혼란스러워지는 현상.

네트워크(network)
유선이나 무선으로 연결된 컴퓨터와 컴퓨터의 결합.

ㄷ

데이터베이스
(data base)
컴퓨터 안에 질서 정연하게 정리된 정보의 모음.

동위 원소(isotope)
원자 속 양성자의 수는 같지만 중성자의 수는 서로 다른 화학 원소.

동체(fuselage)
항공기의 주요 몸체. 보통 날개를 제외한 가운데 부분을 일컫는다.

디지털(digital)
숫자 0과 1만으로 정보를 나타내는 이진법 방식. 컴퓨터와 휴대 전화와 같은 전자 기기들은 디지털 방식으로 정보를 저장하고 처리하며 전송한다.

ㄹ

레이더(radar)
전파를 이용해 선박이나 다른 물체의 위치를 파악하는 항법 장치.

레이저(laser)
한 곳에 집중되는 광선.

렌즈(lens)
빛을 굴절시키는 곡면유리로, 보통 멀리 떨어져 있는 물체를 더 크게 보여 준다.

로봇(robot)
자동으로 반복적인 일을 하도록 설계된 자기 제어 장치 혹은 컴퓨터 제어 기계.

로켓(rocket)
제트 엔진과 비슷한 엔진의 한 형태. 자가 충전 방식으로 산소가 공급된다는 점이 다르다.

ㅁ

마이크(microphone)
소리 에너지를 전기 에너지로 바꿔주는 전자기 장치.

마찰(friction)
두 물질이 접촉했을 때 그 접촉면에서 운동을 방해하려고 하는 방향으로 힘이 작용하는 현상.

망막(retina)
눈에서 빛을 감지하는 부분. 망막에는 간상세포와 원추 세포라는 두 종류의 시세포가 있다.

무게(weight)
중력에 의해 물체가 지구 쪽으로 당겨지는 힘. 무게는 질량과 똑같지는 않지만 질량이 높을수록 무게도 많이 나간다.

무선(wireless)
정보나 신호를 주고받을 때 전선 대신 전파를 사용하는 방식.

미생물(micro-organism)
너무 작아 그냥 눈으로는 보이지 않는 생물. 박테리아도 포함된다.

밀도(density)
물질 속 질량의 집중 정도. 물질의 밀도는 질량을 부피로 나누어 측정한다. 밀도가 큰 물질은 같은 부피당 질량이 크다.

ㅂ

바이러스(virus)
살아 있는 세포 속으로 침입해 질병을 일으키는 생명이 없는 초소형 입자.

박테리아(bacteria)
하나의 세포로 이루어진 미생물. 질병을 옮기는 해로운 박테리아도 있지만, 음식을 만들 때 사용하는 이로운 박테리아도 있다.

발전기(generator)
자석과 코일로 만들어져, 회전하면서 전류를 만들어 내는 장치.

방사능(radioactivity)
불안정한 상태의 원자가 더 작은 원자로 쪼개지면서 방사선이라고 알려진 입자나 에너지를 방출하는 과정.

배기가스(emission)
엔진이나 산업 공정에서 만들어지는 오염된 기체.

배터리(battery)
회로라고 부르는 폐쇄된 경로에 연결했을 때, 두 전극 사이로 꾸준한 양의 전기를 발생시키는 화학 물질의 모음.

분자(molecule)
두 개 이상의 원자로 구성되어 있는 화학 원소의 구성단위.

블루투스®(Bluetooth®)
가까운 거리에 있는 컴퓨터와 기타 전자 기기들을 무선으로 연결하는 방식.

빛(light)
전자기파를 진동시키며 고속으로 움직이는 에너지의 한 형태.

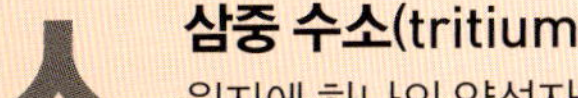

삼중 수소(tritium)
원자에 하나의 양성자와 두 개의 중성자를 가지고 있는 수소의 동위 원소로 핵융합에 사용된다.

서스펜션(suspension)
자동차 바퀴와 동체를 연결하는 지지대. 충격을 흡수해 자동차를 보호해 주고 안에 탄 사람들이 안락한 승차감을 느끼도록 개발되었다.

섬유(fibre)
실과 비슷한 얇은 물질. 면과 같은 천연 섬유는 식물로 만들지만 나일론과 같은 인공 합성 섬유는 화학적인 공정을 거쳐 만든다.

섬유 유리(fibreglass)
튼튼하고 내구성이 강한 물질을 만들기 위해 플라스틱 기본 재료에 강한 유리 섬유를 넣어 만든 합성 물질.

세포(cell)
생물체의 가장 작은 구성단위. 세포는 식물과 동물을 이루는 기본적인 재료다.

수압기(hydraulic)
물의 압력을 이용해 힘을 전달하거나 확대시키는 장치의 한 형태. 수압 잭은 차고에서 자동차를 들어 올릴 때 사용된다.

시뮬레이션(simulation)
현실 세계 속의 일을 컴퓨터로 재현해 보는 일.

실리콘(silicon)
모래에서 발견되는 화학 원소로, 태양 전지판이나 전자 부품 등을 만드는 데 사용된다.

아스팔트(asphalt)
끈적이는 검은 타르 같은 물질로, 도로를 포장할 때 사용한다.

아원자 입자 (subatomic particle)
양성자, 중성자, 전자 등과 같이 원자 속에서 발견되는 소립자.

안테나(aerial)
전파를 보내거나 받기 위해 사용하는 장치.

알루미늄(aluminium)
강하지만 무게가 가볍고 녹이 슬지 않는 금속으로, 주로 항공기와 우주선을 만드는 데 사용된다.

압력(pressure)
액체나 기체가 상대적으로 넓은 영역에 가하는 힘.

압전기(piezoelectricity)
어떤 물질을 압착하거나 진동시키면서 전기를 흘려보낼 때 전기 파동을 일으키는 방식.

액체(liquid)
원자나 분자가 느슨하게 연결되어 있고 견고하게 결합하지 않은 물질의 상태.

양력(lift)
항공기 날개 주변의 공기 흐름으로 생기는 위로 솟는 힘.

양성자(proton)
원자의 핵 속에서 발견되는 양전하를 띤 입자.

양전자(positron)
양전하만을 띤 입자. 전자와 대칭 관계에 있다.

에너지(energy)
연료와 같은 동력의 원천 혹은 계단 올라가기와 같이 무슨 일을 하는 능력. 과학 용어로서 에너지는 힘에 대항해 작용하는 능력을 의미한다.

엑스선(X-ray)
빛의 속도로 이동하는 고에너지 전자기파.

열(heat)
뜨거운 물질 속에서 보이지 않는 원자나 분자의 움직임에 의해 저장되는 에너지의 한 형태.

와이파이(Wi-Fi)
컴퓨터와 다른 전자 장비를 무선으로 연결하는 네트워크의 한 형태.

운동(momentum)
힘이 작용하지 않는 한 계속해서 움직이려고 하는 물체의 움직이는 방식.

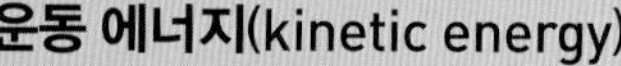

운동 에너지(kinetic energy)
움직이는 물체가 갖는 에너지.

원자(atom)
화학 원소에서 얻을 수 있는 가장 작은 단위. 원자는 물질의 기본 요소로, 보다 커다란 개체인 분자를 형성한다. 원자는 더 작은 아원자 입자로 구성되어 있다. 한가운데 있는 핵에는 양성자와 중성자가 포함되어 있고 중성자 주위로 전자라고 부르는 입자가 돌고 있다.

위성(satellite)
행성의 궤도를 도는 물체. 인공위성은 정해진 궤도로 지구 둘레를 돌고 있는 무인 우주선을 말한다. 달은 지구의 자연 위성이다.

위성 항법 장치(GPS)
위성 네트워크를 통해 지구에 신호를 보내 전자 항법 장치가 위치를 찾도록 해 주는 장치.

위치 에너지(potential energy)
운동 에너지 같은 다른 형태의 에너지로 전환될 수 있는 물체가 저장하고 있는 에너지.

이산화탄소(carbon dioxide)
두 개의 탄소와 한 개의 산소로 이루어진 무색의 기체로, 공기 중에서 흔히 볼 수 있다. 이산화탄소는 물질이 공기 중에서 연소될 때나 숨을 쉴 때 만들어진다.

인광체(phosphor)
전자 같은 활동적인 입자와 충돌하면 빛을 발하는 화학 물질

입자(particle)
물질의 작은 양. 원자에서 발견된 소립자를 아원자 입자라고 부른다.

ㅈ

자기장(magnetic field)
자석 주변에 뻗어 있는 보이지 않는 활동 영역으로, 자력이 있는 물질에 영향을 미친다.

자외선(ultraviolet)
전자기파의 한 형태로, 빛과 비슷하지만 보이지 않는다. 자외선은 가시광선보다 파장은 더 짧고 주파수는 더 높다.

자이로스코프(gyroscope)
회전의라고도 하며 선회 축의 틀 안에서 바퀴가 빠른 속도로 돌아가는 장치다. 자이로스코프를 빠른 속도로 돌리면 바퀴가 어느 방향으로 돌든지 일정한 방향을 가리킨다.

재활용(recycling)
물질을 버리지 않고 다시 사용하는 것.

전극(electrode)
열린 전기 회로의 끝 부분. 전극은 보통 전자나 이온을 가둬두거나 방출하는 금속이나 탄소 조각으로 되어 있다.

전기 모터(electric motor)
전기를 이용해 기계를 움직이는 장치. 전류가 모터로 흘러가면 자력을 발생시켜 안쪽의 축을 중심으로 고속으로 회전시킨다.

전류(electric current)
회로를 타고 흐르는 전기의 흐름. 전류는 하전 입자의 꾸준한 흐름으로, 보통 음전하를 띤 전자나 양전하를 띤 이온(전자를 잃은 원자)이 흐른다.

전자(electron)
음전하를 띠는 입자. 전자는 원자 속의 핵 둘레를 궤도를 따라 돈다.

전파(radio wave)
보이지 않는 전자기파의 한 형태로, 빛의 속도로 이동하며 라디오 소리, 텔레비전 영상 등의 정보를 전달하는 데 사용된다.

제트 엔진(jet engine)
거대한 원통 속에서 끊임없이 연료를 태우는 엔진의 한 형태. 제트 엔진은 뜨거운 기체를 뒤쪽으로 분출시켜 항공기를 앞으로 밀어 주는 힘을 얻는다.

조종익면(control surface)
공기의 흐름을 바꿔 방향을 조절해 주는 항공기 위에 달린 날개 혹은 방향타.

주사 전자 현미경(SEM)
매우 작은 물질을 보기 위해 전자 광선을 사용하는 현미경의 한 종류.

주파수(frequency)
전파나 음파가 1초 안에 진동하는 횟수. 소리의 주파수는 음의 높낮이와 상관이 있다.

중력(gravity)
우주의 두 물질 사이에 작용하여 서로 끌어당기는 힘. 지구에서 중력은 물질을 지구 표면으로 끌어당기는 힘을 말한다.

중성미자(neutrino)
질량이 거의 없고 전하도 없이 빠른 속도로 움직이는 소립자.

중성자(neutron)
원자의 핵 속에 있는 전하를 띠지 않은 소립자.

중수소(deuterium)
원자가 하나의 양성자로 되어 있지 않고 한 개의 양성자와 한 개의 중성자로 이루어진 수소의 동위 원소.

중합체(polymer)
하나의 사슬 단위로 이루어진 아주 긴 탄소 기본 분자.

지렛대(lever)
힘의 크기를 키워 힘을 줄여 주는 긴 막대.

지포스(G-force)
중력의 힘과 비교해 물체의 속도를 높이거나 낮추는 힘의 양. 3G의 힘은 중력의 3배를 말한다.

질량(mass)
넓이와 높이를 가진 물건이 공간에서 차지하는 양.

ㅊ

초점(focus)
렌즈나 거울로 한 곳에 빛이나 전파를 집중시키는 것.

촉매(catalyst)
화학 반응의 속도를 높여 주지만, 스스로는 변하지 않는 화학 물질.

칩(chip)
손톱만 한 곳에 트랜지스터라고 부르는 개별 스위치를 수천 개 포함하고 있는 컴퓨터의 부품. 메모리 칩은 정보를 저장하는 데 사용한다. 마이크로프로세서는 소형 컴퓨터와 같은 역할을 하는 발전된 형태의 칩이다.

ㅋ

컴퓨터(computer)
프로그램의 지시에 따라 정보를 처리하는 전자 기계. 컴퓨터는 정보를 받는 방법(입력, input)과 정보를 기록하는 곳(메모리, memory), 정보를 처리하는 것(프로세서, processor), 결과를 보여 주는 방식(출력, output)이 필요하다.

콘크리트(concrete)
시멘트, 모래, 자갈을 섞어 만드는 내구성이 강한 건축용 자재.

ㅌ

탄성(elasticity)
밀거나 당기는 힘이 주어지면 늘어나는 성질. 보통 탄성이 있는 물질은 힘이 사라지면 원래의 모양으로 되돌아간다.

태양 전지판(solar panel)
햇빛이 비치면 열 에너지를 포착하거나 전기를 발생시키는 납작한 직사각형 실리콘.

터빈(turbine)
액체나 기체가 지나갈 때 회전하는 풍차와 같은 동력 장치.

ㅍ

파동(wave)
위아래 혹은 앞뒤로 물질을 통과해 지나가면서 에너지를 이동시키는 동작.

파장(wavelength)
파동의 최고조 부분 사이의 거리.

프로세서(processor)
컴퓨터나 전자 기기 안에 있는 주요 칩.

플라스마(plasma)
원자에서 전자가 떨어져 나올 때 생기는 아주 뜨거운 기체의 종류.

플라스틱(plastic)
탄소 기본 합성 물질로, 부드러운 상태일 때 자유자재로 모양을 만들어 낼 수 있다.

플래시 메모리(flash memory)
컴퓨터 메모리 칩의 한 형태로 디지털 카메라와 같은 장비에 널리 쓰이며, 전원이 꺼진 상태에서도 정보를 저장할 수 있다.

픽셀(pixcel)
텔레비전, 컴퓨터 및 기타 전자식 화면을 구성하는 최소 단위.

필라멘트(filament)
전기가 흐를 때 아주 뜨거워지도록 만든 철사 조각. 전통적인 전구(백열등)는 필라멘트로 빛을 낸다.

ㅎ

합성 물질 (synthetic stuff)
나일론이나 케블라와 같이 여러 물질을 섞은 인공 물질.

항력(drag)
공기 저항의 다른 말.

핵(nucleus)
양성자, 중성자, 전자로 구성되어 있는 원자의 중심 부분.

현미경(microscope)
광학 현미경은 렌즈를 통한 빛의 굴절로 물질을 더 크게 보여 준다. 전자 현미경은 자석 코일로 전자 광선을 굴절시켜 빛의 파장보다 훨씬 더 작은 물질도 보여 준다.

형광(fluorescence)
자외선 같이 보이지 않는 빛을 비추면 가시광선을 발하는 것.

화합물(composite)
두 가지 이상의 서로 다른 물질을 섞어 만든 물질. 화합물은 원래 구성 물질보다 강하고 지속적이며 열에 강한 물질이 되기도 한다.

회로(circuit)
끊어진 곳이 없이 이어져 전기가 흐르는 길.

효율성(efficiency)
에너지의 활용 정도. 자전거와 같이 효율성이 높은 기계는 에너지의 대부분을 앞으로 움직이는 데 사용한다.

힘(force)
물질을 움직이거나 혹은 이미 움직이고 있는 물질의 방향이나 모양을 바꾸고, 밀거나 당기는 작용.

LCD(액정 표시 장치)
전류로 액정의 밝고 어두움을 조절하기 때문에 화면 위에 글자나 숫자를 표현할 수 있다.

LED(발광 다이오드)
전기가 흐르면 빛을 발하는 작은 전자 부품.

MP3(MPEG Audio Layer-3)
음악을 저장하기 위해 사용하는 컴퓨터 파일의 한 종류. MP3 파일은 비교적 용량이 작아 빨리 내려 받을 수 있다.

찾아보기

찾아보기

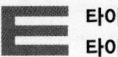

자료 출처

DK would like to thank
Shaila Brown, Steven Carton, and Fran Jones for editorial assistance. Ed Merritt for cartography. Jackie Brind for the index.

The publisher would like to thank the following for their kind permission to reproduce their photographs:

Key
a-above; b-below/bottom; c-centre; f-far; l-left; r-right; t-top

1 Gustoimages Ltd (r). 2 Courtesy Nabaztag (bl). Courtesy Siemens VDO (bc). Samui Moon by Time Technology (br). 2-3 Gustoimages Ltd (t). 3 Courtesy LiveScienceStore.com (br). 3 Mattel (br). NASA JPL-Caltech (bl). Science Photo Library Peter Menzel (bc). 8 Corbis Darrell Gulin (br). Gusto/Refocus-now.com (bl). Courtesy Neorest (bc). 9 Doheny Eye Institute (br). Courtesy Ecoist (bl). Science Photo Library Dr Tony Brain (bc). 10 Corbis Darrell Gulin (l). Gusto/Refocus-now.com (r). 10-11 Science Photo Library Gustoimages. 11 Science Photo Library (t); Dr Tony Brain (b). 12-13 Gusto/Refocus-now.com. 13 Science Photo Library Volker Steger/Siemens AG (br). 14-15 Courtesy Neorest (bl) (bc) (br). 16 Alamy Images Kevin Foy (bl). 16-17 Universe Architecture, Netherlands. 18 Corbis Darrell Gulin (tl). 18-19 Corbis Darrell Gulin. 19 Corbis Darrell Gulin (tr). 20-21 Science Photo Library Gustoimages. 22-23 Getty Images Getty Images News. 24 Courtesy Ecoist (t). Courtesy The Spiral Foundation (b). 25 Courtesy Bike Furniture Design (r). Courtesy materious Brian Sorg (t). Courtesy Mio (b). 26 Corbis Christian Schmidt/zefa (c). Science Photo Library Dr Jeremy Burgess (tl) (tr). 27 Alamy Images Paul Glendell (bl). Science Photo Library (br). 28-29 Alamy Images Visions of America, LLC. 29 Courtesy AeroGrow International, Inc. (l). 30 Alamy Images David Williams (r). Corbis Touhig Sion/ Corbis Sygma (tl). 31 Corbis Rick Friedman (r). Getty Images Jean Louis Batt (l). PunchStock Photodisc Green/ Andre Kudyusov (cb). 32-33 Science Photo Library Dr Tony Brain. 33 Science Photo Library Dr Jeremy Burgess (cb); Photo Insolite Realite (tr). 34 Science Photo Library Dr Jeremy Burgess (br). 34-35 Doheny Eye Institute. 35 Science Photo Library Sam Ogden (cb). 36 Alamy Images Emmanuel Lattes (br). Samui Moon by Time Technology (t). 37 Swatch Ag (bl). Courtesy www.thinkgeek.com (br) (t). 38 fuseproject (bl). Iseepet, AOS Technologies (br). Courtesy Polymer Vision (bc). 39 Courtesy Garmin Ltd. (bl). Lawrence Livermore National Laboratory (br). Reuters You Sung-Ho (bc). 40-41 Courtesy Nabaztag (t). Science Photo Library Volker Steger. 41 Alamy Images Michael Booth (b). Corbis Reuters (cr). 42 fuseproject (tl). 42-43 fuseproject. 43 Images provided by Freeplay Energy (br). 44 3Dconnexion (t). Courtesy Dicota. (b). 45 Alamy Images Michael Booth (r). Courtesy Dr ir. Tiene Nobels (b). Courtesy Perific (tl). 46 Courtesy Nabaztag. 47 Courtesy of Apple Computer, Inc. (b). 48-49 Courtesy Polymer Vision. 50 Corbis Reuters (t). Reuters Eriko Sugita (b). 51 Corbis Gene Blevins/LA Daily News (c). Courtesy of Motorola (br). Seiko Instruments Inc. (t). 52 Iseepet, AOS Technologies. 53 Getty Images Getty Images News (br). Iseepet, AOS Technologies (bl). 54 Courtesy Siemens VDO. 55 Antony Loveless www.black-rat.net (br). 56 Photo courtesy of designer for the Microsoft Next-Gen PC Design Contest, Pussycat Submission #461 (tl). Science Photo Library Volker Steger (b). 57 Finis, Inc - Livermore, CA USA- www. finisinc.com (cr). Courtesy Garmin Ltd. (tl). © 2007 High Tech Computer Corp. All rights reserved. (bl). 58-59 Reuters You Sung-Ho. 59 Corbis Reuters (cra). PA Photos AP (cla). 60-61 Lawrence Livermore National Laboratory. 61 Lawrence Livermore National Laboratory (br). NASA (bl). 62 Corbis Roger Ressmeyer. 63 Corbis Stephanie Maze (t). Courtesy of Seti (b). 64 Courtesy Rafael Lozano-Hemmer Commissioned by the East Midlands Development Agency (emda) www.emda.org.uk with Project Direction from ArtReach www.artreach.biz (bc). Courtesy Second Life (bl). Zorb South UK Ltd and Zorb Ltd New Zealand (br). 65 Courtesy Gekkomat (bl). Mattel (br). Simon Ward (bc). 66 Courtesy of Mass MoCA Tim Hawkinson (bl). Science Photo Library Peter Menzel (br). 66-67 Gustoimages Ltd. 67 Bandai (br). PA Photos (t). 68 Corbis Michael S. Yamashita (b). 68-69 Gustoimages Ltd (t). 69 Courtesy IBM (br). Sony Computer Entertainment Europe PlayStation and PSP are trademarks of Sony Computer Entertainment Inc. (Images appear by kind permission of Sony Computer Entertainment Europe). (cr). Sony Computer Entertainment Europe LocoRoco™ ©2006 Sony Computer Entertainment Inc. Published by Sony Computer Entertainment Europe. (cr). 70 © 2007 Electronic Arts Inc. All Rights Reserved (b). Getty Images Greg Pease (t). 71 AP/PA Photos (c). PunchStock Image Source/ Cybernaut (br). University of Michigan Virtual Reality Laboratory (tr). 72-73 Courtesy Second Life. 74 Courtesy Rafael
Lozano-Hemmer Commissioned by the East Midlands Development Agency (emda) www.emda.org.uk with Project Direction from ArtReach www.artreach.biz (t).
74-75 Courtesy Rafael Lozano-Hemmer Commissioned by the East Midlands Development Agency (emda) www.emda. org.uk with Project Direction from ArtReach www.artreach. biz. 75 Kit Monkman/KMA Creative Technology (b). 76 Courtesy of Mass MoCA Tim Hawkinson (t). Reuters Tim Shaffer (b). 77 Garry Greenwood, Joanne Cannon & Stuart Favilla, Bent Leather Band (br). Corbis Patrick Robert/ Sygma (c). Courtesy www.thisfabtrek.com (t). 78-79 Alamy Images Gunter Marx. 79 Alamy Images Wesley Hitt (br). PA Photos (bc). Courtesy Six Flags Great Adventure (bl). 80 Corbis Kevin Muggleton (r). Courtesy of Simeon Dignam-Crotty - www.RiserRaptors.com (l). 80-81 Courtesy Gekkomat (r). 81 Alamy Images Buzz Pictures (t). Corbis Hein van den Heuvel/zefa (r). Zorb South UK Ltd and Zorb Ltd New Zealand (b). 82-83 Courtesy Flybar, SBI Enterprises. 83 Masterfile (b). 84 Corbis Wolfgang Kaehler (tl). Science Photo Library Steve Gschmeissner (clb); Claude Nuridsany & Marie Perennou (cl). 86-87 Simon Ward. 87 www.bodyflight.co.uk (bl). Paige Rudolph (br). 88-89 Courtesy Hawk-Eye Innovations. 89 Courtesy Hawk-Eye Innovations (b). 90 PA Photos AP (l) (r). 91 PA Photos AP (t) (b). Science Photo Library Peter Menzel (cl) (cr). 92-93 © 2004 The Lego Group (c) 2004 Lego Group 94 Mattel. 95 Bandai (b). Mattel (t). 96 Courtesy of Advanced Transport Systems Ltd (br). Science Photo Library Astrid & Hanns-Frieder Michler (bl); Robin Scagell (bc). 97 AirTeamImages. com (bc). Courtesy Sailrocket Mark Lloyd Images (bl). The Silent Aircraft Initiative Cambridge University/MIT (br). 98 Courtesy MTB (r). Segway Inc. (l). 98-99 Courtesy BMW Sauber F1 Team. 99 Science Photo Library Jim Amos (r). 100 Courtesy BMW Sauber F1 Team (tl).
100-101 Courtesy BMW Sauber F1 Team. 101 Corbis Schlegelmilch (tl) (tc). 102 Science Photo Library Astrid & Hanns-Frieder Michler. 103 Still Pictures AC/ (br). 104 Camera Press Frederic Neema (bl). 104-105 Carnegie Mellon University. 105 Alamy Images Cameron Davidson (ca). 106 Science Photo Library David Nunuk (tl). 106-107 Getty Images Nicklas Blom. 108 Science Photo Library Ken Biggs (t). 108-109 Science Photo Library Robin Scagell. 110-111 Venture Vehicles, Inc.. 111 PA Photos (br). Venture Vehicles, Inc. (tl) (tr). 112-113 Segway Inc. 114-115 Courtesy of Advanced Transport Systems Ltd. 116 2006-2007 Marine Advanced Research, Inc. (b). Jim Burkett (t). 117 Exomos (bl). Innespace Productions (t). M Ship Co/Bobby Grieser (br). 118-119 Science Photo Library Jim Amos. 119 Scripps Oceanography (b). 120 Kawasaki (UK) (bc) (br). naturepl. com Jeff Rotman (bl). 120-121 Kawasaki (UK). 122-123 Courtesy Sailrocket Mark Lloyd Images. 123 Courtesy Sailrocket (t). 124 Perlan Project. Weather Extreme Ltd (r). 124-125 AirTeamImages.com. 126 AirTeamImages.com (b). 126-127 The Silent Aircraft Initiative Cambridge University/ MIT. 127 Department of Mechanical Engineering, University of Sheffield (b). 128-129 Alamy Images Transtock Inc.. 130-131 AirTeamImages.com. 131 Courtesy AgustaWestland (tr). AirTeamImages.com (tl) (c). Courtesy Carter Aviation Technologies EAA Photography (br). 132 Courtesy Inchworm Shoes (b). Courtesy MTB (tl) (c). 133 Courtesy Heelys (t) (ca). Courtesy Worn Again (r). Zanic Design, Alberto Villarreal. www.zanicdesign.com (b). 134-136 Alamy Images Ulana Switucha. 136 NASA (bl); JPL-Caltech (bc). Rick Sternbach/The Planetary Society (br). 137 Nightvision Fox Image supplied by J J Vickers & Sons Ltd, sole UK distributors of Bushnell (bc). Science Photo Library Christian Darkin (bl); Thomas Deerinck, Ncmir (br). 138 Getty Images AFP (br). Max Planck Institute for Plasma Physics (tr). Science Photo Library David Parker (l). 139 NASA (b). 140-141 Reuters Stringer Russia. 141 NASA (b). 142-143 NASA JPL-Caltech 144 NASA (t) (b). 145 ESA (c). NASA (b); JPL-Caltech (t). 146-147 Rick Sternbach / The Planetary Society. 147 NASA (t). 148
© 2004 Mojave Aerospace Ventures LLC. Photograph by Scaled Composites. SpaceShipOne is a Paul G Allen Project (br) (t). Science Photo Library Detlev Van Ravenswaay (cb). 148-149 Science Photo Library Christian Darkin. 149 Courtesy Virgin Galactic (b). 150 Corbis Roger Ressmeyer (b). Science Photo Library California Association For Research In Astronomy (tl). 150-151 Alamy Images Richard Wainscoat. 152-143 NASA. 154 Intersection Media Ltd (c). Still Pictures Christopher Swann (tr). 155 Alamy Images sharky (bl). Getty Images AFP (tr). iD Solaire/Energy Limited (cr). 156-157 Alamy Images Stock Connection Blue. 158-159 Science Photo Library Gustoimages. 159 Courtesy US Navy Airman Ricardo J. Reyes (b). 160 Science Photo Library Omikron (br). 161 Nightvision Fox Image supplied by J J Vickers & Sons Ltd, sole UK distributors of Bushnell. 162 Science Photo Library Thomas Deerinck, Ncmir (ca). 162-163 Science Photo Library Thomas Deerinck, Ncmir. 163 Science Photo Library Steve Allen (br). 164 Alamy Images Utah Images/NASA (c). 164-165 Reuters Adeel Halim. 165 GRAW Radiosondes GmbH & Co. KG Germany (www.graw. de) (c). 166 CERN. 166-167 Science Photo Library David Parker. 167 Science Photo Library Cern (b); David Parker (c); Bruce Roberts (cb). 168 Kamioka Observatory, ICRR (Institute for Cosmic Ray Research) , The University of Tokyo (b). 168-169 Kamioka Observatory, ICRR (Institute for Cosmic Ray Research) , The University of Tokyo. 169 Science Photo Library NASA/ESA/STSCI/C Burrows (b). 170 Max Planck Institute for Plasma Physics . Science Photo Library Seymour (t). 171 EFDA-JET (b). 172 Alamy Images Mark Zylber (bc). Courtesy Michael Jantzen. www. humanshelter.org (br). Science Photo Library Pascal Goetgheluck (bl). 173 Corbis Gerry Penny/epa (bl). Stephen A Edwards (bc). Hunt Construction Group Inc. HOK Sport (br). 174 Alamy Images Mark Zylber (t). Stephen A Edwards (b). 174-175 Courtesy Micreon GmbH. 175 Science Photo Library Manfred Kage (r). 176 Science Photo Library Alex Bartel (l). 176-177 Science Photo Library Pascal Goetgheluck. 177 Science Photo Library Calvin Larsen (r). 178 Science Photo Library (t); Dr Jeremy Burgess (b). 179 Science Photo Library Manfred Kage (tl); Astrid & Hanns-Frieder Michler (tr); Sheila Terry (br). 180-181 Alamy Images Richard Levine. 182-183 Alamy Images Mark Zylber. 183 François Célié and Eva Tissot. (t). 184 Courtesy of Michael Jantzen. www.humanshelter.org (l). Christian Richters Living Tomorrow Pavilion, UNStudio (b). 185 Alamy Images VIEW Pictures Ltd (c). Arup PTW/CCDI (b). spacelab Cook-Fournier/Kunsthaus Graz. Photo by Nicolas Lackner, LMJ (t). 186 Corbis Gustavo Gilabert/ SABA (cl). 186-187 Corbis Gerry Penny/epa. 187 Alamy Images Adrian Davies (br). DK Images © Rough Guides (bl). 188 Courtesy Wave PR Image courtesy of British Waterways (t). 188-189 Sean McLean. 190 Corbis David Kadlubowski (br). Grand Canyon West. 190-191 Corbis Jeff Topping. 192 Alamy Images Aflo Foto Agency (t); Trip (b). 193 Alamy Images Chad Ehlers (t). Corbis Reuters (bl). NASA (cr). 194-195 Stephen A Edwards. 195 Corbis Louie Psihoyos (r). 196 Science Photo Library Peter Menzel (b). 196-197 © Schlaich Bergermann Solar. 198 Hunt Construction Group Inc. HOK Sport (b). 198-199 Hunt Construction Group Inc. HOK Sport. 199 Uni-Systems, LLC (br). 200 Science Photo Library David Parker/Seagate Microelectronics Ltd (l). 200-201 Courtesy Micreon GmbH. 201 Courtesy Micreon GmbH (bc). Science Photo Library Sandia National Laboratories (bl). 202 Science Photo Library Bruce Frisch (t). 202-203 Alamy Images Stephen Shepherd. 204 Getty Images Stuart Paton (bl). 205 Alamy Images Barry Lewis (bl). Science Photo Library Philippe Psaila (bc); Bruce Roberts (br). USAF photo by Staff Sgt. Mark Olsen (br). 206 Alamy Images Oleksiy Maksymenko (r). 206-207 Science Photo Library Philippe Psaila. 207 Courtesy Holux Technology Inc. (br). USAF (bl). 208 Robert Harding Picture Library PhotoTake (br). Science Photo Library Bill Bachman (bc); Philippe Psaila (bl). 208-209 Science Photo Library Mauro Fermariello. 209 Alamy Images Malcolm Fairman (c). The Bank Of Japan (ftl) (bl) (br) (tc) (tl) (tr). 210-212 Corbis Yoshiko Kusano/Epa. 211 Corbis Peter MacDiarmid/Reuters (r). Getty Images Ian Waldie (cb). Science Photo Library Volker Steger/Peter Arnold Inc. (t). 212 Corbis Peter Vrom/epa (t). 212-213 Science Photo Library Gustoimages. 213 Science Photo Library GJLP (br). 214 Courtesy EyeTek Surveillance (b). Courtesy Holux Technology Inc. (t). 215 Casio Electronics Co. Ltd. (cr). Getty Images Stuart Paton (br). Courtesy LiveScienceStore.com (t). 218-219 USAF photo by Staff Sgt. Mark Olsen. 219 Alamy Images Andrew Palmer (r). 220-221 Courtesy Martin-Baker Aircraft Company Limited. 222 Courtesy Kevlar/Dupont. 223 Courtesy of Kevlar/ Dupont (t). Science Photo Library Rosenfeld Images Ltd (c); Sinclair Stammers (br). 224 Alamy Images Phototake Inc. (t). Science Photo Library (b). 225 Alamy Images Colin Edwards (b); Barry Lewis (t); ni press photos (cr). 226 FLPA R Dirscherl. 228-229 Science Photo Library Philippe Psaila. 230 Getty Images Riser (b). Science Photo Library Antonia Reeve (c). 231 Alamy Images Oleksiy Maksymenko (t). Corbis (br); Reuters (c). 232 Science Photo Library Andrew Syred (c). 232-233 Vestergaard Frandsen. 233 Science Photo Library Professor E S Anderson (br). 234 Corbis Art on File (b). Courtesy Michael Rakowitz and Lombard-Freid Projects (t). 235 Courtesy Home Architects (c). Courtesy LIFESTYLEDESIGN, Inc. (b). Courtesy Marcin Panpuch (t). 236-237 Science Photo Library Bruce Roberts. 238-239 PA Photos AP. 239 NOAA (cl). 240 Courtesy studio van droffelaar (bl). RWS MD; afd. Multimedia. Deltapark Neeltje Jans (br). 240-241 Courtesy Colorstone Beeldmakers BC. 241 Corbis Vincent Laforet/ epa (b)
Jacket images Front Gustoimages Ltd cb (lenticular); Sony Computer Entertainment Europe PlayStation and PSP are trademarks of Sony Computer Entertainment Inc. (Images appear by kind permission of Sony Computer Entertainment Europe). cb; LocoRoco™ ©2006 Sony Computer Entertainment Inc. Published by Sony Computer Entertainment Europe. cb (screen shot);
Front Endpapers Gustoimages Ltd; Back Endpapers Gustoimages Ltd
All other images © Dorling Kindersley
For further information see www.dkimages.com

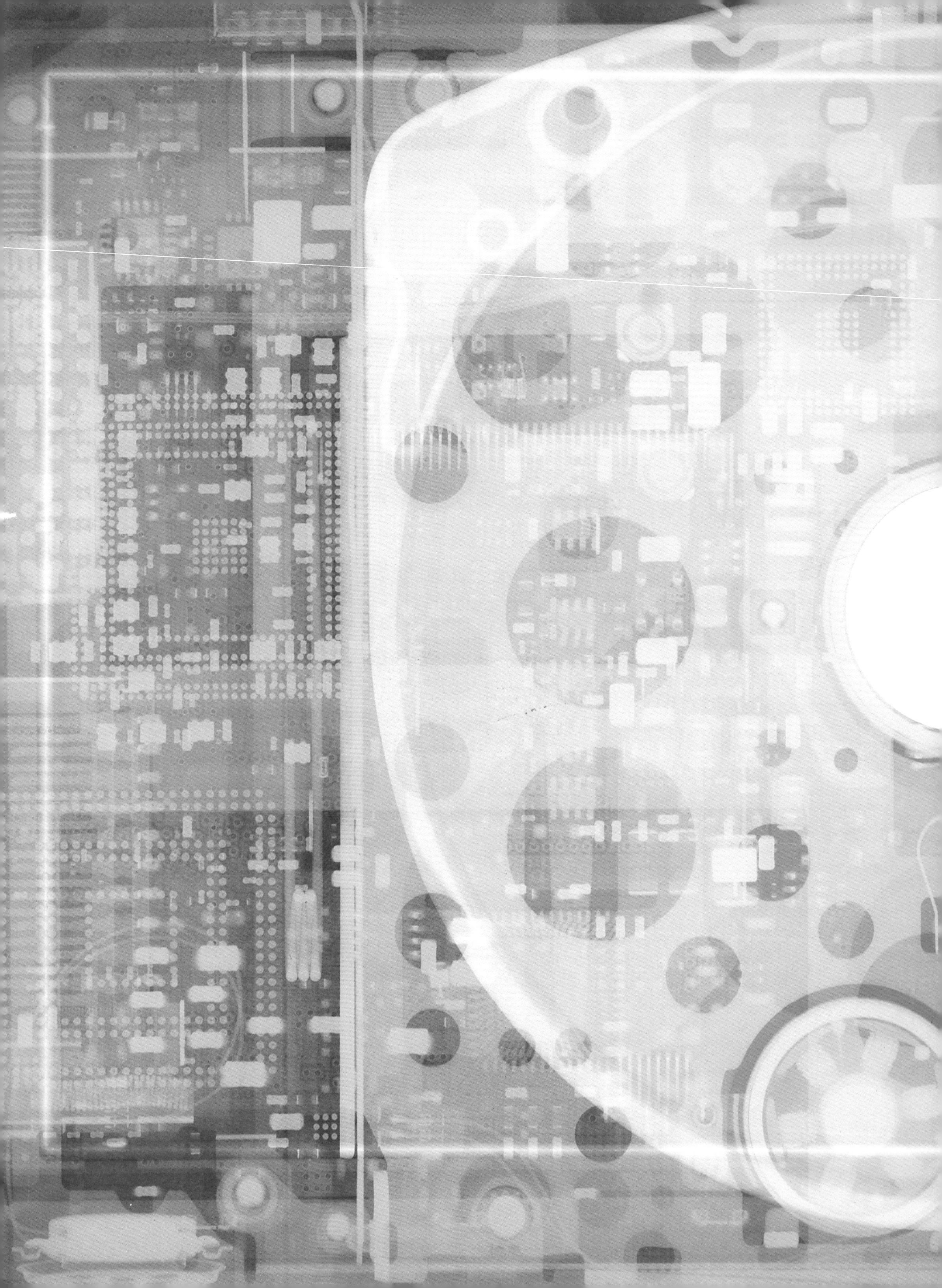